“十二五”职业教育国家规划教材
经全国职业教育教材审定委员会审定

建筑工程质量事故分析

第 4 版

主　编　邵英秀

副主编　王　琴　袁影辉

参　编　徐奋强　梁　媛　穆黎明

　　　　张　璞　曹福顺　李　静

机械工业出版社

本书是“十二五”职业教育国家规划教材的修订版。全书共七个模块，内容包括：绪论，地基与基础工程、钢筋混凝土工程、砌体工程、钢结构工程、建筑装修工程和防水工程中常见的工程质量问题，主要从施工技术和管理的角度分析事故的原因，提出处理方法及预防措施，辅以大量的工程实例以供借鉴。

本书可作为高职高专及应用型本科土建类专业学生的教材，也可作为建筑工程技术人员的参考用书。

为方便教学，本书配有电子课件，凡使用本书作为教材的教师可登录机械工业出版社教育服务网 www.cmpedu.com 注册下载。咨询电话：010-88379375。

图书在版编目（CIP）数据

建筑工程质量事故分析/邵英秀主编. —4 版. —北京：机械工业出版社，2021.5（2023.2 重印）

“十二五”职业教育国家规划教材：修订版

ISBN 978-7-111-68060-4

Ⅰ.①建… Ⅱ.①邵… Ⅲ.①建筑工程－工程质量事故－事故分析－高等职业教育－教材 Ⅳ.①TU712

中国版本图书馆 CIP 数据核字（2021）第 072132 号

机械工业出版社（北京市百万庄大街 22 号 邮政编码 100037）

策划编辑：常金锋 责任编辑：常金锋 沈百琦

责任校对：张亚楠 责任印制：单爱军

北京虎彩文化传播有限公司印刷

2023 年 2 月第 4 版第 4 次印刷

184mm×260mm · 12 印张 · 292 千字

标准书号：ISBN 978-7-111-68060-4

定价：39.00 元

电话服务	网络服务
客服电话：010-88361066	机 工 官 网：www.cmpbook.com
010-88379833	机 工 官 博：weibo.com/cmp1952
010-68326294	金 书 网：www.golden-book.com
封底无防伪标均为盗版	机工教育服务网：www.cmpedu.com

前　言

本书自2003年出版以来受到广大读者的喜爱，已累计发行10万册，尤其在高职院校和应用型本科院校得到广泛使用。本书被评为“十二五”职业教育国家规划教材。

本次修订，依然坚持突出实用性、可操作性的特点，从建筑施工的角度切入，在培养学生综合应用建筑专业技术知识的基础上，侧重培养学生处理施工生产一线常见质量问题的技术和管理能力，使学生获得充分的感性认识，间接积累工作经验。全书按照地基与基础工程、钢筋混凝土工程、砌体工程、钢结构工程、建筑装修工程和防水工程的顺序，建立篇章结构和体系。

本次主要的修订内容及特色：

第一，根据规范和规程的更新修订相关内容。近几年我国建筑工程相关规范、规程陆续做出了修订，为使本书更具前瞻性和实用性，书中相关内容根据新标准进行了修正。

第二，融合了信息化手段。建立课程学习网站，丰富线上学习资源，将知识颗粒化呈现，重点难点内容可通过扫描二维码观看微视频学习，学生不受时空限制，便于反复观摩，并能够自我检测学习效果。

第三，每章增加直击心灵的警句箴言，使学生在学习专业知识的过程中接受社会主义核心价值观的熏陶和教育。

第四，更新各章工程实例，思考题增加训练综合能力的内容，拓展学生思维的广度和深度。

本书由石家庄职业技术学院邵英秀任主编，河北开放大学王琴、河北工业职业技术学院袁影辉任副主编，参加本次修订的人员还有：河北科工建筑工程集团有限公司曹福顺（总工、高级工程师），南京工程学院徐奋强，石家庄职业技术学院梁媛、穆黎明、张璞、李静（负责课程网站建设及线上教学资源的编辑）。河北省建筑科学研究院教授级高级工程师王占雷总工程师、河北省建筑科学研究院结构加固研究所高级工程师李春占所长对全书的修改提出了许多宝贵意见，在此表示衷心感谢。

本书在编写过程中，参考并引用了相关国家及行业标准、规范，有关文献等资料，在此对相关作者表示诚挚的感谢。

由于再版修订时间紧迫，加之作者水平所限，本书难免存在不当之处，诚望广大读者批评指正。

编　者

本书动画二维码清单

名称	图形	所在页码	名称	图形	所在页码
图 2-5　莲花河畔景苑小区 7 号楼倒塌原因示意图		22	图 4-14　重力灌浆示意图		104
图 2-16　房屋下地基松动		30	图 7-11　混凝土施工缝处渗漏处理		175
图 2-17　房屋下土移动		30	图 7-12　预埋件渗漏直接堵漏法		176
图 3-6　施工中钢筋下移图		50	图 7-14　预埋止水钢板防水处理		177
图 3-14　灌浆操作示意图		79	图 7-21　胶片搭接示意图		180

目　录

模块一　绪　　论

> **学习要点：**了解建筑工程质量事故、质量缺陷、质量通病的概念及处理的原则和程序，掌握建筑工程质量的基本要求、验收标准、验收程序和组织，熟悉岗位职责。

2009年2月，北京美景东方二号楼出现房屋卧室顶板裂缝。经北京建委执法大队和质量监督部门多次查看，发现此楼存在严重工程问题，多处地板、顶板、承重墙体出现裂缝，过梁中间断裂、弯曲，地基不均匀沉降，墙体倾斜，室内漏水；同年6月上海市闵行区莲花河畔景苑楼盘工地发生楼体倒塌事故，这一事故被大众戏称为“楼脆脆”；7月中旬的一场大雨后，四川成都校园春天小区原来距离就很近的两栋楼房居然微微倾斜，靠在了一起，靠得最近的地方，相邻的阳台窗户已经无法打开，经测量，两栋楼相邻的墙壁已经呈20°夹角，人们形象地称它为“楼歪歪”。从“楼脆脆”到“楼歪歪”，一系列问题不禁令人发问：我们的房子到底怎么了？建筑工程质量安全应该如何得到保障？由建筑产品的特点可知，其质量蕴含于整个工程产品的形成过程中，要经过规划、勘察设计、建设实施、投入生产或使用几个阶段，每一个阶段都有国家标准的严格要求。我国建筑工程质量的现状是：代表性工程质量均达到了国际标准，但总体水平仍然偏低，工程合格率低，“劣质工程”不少，倒塌事故时有发生，质量通病不容轻视。

工程质量事故涉及面广泛，不仅造成严重的经济损失，影响人民的生命财产安全，而且还直接关系到国家经济建设的成败，必须引起高度警觉和重视。

任务一　判断建筑工程质量事故类别

“百年大计，质量第一”是建筑工程行业的一贯方针。然而，由于管理制度、管理者水平、技术人员素质等各方面原因，建筑工程质量缺陷司空见惯，质量事故时有发生。

一、建筑工程质量事故的概念和分类

1. 建筑工程质量事故的概念

确定建筑工程质量的优劣，可从设计和施工两方面考虑。我国《建筑结构可靠性设计统一标准》（GB 50068—2018）规定，建筑的结构必须满足下列各项功能的要求：

1）能承受在施工和使用时可能出现的各种作用。

2）保持良好的使用性能。

3）具有足够的耐久性能。

4）当发生火灾时，在规定的时间内可保持足够的承载力。

5）当发生爆炸、撞击、人为错误等偶然事件时，结构能保持必要的整体稳固性，不出现与起因不相称的破坏后果，防止出现结构连续倒塌。

《建筑工程施工质量验收统一标准》（GB 50300—2013）重新修订后于2014年6月1日起实行，各专业工程施工质量验收规范也相继修订实施。质量事故泛指不符合《建筑工程施工质量验收统一标准》（GB 50300—2013）的规定，达不到《建筑结构可靠性设计统一标准》（GB 50068—2018）的要求者。

建筑工程质量缺陷是指建筑工程达不到技术标准允许要求的现象，是建筑工程中经常发生的和普遍存在的一些工程质量问题，工程质量缺陷不同于质量事故，但是质量事故开始时往往表现为一般质量缺陷而易被忽视。随着建筑物的使用或时间的推移，质量缺陷逐渐发展，就有可能演变为事故，待认识到问题的严重性时，则往往处理困难或无法补救。因此，相关工程人员应对质量缺陷认真分析，找出原因，进行必要的处理。

2. 建筑工程质量事故的分类

建筑工程项目的建设，具有综合性、可变性、多发性等特点，导致建筑工程质量事故更具复杂性，工程质量事故的分类方法可有很多种。

（1）依据事故发生的阶段划分，工程质量事故可分为施工过程中发生的事故、使用过程中发生的事故和改建扩建中发生的事故。

（2）依据事故发生的部位划分，工程质量事故可分为地基基础事故、主体结构事故和装修工程事故等。

（3）依据结构类型划分，工程质量事故可分为砌体结构事故、混凝土结构事故、钢结构事故和组合结构事故。

（4）依据事故的严重程度划分，工程质量事故可分为一般质量事故、较大质量事故、重大质量事故和特别重大质量事故。

1）一般质量事故是指造成3人以下死亡，或者10人以下重伤，或者100万元以上1000万元以下直接经济损失的事故。

2）较大质量事故是指造成3人以上10人以下死亡，或者10人以上50人以下重伤，或者1000万元以上5000万元以下直接经济损失的事故。

3）重大质量事故是指造成10人以上30人以下死亡，或者50人以上100人以下重伤，或者5000万元以上1亿元以下直接经济损失的事故。

4）特别重大质量事故是指造成30人以上死亡，或者100人以上重伤，或者1亿元以上直接经济损失的事故。

本等级划分所称的“以上”包括本数，所称的“以下”不包括本数。

本等级划分依据《生产安全事故报告和调查处理条例》和《关于做好房屋建筑和市政基础设施工程质量事故报告和调查处理工作的通知》（建质［2010］111号）。

二、工程质量事故的一般原因

造成工程质量事故发生的原因是多方面的、复杂的，既有经济和社会的原因，也有技术的原因，归纳起来可以分为以下几个方面。

1. 违背基本建设程序

基本建设程序是工程项目建设活动规律的客观反映，是我国经济建设经验的总结。《建设工程质量管理条例》明确指出：从事建设工程活动，必须严格执行基本建设程序，坚持先勘察、后设计、再施工的原则。县级以上人民政府及其有关部门不得超越权限审批建设项目或者擅自简化基本建设程序。但是，在具体的建设过程中，违反基本建设程序的现象屡禁不止，如

“七无”工程：无立项、无报建、无开工许可证、无招标投标、无资质、无监理、无验收；“三边”工程：边勘察、边设计、边施工。此外，腐败现象及地方保护也是造成工程质量事故的原因之一。例如重庆綦江彩虹桥1999年1月4日整体垮塌，造成40人死亡的特别重大工程质量事故，据事故现场调查，这是一个典型的“七无”工程。

2. 工程地质勘察失误或地基处理失误

地质勘察过程中钻孔间距太大，不能反映实际地质情况，勘察报告不准确、不详细，未能查明诸如孔洞、墓穴、软弱土层等地层特征，致使地基基础设计时采用不正确的方案，造成地基不均匀沉降、结构失稳、上部结构开裂甚至倒塌。

3. 设计问题

结构方案不正确，计算简图与结构实际受力不符；荷载或内力分析计算有误；忽视构造要求，沉降缝、伸缩缝设置不符合要求；有些结构的抗倾覆、抗滑移未做验算；有的盲目套用图样，这些是导致工程事故的直接原因。例如武汉市某18层住宅，建筑面积1.46万m^2，1995年5月主体完工，11月完成室内外装饰装修工程，12月发现房屋整体倾斜，经采取纠偏措施无效，被迫将5～18层控制爆破拆除。经调查，设计选用桩基础形式不当是事故的主要原因。勘察报告要求选用大直径钻孔灌注桩，其持力层为地面下40.4～42.6m的砂卵石层，设计却采用了夯扩桩，持力层为地面下13.4～19m的中密粉细砂层，该工程的夯扩桩如同一把筷子插到稀饭里。

4. 施工过程中的问题

施工管理人员及技术人员的素质差是造成工程质量事故的又一个主要原因。主要表现在：

1）缺乏基本的业务知识，不具备上岗操作的技术资质，盲目蛮干。

2）不按照图样施工，不遵守会审纪要、设计变更及其他技术核定制度和管理制度，主观臆断。

3）施工管理混乱，施工组织、施工工艺技术措施不当，违章作业。不重视质量检查及验收工作，一味赶进度、赶工期。

4）建筑材料及制品质量低劣，使用不合格的工程材料、半成品、构件等，必然会导致质量事故的发生。例如上海市某20层剪力墙结构的大厦，因错用安定性不合格的水泥，被迫将第11～14层爆破拆除。

5）施工中忽视结构理论问题，如不严格控制施工荷载，造成构件超载开裂；不控制砌体结构的自由高度（高厚比），造成砌体在施工过程中失稳破坏；模板与支架、脚手架设置不当发生破坏等。

5. 自然条件影响

建筑施工露天作业多，受自然因素影响大，暴雨、雷电、大风及气温高低等都会对工程质量造成很大影响。例如北京某厂转运站工程，是装配式钢筋混凝土框架结构，高40m，施工期间某晚刮大风时，突然整体倒塌，经查是施工中没有及时将预制梁柱接头连接牢固，未形成整体框架结构导致倒塌。

6. 建筑物使用不当

有些建筑物在使用过程中，需要改变其使用功能，增大了使用荷载；或者需要增加使用面积，在原有建筑物上部增层改造；或者随意凿墙开洞，削弱了承重结构的截面面积等，这些都超出了原设计规定，埋下了工程事故的隐患。

三、建筑工程质量事故处理的原则及程序

《中华人民共和国建筑法》明确规定：任何单位和个人对建筑工程质量事故、质量缺陷

都有权向建设行政主管部门或者其他有关部门进行检举、控告、投诉。

重大质量事故发生后，事故发生单位必须以最快的方式，向上级建设行政主管部门和事故发生地的市、县级建设行政主管部门及检察、劳动部门报告，且以最快的速度采取有效措施抢救人员和财产，严格保护事故现场，防止事故扩大，24h之内写出书面报告，逐级上报。重大事故的调查由事故发生地的市、县级以上建设行政主管部门或国务院有关主管部门组成调查小组负责进行。

重大事故处理完毕后，事故发生单位应尽快写出详细的事故处理报告，并逐级上报。

质量事故处理的一般工作程序如下：事故调查→事故原因分析→结构可靠性鉴定→事故调查报告→事故处理设计→施工方案确定→施工→检查验收→结论。若处理后仍不合格，需要重新进行事故处理设计及施工直至合格。有些质量事故在进行事故处理前需要先采取临时防护措施，以防事故扩大。

对于事故的处理，往往涉及单位、个人的名誉，涉及法律责任及经济赔偿等，事故的有关责任者常常试图减少自己的责任，干扰正常的调查工作。所以对事故的调查分析，一定要排除干扰，以法律、法规为准绳，以事实为依据，按公正、客观的原则进行。

任务二　把握建筑工程施工质量检验原则

《建筑工程施工质量验收统一标准》（GB 50300—2013）重新修订后于2014年6月1日开始实施，各相关专业工程施工质量验收标准相继修订实施，如《建筑地基基础工程施工质量验收标准》（GB 50202—2018）、《混凝土结构工程施工质量验收标准》（GB 50204—2015）、《钢结构工程施工质量验收标准》（GB 50205—2020）、《砌体结构工程施工质量验收规范》（GB 50203—2011）、《建筑装饰装修工程质量验收标准》（GB 50210—2018）等。这些规范在总结了我国建筑工程施工质量验收实践经验的基础上，坚持“验评分离、强化验收、完善手段、过程控制”的指导思想，组成了工程质量验收规范体系。

该体系将建筑工程施工质量分为检验批、分项工程、分部工程、单位工程四个部分，按主控项目、一般项目进行质量验收。其中，检验批是指按同一生产条件或按规定的方式汇总起来供检验用的，由一定数量样本组成的检验体；主控项目是指建筑工程中的对安全、卫生、环境保护和公众利益起决定性作用的检验项目。

一、建筑工程施工质量的基本要求

施工现场质量管理检查记录应由施工单位按表1-1填写，总监理工程师进行检查，并做出检查结论。

表1-1　施工现场质量管理检查记录

开工日期：

工程名称			施工许可证号	
建设单位			项目负责人	
设计单位			项目负责人	
监理单位			总监理工程师	
施工单位		项目负责人		项目技术负责人	

（续）

序号	项　　目	主要内容
1	项目部质量管理体系	
2	现场质量责任制	
3	主要专业工种操作岗位证书	
4	分包单位管理制度	
5	图纸会审记录	
6	地质勘察资料	
7	施工技术标准	
8	施工组织设计、施工方案编制及审批	
9	物资采购管理制度	
10	施工设施和机械设备管理制度	
11	计量设备配备	
12	检测试验管理制度	
13	工程质量检查验收制度	
14		
自检结果： 施工单位项目负责人：　　年　月　日		检查结论： 总监理工程师：　　年　月　日

1）建筑工程施工质量应符合《建筑工程施工质量验收统一标准》（GB 50300—2013）和相关专业验收规范的规定。

2）建筑工程施工应符合工程勘察设计文件的要求。

3）参加工程施工质量验收的各方人员应具备规定的资格。

4）工程质量的验收均应在施工单位自行检查评定的基础上进行。

5）隐蔽工程在隐蔽以前应由施工单位通知有关单位进行验收，并应形成验收文件。

6）涉及结构安全的试块、试件以及有关材料，应按规定进行见证取样检测。

7）检验批的质量应按主控项目和一般项目验收。

8）对涉及结构安全和使用功能的重要分部工程应进行抽样检测。

9）承担见证取样检测及有关结构安全检测的单位应具有相应资质。

10）工程的观感质量应由验收人员通过现场检查，并应共同确认。

二、工程质量验收的划分

随着我国经济的发展和施工技术的进步，现代工程项目建设规模不断扩大，项目工程更加复杂，涌现了大量具有综合使用功能的建筑物，几万平方米的建筑物比比皆是，十几万平方米以上的建筑物也屡见不鲜。这些建筑物的施工周期一般较长，受多种因素的影响，诸如后期建设资金不足，部分停缓建，已建成部分可以投入使用，以发挥投资的效益；投资者为追求最大的投资效益，在建设期间，需要将其中的一部分提前建成使用；规模特别大的工程一次性验收也不方便等。因此可将此类工程划分成若干个单位工程、子单位工程进行验收。

另外，随着人们生活水平的提高，建筑物的内部设施也越来越多样化，新材料的大量涌现以及施工工艺、技术的发展使分项工程越来越多，故将相近的工作内容和系统划分成若干个分部工程、子分部工程、检验批，更有利于正确评价工程质量，有利于进行验收。建筑工程质量验收应划分为单位（子单位）工程、分部（子分部）工程、分项工程和检验批。

1. 单位工程的划分

单位工程的划分，具体如下：

1）具备独立施工条件并能形成独立使用功能的建筑物或构筑物为一个单位工程。

2）建筑规模较大的单位工程，可将其形成独立使用功能的部分作为一个子单位工程。

2. 分部工程的划分

1）分部工程的划分应按专业性质、建筑部位确定。

2）当分部工程较大或较复杂时，可按材料种类、施工特点、施工程序、专业系统及类别等划分为若干子分部工程。

3. 分项工程的划分

分项工程应按主要工种、材料、施工工艺、设备类别等进行划分。分项工程可由一个或若干个检验批组成，检验批是按同一生产条件或规定方式汇总起来供检验用的，由一定数量样本组成的检验体，可根据施工及质量控制和专业验收需要按楼层、施工段、变形缝等进行划分。

分部工程（子分部工程）、分项工程可按表1-2采用。室外子单位工程、分部工程、分项工程可按表1-3采用。

表1-2 建筑工程分部工程、分项工程的划分

序号	分部工程	子分部工程	分项工程
1	地基与基础	土方	土方开挖，土方回填，场地平整
		基坑支护	灌注桩排桩围护墙，重力式挡土墙，板桩围护墙，型钢水泥土搅拌墙，土钉墙与复合土钉墙，地下连续墙，咬合桩围护墙，沉井与沉箱，钢或混凝土支撑，锚杆（索），与主体结构相结合的基坑支护，降水与排水
		地基处理	素土、灰土地基，砂和砂石地基，土工合成材料地基，粉煤灰地基，强夯地基，注浆加固地基，预压地基，振冲地基，高压喷射注浆地基，水泥土搅拌桩地基，土和灰土挤密桩地基，水泥粉煤灰碎石桩地基，夯实水泥土桩地基，砂桩地基
		桩基础	先张法预应力管桩，钢筋混凝土预制桩，钢桩，泥浆护壁混凝土灌注桩，长螺旋钻孔压灌桩，沉管灌注桩，干作业成孔灌注桩，锚杆静压桩
		混凝土基础	模板，钢筋，混凝土，预应力，现浇结构，装配式结构
		砌体基础	砖砌体，混凝土小型空心砌块砌体，石砌体，配筋砌体
		钢结构基础	钢结构焊接，紧固件连接，钢结构制作，钢结构安装，防腐涂料涂装
		钢管混凝土结构基础	构件进场验收，构件现场拼装，柱脚锚固，构件安装，柱与混凝土梁连接，钢管内钢筋骨架，钢管内混凝土浇筑
		型钢混凝土结构基础	型钢焊接，紧固件连接，型钢与钢筋连接，型钢构件组装及预拼装，型钢安装，模板，混凝土
		地下防水	主体结构防水，细部构造防水，特殊施工法结构防水，排水，注浆

（续）

序号	分部工程	子分部工程	分项工程
2	主体结构	混凝土结构	模板，钢筋，混凝土，预应力，现浇结构，装配式结构
		砌体结构	砖砌体，混凝土小型空心砌块砌体，石砌体，配筋砌体，填充墙砌体
		钢结构	钢结构焊接，紧固件连接，钢零部件加工，钢构件组装及预拼装，单层钢结构安装，多层及高层钢结构安装，钢管结构安装，预应力钢索和膜结构，压型金属板，防腐涂料涂装，防火涂料涂装
		钢管混凝土结构	构件现场拼装，构件安装，柱与混凝土梁连接，钢管内钢筋骨架，钢管内混凝土浇筑
		型钢混凝土结构	型钢焊接，紧固件连接，型钢与钢筋连接，型钢构件组装及预拼装，型钢安装，模板，混凝土
		铝合金结构	铝合金焊接，紧固件连接，铝合金零部件加工，铝合金构件组装，铝合金构件预拼装，铝合金框架结构安装，铝合金空间网格结构安装，铝合金面板，铝合金幕墙结构安装，防腐处理
		木结构	方木和原木结构，胶合木结构，轻型木结构，木结构防护
3	建筑装饰装修	建筑地面	基层铺设，整体面层铺设，板块面层铺设，木、竹面层铺设
		抹灰	一般抹灰，保温层薄抹灰，装饰抹灰，清水砌体勾缝
		外墙防水	外墙砂浆防水，涂膜防水，透气膜防水
		门窗	木门窗安装，金属门窗安装，塑料门窗安装，特种门安装，门窗玻璃安装
		吊顶	整体面层吊顶，板块面层吊顶，格栅吊顶
		轻质隔墙	板材隔墙，骨架隔墙，活动隔墙，玻璃隔墙
		饰面板	石板安装，陶瓷板安装，木板安装，金属板安装，塑料板安装
		饰面砖	外墙饰面砖粘贴，内墙饰面砖粘贴
		幕墙	玻璃幕墙安装，金属幕墙安装，石材幕墙安装，陶板幕墙安装
		涂饰	水性涂料涂饰，溶剂型涂料涂饰，美术涂饰
		裱糊与软包	裱糊，软包
		细部	橱柜制作与安装，窗帘盒和窗台板制作与安装，门窗套制作与安装，护栏和扶手制作与安装，花饰制作与安装
4	屋面	基层与保护	找坡层和找平层，隔汽层，隔离层，保护层
		保温与隔热	板状材料保温层，纤维材料保温层，喷涂硬泡聚氨酯保温层，现浇泡沫混凝土保温层，种植隔热层，架空隔热层，蓄水隔热层
		防水与密封	卷材防水层，涂膜防水层，复合防水层，接缝密封防水
		瓦面与板面	烧结瓦和混凝土瓦铺装，沥青瓦铺装，金属板铺装，玻璃采光顶铺装
		细部构造	檐口，檐沟和天沟，女儿墙和山墙，水落口，变形缝，伸出屋面管道，屋面出入口，反梁过水孔，设施基座，屋脊，屋顶窗

（续）

序号	分部工程	子分部工程	分项工程
5	建筑给水排水及采暖	室内给水系统	给水管道及配件安装，给水设备安装，室内消火栓系统安装，消防喷淋系统安装，防腐，绝热，管道冲洗、消毒，试验与调试
		室内排水系统	排水管道及配件安装，雨水管道及配件安装，防腐，试验与调试
		室内热水系统	管道及配件安装，辅助设备安装，防腐，绝热，试验与调试
		卫生器具	卫生器具安装，卫生器具给水配件安装，卫生器具排水管道安装，试验与调试
		室内供暖系统	管道及配件安装，辅助设备安装，散热器安装，低温热水地板辐射供暖系统安装，电加热供暖系统安装，燃气红外辐射供暖系统安装，热风供暖系统安装，热计量及调控装置安装，试验与调试，防腐，绝热
		室外给水管网	给水管道安装，室外消火栓系统安装，试验与调试
		室外排水管网	排水管道安装，排水管沟与井池，试验与调试
		室外供热管网	管道及配件安装，系统水压试验，系统调试，防腐，绝热，试验与调试
		室外二次供热管网	管道及配管安装，土建结构，防腐，绝热，试验与调试
		建筑饮用水供应系统	管道及配件安装，水处理设备及控制设施安装，防腐，绝热，试验与调试
		建筑中水系统及雨水利用系统	建筑中水系统、雨水利用系统管道及配件安装，水处理设备及控制设施安装，防腐，绝热，试验与调试
		游泳池及公共浴池水系统	管道及配件系统安装，水处理设备及控制设施安装，防腐，绝热，试验与调试
		水景喷泉系统	管道系统及配件安装，防腐，绝热，试验与调试
		热源及辅助设备	锅炉安装，辅助设备及管道安装，安全附件安装，换热站安装，防腐，绝热，试验与调试
		监测与控制仪表	检测仪器及仪表安装，试验与调试
6	通风与空调	送风系统	风管与配件制作，部件制作，风管系统安装，风机与空气处理设备安装，风管与设备防腐，系统调试，旋流风口、岗位送风口、织物（布）风管安装
		排风系统	风管与配件制作，部件制作，风管系统安装，风机与空气处理设备安装，风管与设备防腐，系统调试，吸风罩及其他空气处理设备安装，厨房、卫生间排风系统安装
		防排烟系统	风管与配件制作，部件制作，风管系统安装，风机与空气处理设备安装，风管与设备防腐，系统调试，排烟风阀（口）、常闭正压风口、防火风管安装
		除尘系统	风管与配件制作，部件制作，风管系统安装，风机与空气处理设备安装，风管与设备防腐，系统调试，除尘器与排污设备安装，吸尘罩安装，高温风管绝热

（续）

序号	分部工程	子分部工程	分项工程
6	通风与空调	舒适性空调系统	风管与配件制作，部件制作，风管系统安装，风机与空气处理设备安装，风管与设备防腐，系统调试，组合式空调机组安装，消声器、静电除尘器、换热器、紫外线灭菌器等设备安装，风机盘管、VAV与UFAD地板送风装置、射流喷口等末端设备安装，风管与设备绝热
		恒温恒湿空调系统	风管与配件制作，部件制作，风管系统安装，风机与空气处理设备安装，风管与设备防腐，系统调试，组合式空调机组安装，电加热器、加湿器等设备安装，精密空调机组安装，风管与设备绝热
		净化空调系统	风管与配件制作，部件制作，风管系统安装，风机与空气处理设备安装，风管与设备防腐，系统调试，净化空调机组安装，消声器、静电除尘器、换热器、紫外线灭菌器等设备安装，中、高效过滤器及风机过滤器单元（FFU）等末端设备清洗与安装，洁净度测试，风管与设备绝热
		地下人防通风系统	风管与配件制作，部件制作，风管系统安装，风机与空气处理设备安装，风管与设备防腐，系统调试，风机与空气处理设备安装，过滤吸收器、防爆波活门、防爆超压排气活门等专用设备安装
		真空吸尘系统	风管与配件制作，部件制作，风管系统安装，风机与空气处理设备安装，风管与设备防腐，管道安装，快速接口安装，风机与滤尘设备安装，系统压力试验及调试
		冷凝水系统	管道系统及部件安装，水泵及附属设备安装，管道、设备防腐与绝热，管道冲洗与管内防腐，系统灌水渗漏及排放试验
		空调（冷、热）水系统	管道系统及部件安装，水泵及附属设备安装，管道、设备防腐与绝热，管道冲洗与管内防腐，系统压力试验及调试，板式热交换器，辐射板及辐射供热、供冷地埋管，热泵机组设备安装
		冷却水系统	管道系统及部件安装，水泵及附属设备安装，管道、设备防腐与绝热，管道冲洗与管内防腐，系统压力试验及调试，冷却塔与水处理设备安装，防冻伴热设备安装
		土壤源热泵换热系统	管道系统及部件安装，水泵及附属设备安装，管道、设备防腐与绝热，管道冲洗与管内防腐，系统压力试验及调试，埋地换热系统与管网安装
		水源热泵换热系统	管道系统及部件安装，水泵及附属设备安装，管道、设备防腐与绝热，管道冲洗与管内防腐，系统压力试验及调试，地表水源换热管及管网安装，除垢设备安装
		蓄能系统	管道系统及部件安装，水泵及附属设备安装，管道、设备防腐与绝热，管道冲洗与管内防腐，系统压力试验及调试，蓄水罐与蓄冰槽、罐安装
		压缩式制冷（热）设备系统	制冷机组及附属设备安装，管道、设备防腐与绝热，系统压力试验及调试，制冷剂管道及部件安装，制冷剂灌注

（续）

序号	分部工程	子分部工程	分 项 工 程
6	通风与空调	吸收式制冷设备系统	制冷机组及附属设备安装，管道、设备防腐与绝热，试验及调试，系统真空试验，溴化锂溶液加灌，蒸汽管道系统安装，燃气或燃油设备安装
		多联机（热泵）空调系统	室外机组安装，室内机组安装，制冷剂管路连接及控制开关安装，风管安装，冷凝水管道安装，制冷剂灌注，系统压力试验及调试
		太阳能供暖空调系统	太阳能集热器安装，其他辅助能源、换热设备安装，蓄能水箱、管道及配件安装，系统压力试验及调试，防腐，绝热，低温热水地板辐射采暖系统安装
		设备自控系统	温度、压力与流量传感器安装，执行机构安装调试，防排烟系统功能测试，自动控制及系统智能控制软件调试
7	建筑电气	室外电气	变压器、箱式变电所安装，成套配电柜、控制柜（屏、台）和动力、照明配电箱（盘）及控制柜安装，梯架、托盘和槽盒安装，导管敷设，电缆敷设，管内穿线和槽盒内敷线，电缆头制作，导线连接，线路绝缘测试，普通灯具安装，专用灯具安装，建筑照明通电试运行，接地装置安装
		变配电室	变压器、箱式变电所安装，成套配电柜、控制柜（屏、台）和动力、照明配电箱（盘）安装，母线槽安装，梯架、托盘和槽盒安装，电缆敷设，电缆头制作，导线连接，线路电气试验，接地装置安装，接地干线敷设
		供电干线	电气设备试验和试运行，母线槽安装，梯架、托盘和槽盒安装，导管敷设，电缆敷设，管内穿线和槽盒内敷线，电缆头制作，导线连接，线路绝缘测试，接地干线敷设
		电气动力	成套配电柜、控制柜（屏、台）和动力、照明配电箱（盘）安装，电动机、电加热器及电动执行机构检查接线，电气设备试验和试运行，梯架、托盘和槽盒安装，导管敷设，电缆敷设，管内穿线和槽盒内敷线，电缆头制作，导线连接，线路绝缘测试，开关、插座、风扇安装
		电气照明	成套配电柜、控制柜（屏、台）和动力、照明配电箱（盘）安装，梯架、托盘和槽盒安装，导管敷设，管内穿线和槽盒内敷线，塑料护套线直敷布线，钢索配线，电缆头制作，导线连接，线路绝缘测试，普通灯具安装，专用灯具安装，开关、插座、风扇安装，建筑照明通电试运行
		备用和不间断电源	成套配电柜、控制柜（屏、台）和动力、照明配电箱（盘）安装，柴油发电机组安装，不间断电源装置（UPS）及应急电源装置（EPS）安装，母线槽安装，导管敷设，电缆敷设，管内穿线和槽盒内敷线，电缆头制作，导线连接，线路绝缘测试，接地装置安装
		防雷及接地	接地装置安装，避雷引下线及接闪器安装，建筑物等电位连接

（续）

序号	分部工程	子分部工程	分 项 工 程
8	智能建筑	智能化集成系统	设备安装，软件安装，接口及系统调试，试运行
		信息接入系统	安装场地检查
		用户电话交换系统	线缆敷设，设备安装，软件安装，接口及系统调试，试运行
		信息网络系统	计算机网络设备安装，计算机网络软件安装，网络安全设备安装，网络安全软件安装，系统调试，试运行
		综合布线系统	梯架、托盘、槽盒和导管安装，线缆敷设，机柜、机架、配线架安装，信息插座安装，链路或信道测试，软件安装，系统调试，试运行
		移动通信室内信号覆盖系统	安装场地检查
		卫星通信系统	安装场地检查
		有线电视及卫星电视接收系统	梯架、托盘、槽盒和导管安装，线缆敷设，设备安装，软件安装，系统调试，试运行
		公共广播系统	梯架、托盘、槽盒和导管安装，线缆敷设，设备安装，软件安装，系统调试，试运行
		会议系统	梯架、托盘、槽盒和导管安装，线缆敷设，设备安装，软件安装，系统调试，试运行
		信息导引及发布系统	梯架、托盘、槽盒和导管安装，线缆敷设，显示设备安装，机房设备安装，软件安装，系统调试，试运行
		时钟系统	梯架、托盘、槽盒和导管安装，线缆敷设，设备安装，软件安装，系统调试，试运行
		信息化应用系统	梯架、托盘、槽盒和导管安装，线缆敷设，设备安装，软件安装，系统调试，试运行
		建筑设备监控系统	梯架、托盘、槽盒和导管安装，线缆敷设，传感器安装，执行器安装，控制器（箱）安装，中央管理工作站和操作分站设备安装，软件安装，系统调试，试运行
		火灾自动报警系统	梯架、托盘、槽盒和导管安装，线缆敷设，探测器类设备安装，控制器类设备安装，其他设备安装，软件安装，系统调试，试运行
		安全技术防范系统	梯架、托盘、槽盒和导管安装，线缆敷设，设备安装，软件安装，系统调试，试运行
		应急响应系统	设备安装，软件安装，系统调试，试运行
		机房	供配电系统，防雷与接地系统，空气调节系统，给水排水系统，综合布线系统，监控与安全防范系统，消防系统，室内装饰装修，电磁屏蔽，系统调试，试运行
		防雷与接地	接地装置，接地线，等电位连接，屏蔽设施，电涌保护器，线缆敷设，系统调试，试运行

（续）

序号	分部工程	子分部工程	分项工程
9	建筑节能	围护系统节能	墙体节能，幕墙节能，门窗节能，屋面节能，地面节能
		供暖空调设备及管网节能	供暖节能，通风与空调设备节能，空调与供暖系统冷热源节能，空调与供暖系统管网节能
		电气动力节能	配电节能，照明节能
		监控系统节能	监测系统节能，控制系统节能
		可再生能源	地源热泵系统节能，太阳能光热系统节能，太阳能光伏节能
10	电梯	电力驱动的曳引式或强制式电梯	设备进场验收，土建交接检验，驱动主机，导轨，门系统，轿厢，对重，安全部件，悬挂装置，随行电缆，补偿装置，电气装置，整机安装
		液压电梯	设备进场验收，土建交接检验，液压系统，导轨，门系统，轿厢，对重，安全部件，悬挂装置，随行电缆，电气装置，整机安装
		自动扶梯、自动人行道	设备进场验收，土建交接检验，整机安装

表1-3　室外工程的划分

子单位工程	分部工程	分项工程
室外设施	道路	路基，基层，面层，广场与停车场，人行道，人行地道，挡土墙，附属构筑物
	边坡	土石方，挡土墙，支护
附属建筑及室外环境	附属建筑	车棚，围墙，大门，挡土墙
	室外环境	建筑小品，亭台，水景，连廊，花坛，场坪绿化，景观桥

三、建筑工程质量验收标准

（一）检验批质量验收标准

1）主控项目和一般项目的质量抽样检验合格。

2）具有完整的施工操作依据、质量检验记录。

（二）分项工程质量验收标准

1）分项工程所含的检验批均应符合合格质量的规定。

2）分项工程所含的检验批的质量验收记录应完整。

（三）分部（子分部）工程质量验收标准

1）分部（子分部）工程所含分项工程的质量均应验收合格。

2）质量控制资料应完整。

3）地基与基础、主体结构和设备安装等分部工程有关安全及功能的检验和抽样检测结果应符合有关规定。

4）观感质量验收应符合要求。

（四）单位（子单位）工程质量验收标准

1）单位（子单位）工程所含分部（子分部）工程的质量均应验收合格。

2）质量控制资料应完整。

3）单位（子单位）工程所含分部工程有关安全和功能的检测资料应完整。

4）主要功能项目的抽查结果应符合相关专业质量验收规范的规定。

5）观感质量验收应符合要求。

当工程质量不符合要求时，应按以下规定进行处理：经返工重做或更换器具、设备的检验批，应重新进行验收；经有资质的检测单位检测鉴定能够达到设计要求的检验批，应予以验收；经有资质的检测单位检测鉴定达不到设计要求、但经原设计单位核算认可能够满足结构安全和使用功能的检验批，可予以验收；经返工或加固处理的分项、分部工程，虽然改变外形尺寸但仍能满足安全使用要求，可按技术处理方案和协商文件进行验收；通过返修或加固处理仍不能满足安全使用要求的分部工程、单位（子单位）工程，严禁验收。

四、建筑工程质量验收程序和组织

1）检验批及分项工程应由监理工程师（建设单位技术负责人）组织施工单位项目专业质量（技术）负责人等进行验收。

2）分部工程应由总监理工程师（建设单位负责人）组织施工单位项目负责人和技术、质量负责人等进行验收；地基与基础、主体结构分部工程的勘察、设计单位工程项目负责人和施工单位技术、质量部门负责人也应参加相关分部工程验收。

3）单位工程完工后，施工单位应自行组织有关人员进行检查评定，并向建设单位提交工程验收报告。

4）建设单位收到工程验收报告后，应由建设单位（项目）负责人组织施工（含分包单位）、设计、监理等单位（项目）负责人进行单位（子单位）工程验收。

5）单位工程有分包单位施工时，分包单位对所承包的工程项目应按上述规定的程序检查评定，总包单位应派人参加。分包工程完成后，应将工程有关资料交总包单位。

6）当参加验收各方对工程质量验收意见不一致时，可请当地建设行政主管部门或工程质量监督机构协调处理。

7）单位质量验收合格后，建设单位应在规定时间内将工程竣工验收报告和有关文件，报建设行政管理部门备案。

五、常用质量检测方法

当建筑物发生质量事故后，为了正确分析事故发生的原因，为事故鉴定提供公正客观的技术依据，同时为建筑结构的修复、加固提供可靠的保证，通常有必要对发生事故的结构或构件进行检测。检测内容通常包括：外观检查；强度检测；内部缺陷检测和材料成分的化学分析等。

落实安全生产责任，防范遏制重特大事故

外观检查包括构件的平直度、偏离轴线的差值、尺寸准确度、表面缺陷（如混凝土结构中的构件表面有无蜂窝、麻面、露筋，砌体结构的接槎情况，钢结构的焊缝表面缺陷等，详见各章叙述）。

强度检测及内部缺陷检测通常包括材料强度、构件承载力、钢筋配置情况等。常用的检验方法有回弹法（表面硬度法）、拔出法、超声波法、冲击反射波法和红外线法等。

任务三 建筑工程施工技术管理人员职业道德与岗位职责

在建筑行业中建筑施工一线技术管理人员，需要具备建筑专业知识，深入施工现场，为施工队提供技术支持，并对工程质量进行复核监督。

1. 施工一线技术管理人员职业道德

施工一线技术管理人员是施工现场重要的工程技术人员，其自身素质对工程项目的质量、成本、进度有很大影响。因此，施工一线技术管理人员应具有良好的职业道德，具体要求如下：

（1）热爱本职工作，爱岗敬业，工作认真，一丝不苟，团结合作。

（2）遵纪守法，模范地遵守建设职业道德规范。

（3）维护国家的荣誉和利益。

（4）执行有关工程建设的法律、法规、标准、规程和制度。

（5）努力学习专业技术知识，不断提高业务能力和水平。

（6）认真负责地履行自己的义务和职责，保证工程质量。

2. 建筑工程施工员岗位职责

建筑工程施工员岗位职责具体要求如下：

（1）学习、贯彻执行国家和建设行政管理部门颁发的建设法律、规范、规程、技术标准；熟悉基本建设程序、施工程序和施工规律，并在实际工作中具体运用，在项目经理的直接领导下开展工作。

（2）熟悉建设工程的结构特征与关键部位，掌握施工现场的周围环境、社会（含拆迁等）和经济技术条件；负责本工程的定位、放线、抄平、沉降观测记录等。

（3）认真审阅施工图纸及有关资料，参与图纸会审；参与施工预算编制；编制月度施工作业计划及资源计划。

（4）认真熟悉施工图纸、编制各项施工组织设计方案和施工安全、质量、技术方案，编制各单项工程进度计划及人力、物力计划和机具、用具、设备计划。

（5）严格执行工艺标准、验收和质量验评标准，以及各种专业技术操作规程，制订质量、安全等方面的措施，严格按照图纸、技术标准、施工组织设计进行施工，经常进行督促检查；参加质量检验评定；参加质量事故调查；督促施工材料、设备按时进场，并处于合格状态，确保工程顺利进行。

（6）做好施工任务的下达和技术交底工作，并进行施工中的指导、检查与验收，合理调配生产要素，严密组织施工确保工程进度和质量。

（7）做好现场材料的验收签证和管理；做好隐蔽工程验收和工程量签证，参加分部分项工程的质量评定。

（8）参加施工中的竣工验收工作，负责工程完好保护；协助预决算员搞好工程决算。

（9）及时准确地搜集并整理施工生产过程、技术活动、材料使用、劳力调配、资金周转、经济活动分析的原始记录、台账和统计报表，记好施工日记。

（10）编制文明工地实施方案，根据本工程施工现场合理规划布局现场平面图，安排、实施、创建文明工地。

（11）绘制竣工图，组织单位工程竣工质量预检，负责整理好全部技术档案。

（12）参与竣工后的回访活动，对需返修、检修的项目，尽快组织人员落实。

（13）协同项目经理认真履行《建设工程施工合同》条款，保证施工顺利进行，维护企业的信誉和经济利益。

3. 建筑工程安全员岗位职责

建筑工程安全员岗位职责具体要求如下：

（1）贯彻执行国家劳动保护、安全生产的方针、政策、法规和规定，全面落实“安全第一、预防为主”的方针，认真抓好劳动保护、安全生产和消防工作。

（2）调查研究生产中的不安全因素，提出改进意见，参与审查安全技术措施、计划，并对执行情况进行督促检查。

（3）做好安全宣传教育和管理工作，协助制订并督促执行安全技术培训工作，参与有关施工安全组织设计和各种施工机械的安装、使用验收，监督和指导电器线路和个人防护用品的正确使用。

（4）制止违章作业和违章指挥，发现重大隐患并且安全与进度发生矛盾时，必须把安全放在首位，有权暂停作业，撤出人员，及时向上级主管领导报告，并提出改进意见和措施。

（5）在施工现场发生重伤以上事故时，应赴现场组织抢救，保护现场，并及时上报事故情况，进行工伤事故统计、分析和报告，按“四不放过”原则参与事故调查处理。

（6）积极配合有关部门共同做好新工人、特殊作业工种工人的安全技术训练、考核和发证工作。

4. 建筑工程资料员岗位职责

资料员负责工程项目的资料档案管理、计划、统计管理及内业管理工作。其岗位职责具体如下：

（1）负责工程项目的所有图纸的接收、清点、登记、发放、归档、管理工作：在收到工程图纸并进行登记以后，按规定向有关单位和人员签发，由收件方签字确认；负责收存全部工程项目图纸，且每一项目应收存不少于两套正式图纸，其中至少一套图纸有设计单位图纸专用章。竣工图采用散装方式折叠，按资料目录的顺序，对建筑平面图、立面图、剖面图、建筑详图、结构施工图等建筑工程图纸进行分类管理。

（2）收集整理施工过程中所有技术变更、洽商记录、会议纪要等资料并归档：负责做好管理文件、技术文件资料的分类、登记、整理、保管、归档立卷等工作；负责做好来往文件资料收发、催办、签收、用印、传递、信息收集、汇编并及时登记台账，尤其是所接收到的设计变更、洽商，须经各方签字确认，并加盖公章，设计变更、图纸会审纪要等技术资料应原件存档，无法取得原件的，应详细背书，并加盖公章，以确保资料的完整性。

（3）负责备案资料的填写、会签、整理、报送、归档：负责工程备案管理，实现对竣工验收相关指标（包括质量资料审查记录、单位工程综合验收记录）作备案处理；对桩基工程、基础工程、主体工程、结构工程备案资料核查；严格遵守资料整编要求，符合分类方案、编码规则，资料份数应满足资料存档的需要。

（4）监督检查施工单位施工资料的编制、管理，做到完整、及时，与工程进度同步：对施工单位形成的管理资料、技术资料、物资资料及验收资料，按施工顺序进行全程督查，保证施工资料的真实性、完整性和有效性。

（5）按时向公司档案室移交：在工程竣工后，负责将文件资料、工程资料立卷移交公司。文件材料移交与归档时，应有“归档文件材料交接表”，交接双方必须根据移交目录清点核对，履行签字手续。移交目录一式二份，双方各持一份。

（6）负责向市城建档案馆的档案移交工作：提请城建档案馆对列入城建档案馆接收范围的工程档案进行预验收，取得《建设工程竣工档案预验收意见》，在竣工验收后将工程档案移交城建档案馆。

（7）指导工程技术人员对施工技术资料（包括设备进场开箱资料）的保管：指导工程技术人员对施工组织设计及施工方案、技术交底记录、图纸会审记录、设计变更通知单、工程洽商记录等技术资料分类保管交资料室；指导工程技术人员对工作活动中形成的、经过办理完毕的、具有保存价值的文件材料，还有一项基建工程进行鉴定验收时归档的科技文件材料，以及已竣工验收的工程项目的工程资料分级保管交资料室。

（8）负责对施工部位、产值完成情况的汇总、申报，按月编制施工统计报表：在平时统计资料基础上，编制整个项目当月进度统计报表和其他信息统计资料。编报的统计报表要按现场实际完成情况严格审查核对，不得多报、早报、重报、漏报。

（9）负责与项目有关的各类合同的档案管理：负责对签订完成的合同进行收编归档，并开列编制目录；做好借阅登记工作，不得擅自抽取、复制、涂改，不得遗失，不得在案卷上随意划线、抽拆。

（10）负责向销售策划提供工程主要形象进度信息：向各专业工程师了解工程进度、随时关注工程进展情况，为销售策划提供确实、可靠的工程信息。

（11）协助项目经理做好协调、接待工作：协助项目经理对内协调公司、部门间，对外协调施工单位间的工作。做好与有关部门及外来人员的联络接待工作，树立企业形象。

（12）负责工程项目的内业管理工作：汇总各种内业资料，及时准确统计，登记台账，按要求上报报表；通过实时跟踪、反馈监督、信息查询、经验积累等多种方式，保证汇总的内业资料反映施工过程中的各种状态和责任，能够真实地再现施工时的情况，从而找到施工过程中的问题所在；对产生的资料进行及时地收集和整理，确保工程项目的顺利进行；有效地利用内业资料记录、参考、积累，为企业发挥它们的潜在作用。

（13）负责工程项目的后勤保障工作：负责做好文件收发、归档工作；负责部门成员考勤管理和日常行政管理等经费报销工作；负责对竣工工程档案整理、归档、保管，便于有关部门查阅调用；负责公司文字及有关表格等打印；保管工程印章，对工程盖章登记，并留存备案。

（14）完成工程部经理交办的其他任务。

箴言故事园

“离娄之明，公输子之巧，不以规矩，不能成方圆”是孟子《离娄上》的一句名言。离娄是传说中视力特别强的人。公输子即鲁班，古代杰出的土木工匠。“规”指的是圆规，木工干活会遇到打制圆窗、圆门、圆桌、圆凳等工作，古代工匠就已知道用“规”画圆了；“矩”也是木工用具，是指曲尺，所谓曲尺，并非弯曲之尺，而是一直一横成直角的尺，是木匠打制方形门窗桌凳必备的角尺。上述古文的意思是：即使有离娄那样好的视力，公输子那样好的技巧，不凭规和矩，是画不成方圆的。其引申内涵是：国有国法，家有家规，大到国家治理，小到个人言行举止，都有一定的规矩规则和

行为规范标准，不尊重法律和规则，就不可能有良好的秩序。个人意志高于社会规则，个体行为凌驾于制度约束之上，这是一件非常可怕的事情。法律和规则是社会运行的基石，是社会有序运转、人与人和谐共处的基本元素。法制意识不强和执法力度不够，都直接破坏了社会生活的正常运行，带给人们错误的信息，助长了个别人不择手段实现个人目的的风气。

建筑行业与人民生产生活息息相关，作为新时代的青年，应勤奋学习、锤炼身心，增强规则意识、法律意识，敢于担当、勇于奋斗，努力做新时代具有责任意识和创新精神的建设者。

思 考 题

1-1 简述建筑工程施工质量验收的程序和组织。

1-2 简述质量事故与质量缺陷的区别及关系。

1-3 依据质量事故的严重程度，如何划分事故等级？

1-4 造成工程质量事故的原因有几个方面？

1-5 什么是检验批？

1-6 什么是主控项目？什么是一般项目？

1-7 如何划分单位工程、分部工程、分项工程？

1-8 常用质量检验方法有哪些？

1-9 建筑质量员的主要岗位职责有哪些？

1-10 建筑施工员的主要岗位职责有哪些？

模块二　地基与基础工程质量事故分析与处理

学习要点： 掌握建筑工程地基失稳、地基变形、人工地基以及基础错位、桩基础事故类别及特征，能够根据事故发生的部位及发展变化特征，初步分析并判定可能的事故原因，提出相应的处理措施。

地基和基础是建筑物的重要组成部分，任何建筑物都必须有可靠的地基和基础。建筑物对地基的要求可概括为以下三个方面：可靠的整体稳定性；足够的地基承载力；在建筑物的荷载作用下，其沉降值、水平位移及不均匀沉降差需要满足某一定值的要求。若地基的整体稳定性、承载力不能满足要求，在荷载作用下，地基将会产生局部或整体剪切破坏、冲剪破坏。天然地基承载力的高低主要与土的抗剪强度有关，也与基础形式、大小和埋深有关。在建筑物的荷载（包括静、动荷载的各种组合）作用下，地基将产生沉降、水平位移以及不均匀沉降，若地基变形（沉降、水平位移、不均匀沉降）超过允许值，将会影响建筑物的安全与正常使用，严重的将造成建筑物破坏甚至倒塌。其中不均匀沉降超过允许值造成的工程事故比例最高，特别在深厚软土地区。天然地基变形大小主要与荷载大小和土的变形特性有关（图 2-1），也与基础形式有关。再者，地基中动水压力超过其允许值时，地基土在渗透力作用下产生潜蚀和管涌，这两种现象均可导致地基土局部破坏，严重的将导致地基整体破坏。天然地基渗透问题主要与地基中动水压力和土的渗透性有关。

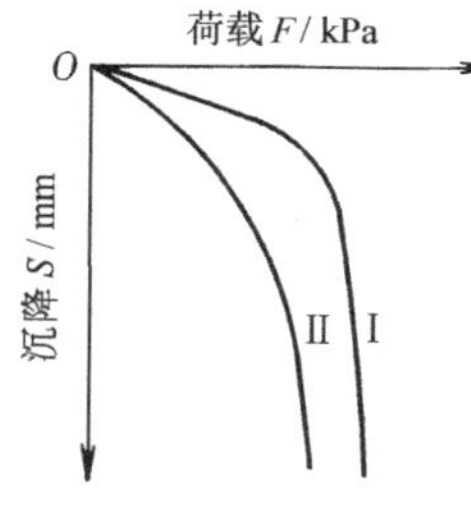

图 2-1　荷载试验的 $F-S$ 曲线

案例解析园

案例一　地基不均匀沉降造成的事故

1. 事故概况

某九层框架结构建筑，采用箱形基础，建成不久后即发现墙身开裂，建筑物沉降最大达 580mm，沉降中间大，两端小，如图 2-2 所示。

2. 原因分析

原场地中有厚达 9.5～18.4m 厚的软土层，软土层表面为 3～8m 的细砂层，地质剖面图如图 2-3 所示。设计者在细砂层面上回填砂石碾压密实，然后把碾压层作为箱基的持力层。在开始基础施工到装饰竣工完成的一年半中，基础最大沉降达 580mm，由于沉降差较大，造成了上部结构产生裂缝。

该案例产生过大沉降并影响上部结构安全，关键原因是对地基承载力的认识不够完整。地基承载力是取决于基础应力影响到的受力范围，不仅仅是基础底附近的土体承载力。同

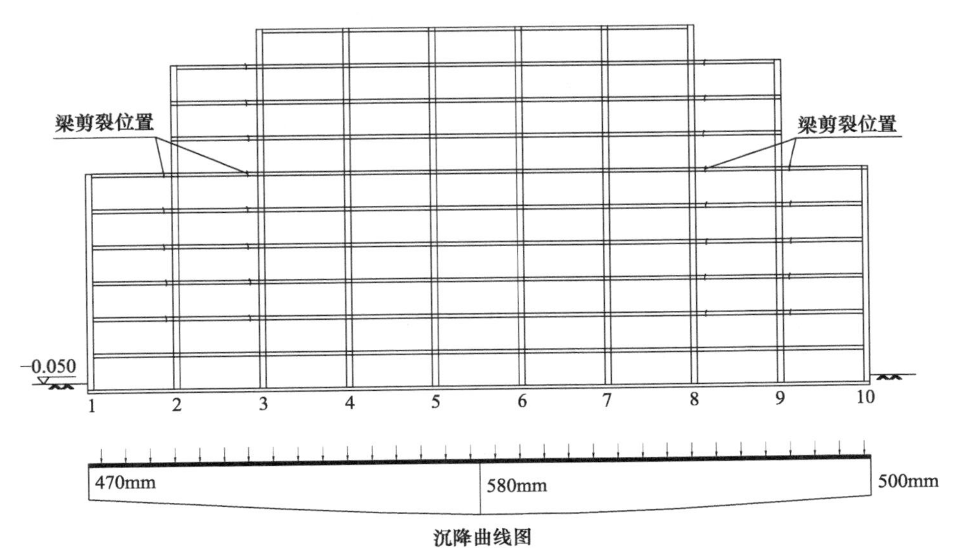

图 2-2　沉降示意图

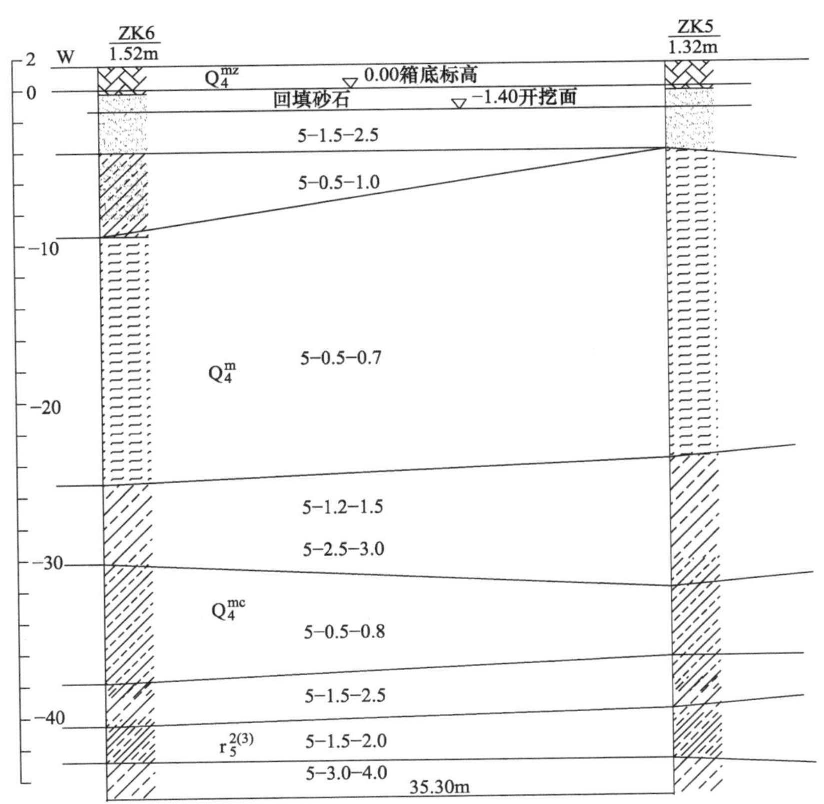

图 2-3　地质剖面图

时，地基承载力应包含两层内容：一是地基强度稳定；二是地基变形。本工程基础长×宽为60m×20m，其应力影响到地基下部的软土层，在上部结构荷载作用下软土产生固结沉降，随着时间的增长，沉降逐步发展，预计总沉降量会达约1000mm。由于沉降量过大，且沉降不均匀，同时上部结构刚度也不均匀，从而在结构刚度突变处产生了裂缝。

3. 处理措施

该工程必须要对地基进行加固处理，加固采用静压预制混凝土桩方案。但设计时要考虑桩土的共同作用，同时充分考虑目前地基已承担了部分荷载，加固桩只需承担部分荷载即可，而不必设计成由加固桩承担全部荷载。此类工程应注意以下问题：首先，地基的承载力要考虑下卧软土层的承载力，地基设计应进行沉降计算，尤其是场地存在软弱土层的地基，必须进行沉降验算；其次，地基的加固设计应考虑已有土体先发挥作用，已承担了部分荷载的特点，设计的加固桩与地基共同作用承担部分荷载，从而使设计更经济合理。

案例二　基坑设计考虑不周引发的事故

1. 事故概况

太原某银行营业大厦深基坑事故。基坑边有一直径为2.0m的大型城市排洪管道穿过，基坑开挖完毕后，开始作基础垫层时，突然天降大雨，排洪管内流量剧增，巨大的水流撞开了管道拐弯处，致使管内的洪水流出，冲走基坑东侧支护桩的桩间土，引起部分桩体倾斜，地面塌陷，相邻单位的砖混结构车库倒塌，4层招待所的基础外露。

2. 原因分析

该事故未考虑周围环境改变引起土压力、水压力的变化，基坑东侧未作止水帷幕，造成地面塌陷，附近的建筑物破坏。土压力、水压力的计算是支护结构设计计算的前提，但是必须注意到实际的土压力在基坑开挖到地下结构完工期间，并不是常数，土压力随周围环境条件的改变而变化。如雨季、地下管道漏水等会引起土压力、水压力的变化，地面堆载、堆料、临时建筑物等都会引起土压力、水压力的变化而诱发基坑事故。

案例三　地下水渗流或水位变化造成的事故

1. 事故概况

南京某银行大楼，采用钢筋混凝土灌注桩支护，支护桩后采用旋喷桩形成止水帷幕，桩顶设置钢筋混凝土圈梁。方案实施时，由于管理不当，止水墙质量很差，止水失效。为抢进度，桩顶圈梁尚未施工便开始开挖，且一次挖至设计标高。基坑开挖后，东南角桩间出现大量涌泥和流砂，支护桩向基坑内倾斜达20mm以上，桩后地面形成5~10mm的裂缝，放坡地段降水井失效，边坡滑移，使东南面的电影院严重开裂，被迫停业拆除。

2. 原因分析

该工程事故主要原因是现场管理混乱，没有严格按设计方案实施，挖土不当，灌注桩和止水桩质量差，止水帷幕未形成，致使桩间土大量流入基坑，基坑外面产生较大的沉降。基坑土体变形迅速，而应急措施又不得力，桩后压密注浆质量差，使周围的房屋因地基失水失土而产生不均匀的沉降，最终导致事故的发生。

案例四　因新建相邻建筑造成事故

1. 事故概况

苏州太仓“北京园”小区于2002年竣工验收入住，几年来一直平安无事。2009年6月中旬，15幢单元楼突然出现意外，先是车库下沉，紧接着楼房周围及小区的马路出现了多

处裂缝，这幢楼的南北两侧立面明显变形扭曲，整幢建筑呈东北方向倾斜的趋势，楼房四周的混凝土路面上布满了大大小小的裂缝，有些地方路面整体断裂，裂口宽度超过40mm。

2. 原因分析

好端端的楼房怎么突然会出现下沉和裂缝？原来，在该小区15幢单元楼南侧，是“上海国际广场”施工工地，在该工程挖地基大坑后不久房屋出现意外。太仓市规划建设局和建筑质量监督站组织7名专家进行了调查，专家组做出了一份“关于上海国际广场基坑施工对周边建筑物影响”的意见书。专家组发现的问题主要有：

（1）施工单位在与15幢单元楼相邻区施工时，未能严格按照经论证的深基坑专项施工方案中关于先施工斜撑再开挖土方的施工顺序要求进行施工。此外，坑内发现局部有流砂现象。

（2）周边建筑物上设置了沉降观测点，但未设置水平位移观测点，经查阅观测点观测报告，显示沉降速率在近阶段有发展增大的趋势，且南北沉降量不均匀。

（3）建筑物南北两侧道路均出现了较大裂缝，建筑物南侧与散水间缝隙有增大的迹象。

3. 处理措施

该小区15幢单元楼全体业主委托苏州市房屋安全鉴定管理处对房子进行了鉴定，鉴定人员对该楼的倾斜情况进行了观测，结果发现15幢楼倾斜量最大的观测点为C8，向北176mm，倾斜率10.17‰，已超过国家标准中的相关规定，被鉴定为“全危房”，苏州市房屋安全鉴定管理处建议“人员立即疏散”。太仓市规划建设局对施工方作出行政处罚，同时也在协调居民和开发商就赔偿问题进行谈判。

案例五 因地面加载造成的事故

1. 事故概况

上海市莲花河畔景苑小区7号楼，2009年6月27日清晨5时30分左右，13层的楼房连根拔起，整体倒塌却没有散架，桩基全部裸露，变成横躺的大楼（图2-4）。

图2-4 莲花河畔景苑小区7号楼倒塌现场

2. 原因分析

违规违法盲目乱干酿成了“楼倒倒”事件，工程负责人秦某林本不具有建筑项目负责人的资质，老板张某琴明知这一点，仍委任他为莲花河畔景苑项目负责人；当接到张某琴的指令后，他明知张某雄不具备开挖土方的资质，仍按老板的意图，将莲花河畔景苑地下车库的开挖工程交给张某雄承包；按照操作规范，在天然地基上堆放重物，应进行承载力测算，但为了便于土方回填及绿化用土，张某琴和秦某林只图工程进度和节约成本，不计后果地决定将两个地下车库开挖出来的土方相继堆在7号楼北侧，堆土在6天内即高达10m，事发时楼房南侧正在开挖4.6m深的地下车库基坑，土方在短时间内快速堆积，产生了3000t左右的侧向力，加之楼房前方由于开挖基坑出现凌空面，导致楼房产生100mm左右的位移，对PHC（预应力高强混凝土）桩产生很大的偏心弯矩，最终破坏桩基，引起楼房整体倒覆（图2-5）。

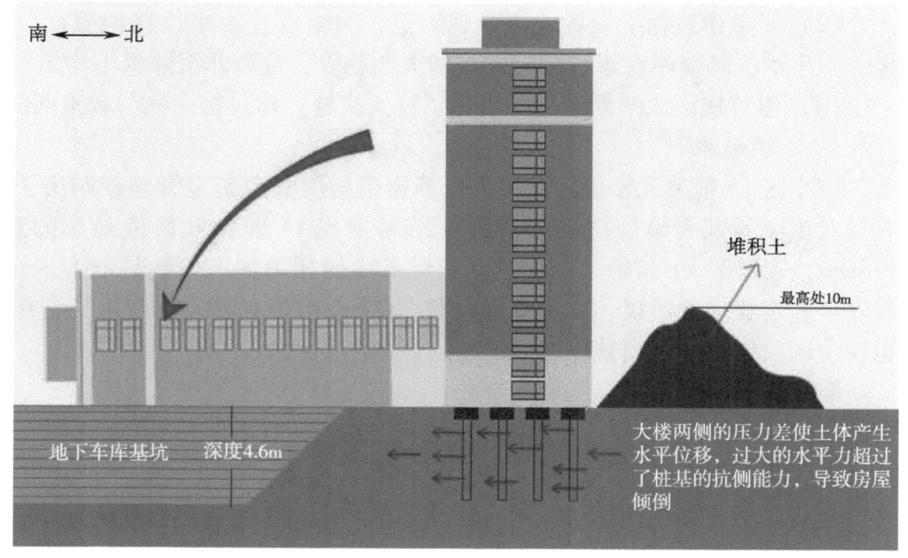

图2-5　莲花河畔景苑小区7号楼倒塌原因示意图

3. 事故处理

“倒楼”事件除造成一人死亡外，直接经济损失达到1946万元人民币，其中7号楼造价损失为近670万元，倾倒后向购房者赔付款近1280万元。根据事故调查结论和造成的损失，检方认定这是一起重大责任事故。我国《刑法》第134条规定，在生产、作业中违反有关安全管理规定，发生重大伤亡事故或造成其他严重后果的，处3年以下有期徒刑或者拘役；情节特别恶劣的，处3年以上7年以下有期徒刑。上海梅都房地产开发有限公司董事长兼总经理张某琴等7名责任人因涉嫌重大责任事故罪被批准逮捕。同时被批捕的还有：上海梅都房地产开发有限公司工作人员秦某林，上海众欣建筑有限公司法人代表、董事长张某杰及工作人员夏某刚、陆某英，无业人员张某雄和上海光启建设监理有限公司总工程师兼莲花河畔景苑总监理乔某等。以上人员均应对这起重大责任事故承担刑事责任。

案例六　施工方案错误造成的事故

1. 工程概况

某城市防洪挡土结构示意图如图2-6所示，该场地原为一斜坡，为美化城市，现要施工一挡土结构，靠岸一侧为墙，用作挡土和挡水。靠河一侧为框架柱子，顶部作为一个街景平

台。由于场地存在软土层，因而采用桩基进行处理。

施工顺序为先打桩，完成地梁施工以及11.8m高程以下的侧墙及梁柱，然后在墙后岸上的斜坡进行填土至11.8m，再继续施工11.8m高程以上的结构和回填靠河一侧7.2m高程处的反压土坡。当施工完成后，发现柱子倾斜，11.8m高程处的横梁产生裂缝，后进一步开挖，发现地梁也有断裂破坏，靠河一侧的柱子有明显的倾斜和弯曲，在11.8m横梁处为分界点，下部向外倾斜而上部则向内倾斜，如图2-7所示，现场照片如图2-8所示。

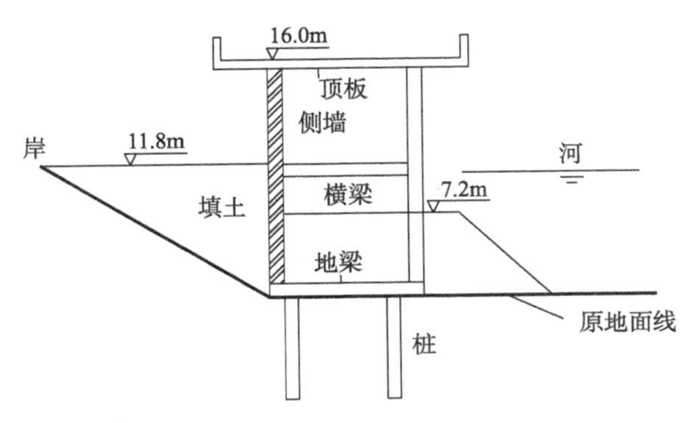

图2-6　挡土结构示意图

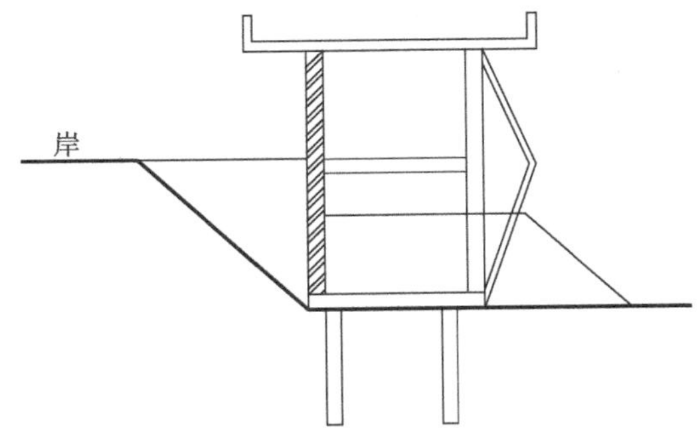

图2-7　挡土结构破坏示意图

2. 原因分析

产生这一事故的原因主要是施工顺序不合理。本工程中两侧填土是不平衡的，再加上靠河一侧反压土体未填之前，靠岸一侧土体先填筑至11.8m高程，造成两侧土压力更大的不平衡。由于场地为软土地质，在两侧不平衡土压力作用下，软土体产生侧移，把其下的桩向河一侧推移，使桩顶向河一侧产生水平位移，而桩顶以上的结构体则整体向河一侧产生水平侧移，因而11.8m高程以下的柱子是向外倾斜的。当在11.8m高程再往上施工时，如果顺着柱子的倾斜方向向上，则结构更倾斜，为减少倾斜，控制柱顶与柱脚在同一垂线上，则11.8m高程以上的柱子必须向内倾斜。

图2-8　柱子倾斜情况

由以上的原因分析可见，在软土地基中，施工顺序会对结构受力产生重要影响。软土在不平衡的土压力下会产生明显的侧向移动，带动其中的结构物侧移。按本工程情况，结构物两侧的填土应均衡，同时填筑，以保证两侧土压力的平衡，从而使结构两侧受力均衡，避免软土侧移的产生。对同类情况，实际工程中应充分重视不平衡土压力对软土地基的影响。

3. 处理措施

由于地梁已开裂，同时还担心结构进一步变形，所以采取开挖并重做地梁的处理方法，同时在地梁下新增加微型钢管桩，以帮助承担荷载。工程处理后使用多年，未见新的变形产生。

案例七 桩基础工程事故

1. 工程概况

某工程总建筑面积为9万m^2，地下一层主要为车库及人防，地上13栋住宅（5层到17层不等）。工程高层住宅采用静压预应力混凝土管桩基础，预应力混凝土管桩选自《预应力混凝土管桩》10G409中PHC400AB95－25管桩。桩端进入持力层的深度大于800mm；单桩竖向抗压承载力特征值为1500kN，桩顶标高为承台底标高抬高50mm，桩基施工单位为甲指分包。地下水动态变化规律为：7－9月份为丰水期，水位较高；3－5月份为枯水期，水位较低，年变化幅度为1.5m左右。基坑支护采用钢板桩（止水帷幕）+锚索支护形式。

2. 事故现象

抽测38#、34#楼发现桩位整体出现偏移，其中38#楼最为严重，整体坐标向东偏移15cm；高层基坑开挖后，发现部分静压预应力混凝土桩有效桩长不足，桩顶标高低于设计标高，桩身完整性检测发现大量桩体存在裂缝情况（图2-9）。

图2-9 桩基础倾斜情况

3. 原因分析

1）桩整体偏移问题。桩基单位进场时所用的坐标系是第三方测绘放点，使用仪器为GPS，每栋独立放点，未统一规划坐标系；放点后桩基单位没有对现场坐标点进行复测闭合，导致楼与楼之间的桩位无法闭合；总包单位未按要求履行对甲指专业分包监管。

2）桩身质量问题。局部止水帷幕失效，边坡土方严重变形，对桩体造成侧压；预制桩质量差，桩顶面倾斜和桩间位置不正或变形或捶击偏心造成桩倾斜；上、下节桩中心线不重合，桩接头施工质量差，焊缝尺寸不足造成断桩；桩基单位未按设计要求施工造成质量问题出现；同时项目未落实总承包管理职责，未对桩基单位施工质量进行有效监管。

4. 处理措施

由于基坑已开挖完成，基底处理施工已经完成70%，桩基无法下基坑进行补桩施工，

经与建设单位、设计单位及相关专家研究决定，将高层桩基础改为桩筏基础（图2-10）。对于800余根桩顶标高不足的桩进行接桩处理，对其中26根Ⅱ类桩进行填芯加固处理。该桩基工程事故严重影响项目的总工期进度计划，影响总包整个后期的工期计划与投入，抢工费用大量增加，各方成本增加，直接导致建设单位、桩基单位、总包单位等相关单位的重大经济损失。

完善质量保障体系，提升建筑工程品质

图2-10　桩筏基础

任务一　地基工程质量事故分析与处理

一、建筑工程地基事故类别及特征

建筑物事故的发生，不少与地基问题有关。地基的过量变形或不均匀变形，使上部结构出现裂缝、倾斜，削弱和破坏了结构的整体性，并影响到建筑物的正常使用，严重者地基失稳导致建筑物倒塌。地基事故可分为天然地基事故和人工地基事故两大类。

无论是天然地基事故还是人工地基事故，按其性质都可概括为地基变形和强度两大问题。地基变形问题引起的地基事故常发生在软土、湿陷性黄土、膨胀土、季节性冻土等地区。地基强度问题引起的地基事故主要表现在以下两个方面：地基承载力不足、地基丧失稳定性；斜坡丧失稳定性。

（一）地基失稳事故

对于一般地基，在局部荷载作用下，地基的失稳过程，可以用荷载试验的 $F-S$ 曲线来描述。如图2-1表示由静荷载试验得到的两种类型的荷载 F 与沉降 S 的关系曲线。当荷载大于某一数值时，曲线Ⅰ有比较明显的转折点，基础急剧地下沉。同时，基础周围的地面有明显的隆起现象，基础倾斜，地基发生整体剪切破坏。如图2-11所示的加拿大特朗斯康谷仓的地基破坏情况，是地基发生整体滑动、建筑物丧失了稳定性的典型例子。

图2-1中曲线Ⅱ没有明显的转折点，地基发生局部剪切破坏。软黏土或松砂地基属于这一类型，如图2-12所示。它类似于整体剪切破坏。滑动面从基础的一边开始，终止于地基中的某点。只有当基础发生相当大的竖向位移时，滑动面才发展到地面。破坏时，基础周围的地面也有隆起现象，但是基础不会明显倾斜。

对于压缩性较大的软黏土和松砂，其 $F-S$ 曲线也没有明显的转折点，但地基破坏是由于基础下面软弱层的变形使基础连续下沉，产生了过大的不能容许的沉降，基础就像“切

图 2-11　加拿大特朗斯康谷仓的地基事故

入”土中一样，故称为冲切剪切破坏，如图 2-13 所示。例如建在软土层上的某仓库，由于基底压力超过地基承载力近一倍，建成后，地基发生冲切剪切破坏，造成基础过量的沉降。

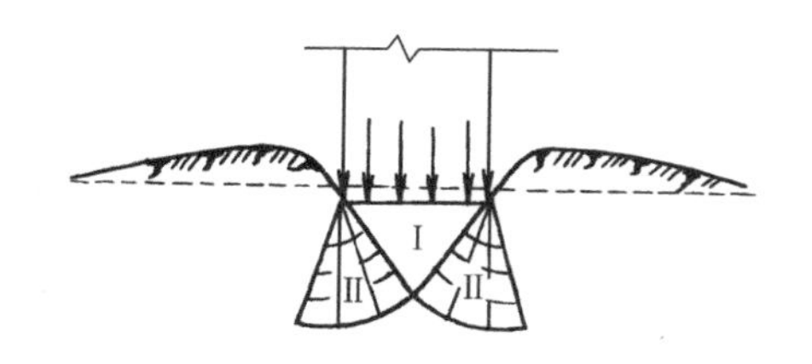

图 2-12　地基局部剪切破坏

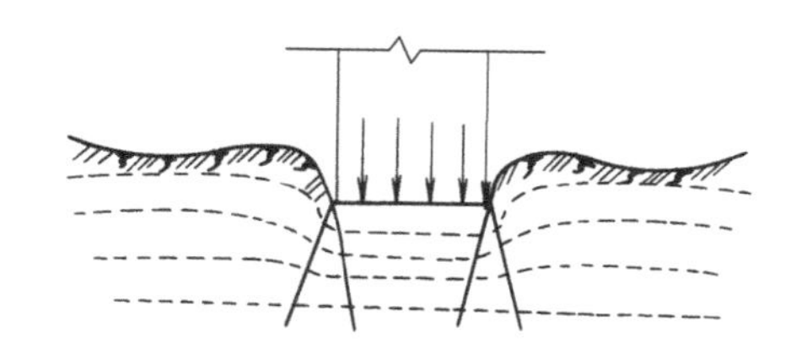

图 2-13　地基冲切剪切破坏

地基究竟发生哪一种形式的破坏，除了与土的种类有关以外，还与基础的埋深、加荷速率等因素有关。例如当基础埋深较浅，荷载为缓慢施加的恒载时，将趋向于形成整体剪切破坏；若基础埋深较大，荷载是快速施加的，或是冲击荷载，则趋向于形成冲切或局部剪切破坏。

在建筑工程中，地基失稳的后果经常很严重，有时甚至是灾难性的。例如，广东海康县某7层旅店大楼因地基失稳而倒塌。该大楼地处沿海淤泥质土地区，而设计人员在没有工程地质勘察资料的情况下，盲目地按 100～120kPa 的地基承载力进行设计。事故发生后，在建筑现场旁边 1.8m 的地下取土测定，土的天然含水量为 65%～75%，按当时的地基基础设计规范规定，这种土的容许承载力只有 40～50kPa，仅为设计承载力的 40%。又由于少算荷载，实际柱基底压力为 189.6kPa，为土容许承载力的 4 倍左右。由此造成基础的严重不均匀沉降，使上部结构产生较大的附加内力，导致建筑物破坏倒塌，造成了多人伤亡的严重事故。因此，相关工程人员对地基强度破坏的危害性应有足够的重视，特别是在土承载力不高，渗透性低而加荷速度快（如过快的施工速度），或有水平荷载（如风荷载）作用，或在斜坡及丘陵地段进行建造时，更应慎重处理。

（二）地基变形事故

1. 软弱地基变形特征

（1）沉降大而不均匀。软土地区大量沉降观测资料统计表明，砖墙承重的混合结构建筑，如以层数表示地基受荷大小，则3层房屋的沉降量较小，4层房屋的沉降量较大，5～6层则更大。过大的沉降造成室内地坪标高低于室外地坪，引起雨水倒灌，管道断裂，污水不易排出等问题。

软土地基的不均匀沉降，是造成建筑物裂缝损坏或倾斜事故的主要原因。影响不均匀沉降的因素很多，如土质的不均匀性、上部结构的荷载差异、建筑物体形复杂、相邻建筑物间影响、地下水位变化及建筑物周围开挖基坑等。即使在同一荷载及简单平面形式下，其差异沉降也有可能相差很大。

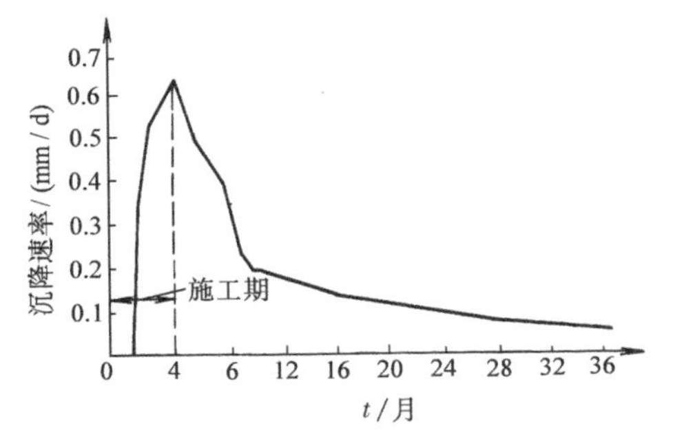

（2）沉降速率大。建筑物的沉降速率是衡量地基变形发展程度与状况的一个重要标志。软土地基的沉降速率是较大的，一般在加荷终止时沉降速率最大，如图2-14所示。

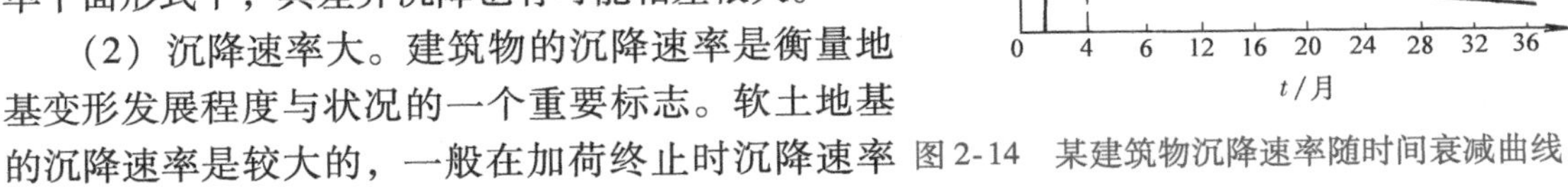

图2-14　某建筑物沉降速率随时间衰减曲线

沉降速率也随基础面积和荷载性质的变化而有所不同。如一般民用与工业建筑活荷载较小时，竣工时沉降速率大约为0.5～1.5mm/d；活荷载较大的工业建筑物和构筑物，其最大沉降速率可达45.3mm/d。随着时间的推移，沉降速率逐渐衰减，但大约在施工期半年至一年左右的时间内，是建筑物差异沉降发展最为迅速的时期，也是建筑物最容易出现裂缝的时期。在正常情况下，如沉降速率衰减到0.05mm/d以下时，差异沉降一般不再增加。如果作用在地基上的荷载过大，则可能出现等速下沉，长期的等速沉降就有导致地基丧失稳定的危险。

（3）沉降稳定历时长。建筑物沉降主要由于地基土受荷后，孔隙水压力逐渐消散，而有效应力不断增加，导致地基固结作用所引起的。因为软土的渗透性低，孔隙水不易排除，故建筑物沉降稳定历时均较长。有的建筑物建成后几年、十几年甚至几十年沉降尚未完全稳定。例如上海展览馆的中央大厅为箱形基础，基础面积为46.5m×46.5m，基底压力约为130kPa，附加压力约120kPa。1954年建成，30年后累计沉降量已超过1.8m，沉降影响范围超过30m，使相邻两侧展览厅墙体严重开裂。

2. 不均匀沉降对上部结构产生的影响

（1）砖墙开裂。由于地基不均匀沉降使砖砌体受弯曲而导致砌体因受主拉应力过大而开裂。

（2）砖柱断裂。砖柱裂缝有水平缝及垂直缝两种类型。前者是由于基础不均匀沉降使中心受压砖柱产生纵向弯曲而拉裂。此种裂缝出现在砌体下部，沿水平灰缝发展，使砌体受压面积减少，严重时将造成局部压碎而失稳。垂直裂缝一般出现在砖柱上部。例如，某平面为“Π”字形4层教学楼，因一翼下沉较大，外廊的预制楼板水平移位，使支承楼板的底层中部外廊砖柱柱头拉裂，裂缝上大下小，最宽处达8mm，延伸1.3m。

（3）钢筋混凝土柱倾斜或开裂。单层钢筋混凝土柱的排架结构，常因地面上大面积堆料造成柱基倾斜。由于刚性屋盖系统的支撑作用，在柱头产生较大的附加水平力，使柱身弯矩增大而开裂，裂缝多为水平缝，且集中在柱身变截面处及地面附近。露天跨柱的倾斜虽不致造成柱身裂损，但会影响吊车的正常运行，引起滑车或卡轨现象。例如上海某厂铸钢车间露天跨，车间内堆载为100kPa，造成轨顶最大位移值达85mm，柱基最大相对内倾值达0.0125，导致吊车卡轨、滑车，工字形柱倾斜、裂缝。曾凿开基础杯口，用钢丝绳纠偏，但柱子尚有明显倾斜。

（4）高耸构筑物的倾斜。建到软土地基上的烟囱、水塔、筒仓、立窑、油罐和储气柜等高耸构筑物，采用天然地基，则产生倾斜的可能性较大。

3. 地基湿陷变形对上部结构产生的影响

（1）基础及上部结构开裂。湿陷性黄土地基引起房屋下沉量大，墙体裂缝大，并开展迅速。

（2）倾斜。湿陷变形只出现在受水浸湿部位，而没有浸水部位则基本不动，从而形成沉降差，因而整体刚度较大的房屋和构筑物，如烟囱、水塔等则易发生倾斜。

（3）折断。当地基遇到多处湿陷时，基础往往产生较大弯曲变形，引起房屋基础和管道折断。当给水排水干管折断时，对周围建筑物还会构成更大的危害。

4. 地基胀缩变形对上部结构产生的影响

（1）建筑物的开裂破坏一般具有地区性成群出现的特性。建筑物大部分是在建成后三五年，甚至一二十年后才出现开裂，也有少部分在施工期就开裂的。其主要是受地基含水量，场地的地形、地貌，工程地质与水文条件，气候，施工等综合因素的影响。例如，四川成都龙潭寺地区三级阶地上的房屋，大多数在建成五六年后出现了地基干、湿变化，造成建筑物开裂、变形，尤其以平房和3层以下的建筑物最为普遍和严重。

（2）遇水膨胀、失水收缩引起墙体开裂。墙体裂缝有正八字形、倒八字形，还有局部斜裂缝及水平裂缝（图2-15）。随着胀缩反复交替出现，墙体可能发生挤碎或错位。

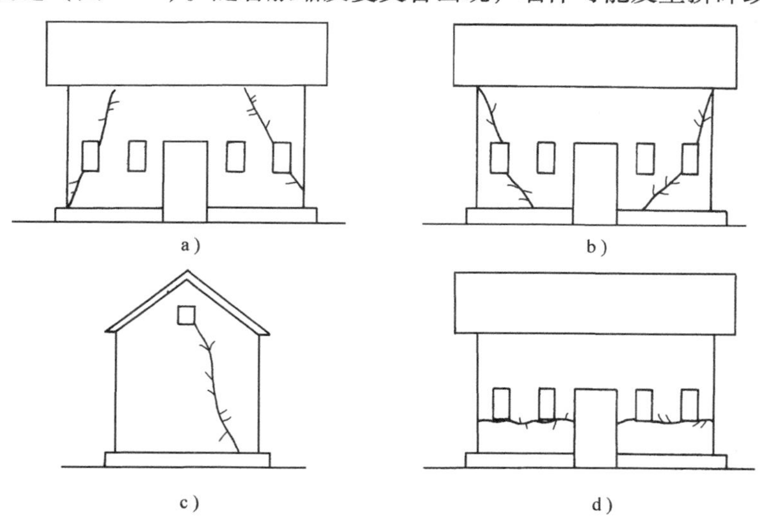

图2-15　墙体裂缝示意图

a）正八字形　b）倒八字形　c）局部斜裂缝　d）水平裂缝

（3）在地质条件相同情况下的房屋开裂破坏。此种破坏以单层、2层房屋较多，3层房屋较少、较轻。单层房屋尤其单层民用房屋的开裂最为普遍，其破坏率占单层建筑物总数的85%；2层房屋破坏率为25%～30%；3层房屋一般略有轻微的变形开裂破坏，其破坏率约为5%～10%。

由于基础形式的不同，房屋开裂也不同，条形基础的破坏较独立基础破坏更为普遍。

排架、框架结构房屋，其变形开裂破坏的程度和破坏率均低于砖混结构房屋。体形复杂的房屋由于失水和得水的临空面大，受大气的影响也大，故变形开裂破坏较体形简单的房屋严重。地裂通过处的房屋必定开裂。

（4）外墙与内墙交接处的破坏。

（5）室内地坪开裂，特别是空旷的房屋或外廊式房屋的地坪易出现纵向裂缝。

5. 地基冻胀、融陷变形对上部结构产生的影响

当基础埋深浅于冻结深度时，在基础侧面作用着切向冻胀力 F_T，在基底作用着法向冻胀力 F_N。如果基础上荷载 F 和自重 G 不足以平衡法向和切向冻胀力，基础就会被抬起来。融化时，冻胀力消失，冰变成水，土的强度降低，基础产生融陷。不论上抬还是融陷，一般都是不均匀的，其结果必然造成建筑的开裂破坏。例如，河北崇礼县某住宅楼，上冻前地下室施工完毕，只进行了外侧回填，地下室内没有采取任何保温措施，第二年开春发现大部分有门洞口的圈梁出现裂缝，最宽达 8mm，最后不得不加固补强。建筑物因地基冻融产生的破坏现象，可概括如下：

（1）墙体裂缝。一二层轻型房屋的墙体裂缝很普遍。从裂缝形状上看，有斜裂缝、水平裂缝、垂直裂缝三种，如图 2-15 所示。这些裂缝与膨胀土地基上房屋开裂情况是十分相似的。垂直裂缝多出现在内外墙交接处或是外门斗与主体结构连接的地方。

（2）基础拉断。这种情况经常发生在不采暖的轻型结构砖砌基础中，主要因侧向冻切力作用所致。电杆、塔架、桥墩、管架等一般轻型构筑物基础，在侧向冻切力的作用下，有逐年上拔的现象。例如，东北某工程的钢筋混凝土短桩基础，三四年内上拔 600mm 之多。

（3）外墙因冻胀抬起、内墙不动、顶棚与内墙分离。这种情况经常发生在农村单层住宅采暖房屋里。主要原因是内墙与外墙连接薄弱，顶棚支承在外墙上，当外墙因冻胀抬起时，顶棚便与内墙分离，最大可达 20mm。

（4）台阶隆起、门窗歪斜。冬天由于冻胀，台阶隆起导致外门不易推开，来年开冻以后台阶又回落。经多年起落，变形不断增加，就会出现不同程度沉落和倾斜。因为台阶埋深小，与房屋基础埋深相差很多，冻结融化都较敏感。而在构造上它又与房屋不相连接，故台阶变形较为显著且极为普遍，在冻胀性地区较常见。另外由于纵墙变形不均匀或内外墙变形不一致，常使门窗变形，压碎玻璃。

（三）斜坡失稳引起的地基事故

1. 斜坡失稳的特征

（1）斜坡失稳常以滑坡形式出现，滑坡规模差异很大，滑坡体积从数百立方米到数百万立方米，对工程危害极大。

（2）滑坡可以是缓慢的、长期的，也可以是突然发生的，以每秒几米甚至几十米的速度下滑。古滑坡可以因外界条件变化而激发新滑坡。例如某工程，扩建于江岸边转角处的一个古滑坡体上，由于江水冲刷坡脚以及工厂投产后排水和堆放荷载的影响，先后在古滑坡上发生了十个新滑坡，严重影响该厂的正常生产。

2. 斜坡上房屋稳定性破坏类型

由于房屋位于斜坡上的位置不同，因此斜坡出现滑动对房屋产生的危害也不同，大致可分为以下三类：

（1）房屋位于斜坡顶部时，从顶部形成滑坡，使土从房屋下挤出，地基土松动，如图2-16所示。房屋出现不均匀沉降，而开裂损坏或倾斜。

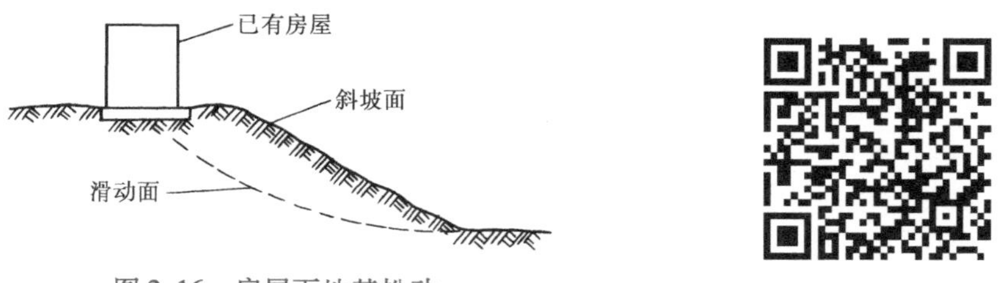

图2-16　房屋下地基松动

（2）房屋位于斜坡上，在滑坡情况下，房屋下的土发生移动，部分土绕过房屋基础移动，如图2-17所示。在这种情况下，无论是作用在基础上的滑动土的土压力，还是基础在平面上的不同位移都可能引起房屋的变形超出允许值，导致房屋破坏。

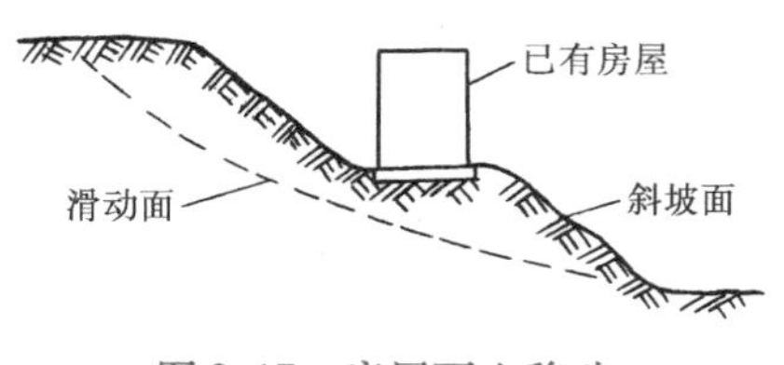

图2-17　房屋下土移动

（3）房屋位于斜坡下部，房屋要经受滑动土体的侧压力（图2-18）。对房屋造成的危害程度与滑坡规模、滑动土体体积有关，事故常常是灾难性的。

3. 基坑工程质量事故

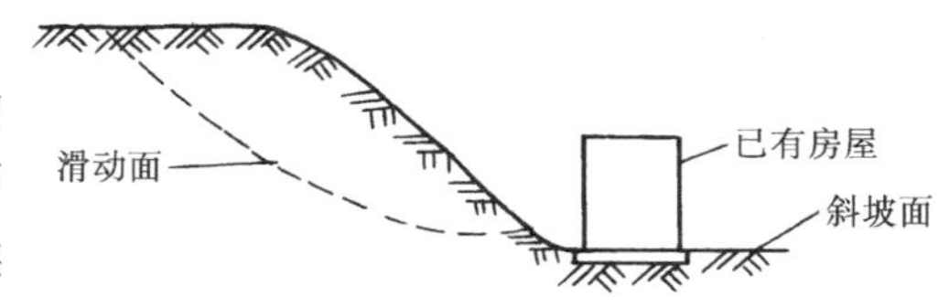

图2-18　滑动土体压在房屋上

随着高层建筑的发展，施工中大开挖基槽的做法越来越多，确保深基坑的可靠和稳定成为高层建筑施工的关键问题之一。基坑有两类：一类是放坡基坑，当基坑较深时，边坡的宽度较宽，很占场地；另一类是支护结构式不放坡基坑，在高层建筑施工中经常被采用。基坑工程具有以下三个特点：

1）基坑支护全体系具有临时性，地下工程完工后即失去作用，因而它设计时的安全储备较小。

2）基坑工程具有较大的综合性，从土力学看它涉及土的稳定、变形和渗流三个方面问题；从支护结构看它涉及结构、力学和材料三个方面的知识。

3）基坑工程具有很强的地区性，在不同工程地质、不同的建筑要求下，它的差异很大。

桩墙式支护结构按支撑系统的不同可分为悬臂式、内撑式和锚拉式三种。悬臂式一般在竖向悬臂桩墙顶布置一道圈梁。内撑式有斜撑、单层或多层水平内撑。锚拉式有水平拉锚和斜拉锚。支护墙多用钢筋混凝土（深层搅拌）桩、钢筋混凝土连续墙、钢板桩等。支撑材料多用钢筋混凝土、型钢或混凝土－钢组合。常用桩墙式支护结构如图2-19所示。

基坑的桩墙式支护结构的失效形式有结构构件承载力失效和土体失效两种。

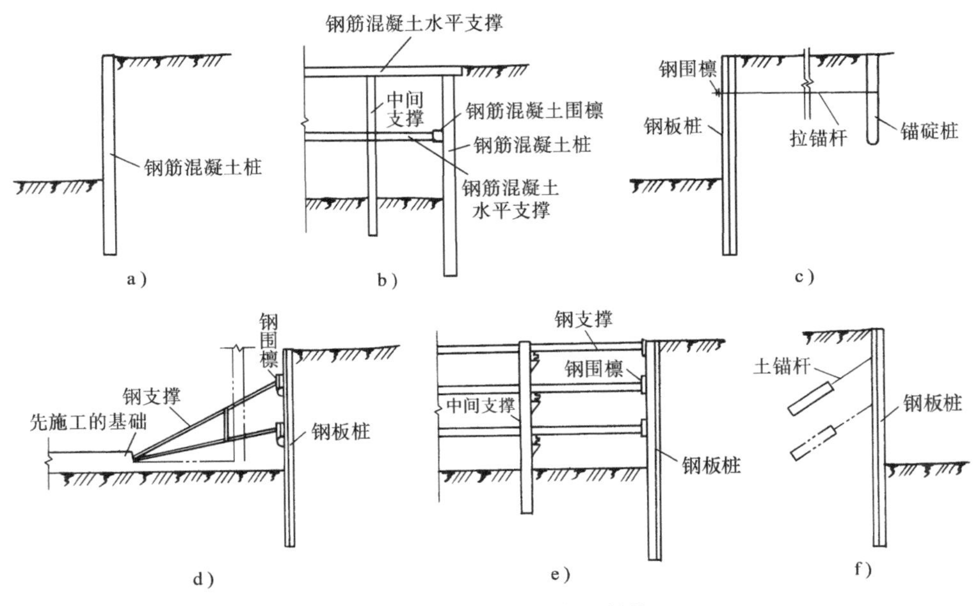

图 2-19　常用桩墙式支护结构

a）钢筋混凝土悬臂支护　b）钢筋混凝土内撑式支护　c）钢板桩水平锚碇支护
d）钢板桩坑内斜撑支护　e）钢板桩多层水平内撑支护　f）钢板桩多层锚拉支护

（1）属于结构构件失效形式的有：

1）内撑压屈或锚拉杆断裂（图 2-20a）。其主要原因是地面荷载增大或土压力计算有误，也可能是内部支撑断面过小导致受压失稳，或者锚拉杆断面不足、长度不足以及锚固部分失效。为此要正确设计内撑和锚拉杆，留有足够安全储备。

2）支护墙平面变形过大或弯曲破坏（图 2-20b）。支护墙过薄、土压力计算不准、地面增加堆载或基坑挖土超深等原因都可能产生这种现象。为此要正确地设计墙体，严格控制挖土深度。

（2）属于土体失效的形式有：

1）基坑外侧土体失稳，滑动面在支护墙下通过（图 2-20c）。其主要原因往往是支护墙底部入土深度不足或撑锚系统失效、地面荷载过大而造成基坑边坡整体滑动破坏，也称整体失稳破坏。

2）支护墙底部走动（图 2-20d）。其主要原因是基坑底部土质太差，能承受的被动土压力很小，或支护墙埋深过浅使得墙底部被动土压力不足，它们都可能使墙底踢脚处的土体失稳破坏。

（3）基坑底部土体隆起（图 2-20e）。在软土地基中当基坑内土体不断挖去，坑内外土体高差使支护墙外侧土体向坑内方向挤压，就会造成基坑内土体隆起，基坑外地面下陷，坑内侧被动土压力减小，甚至可使支护墙失稳破坏。

（4）基坑内管涌（图 2-20f）。当基坑外侧地下水位过高，基底土质较差时，可能发生管涌现象，使被动土压力减小或丧失，造成支护体系失效。

4. 滑坡原因分析

（1）边坡坡度倾角过大，土体因自重及地下水或地表水的浸入，使土体内聚力减弱，

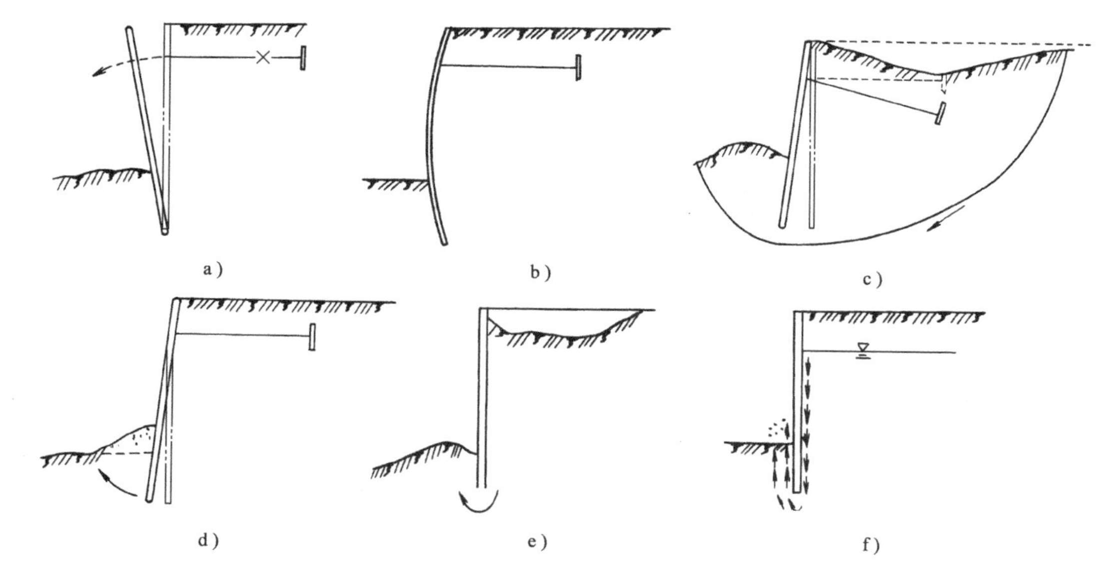

图2-20　桩墙式支护结构的破坏形式

a）锚拉破坏或内支撑压屈　b）平面变形过大或弯曲破坏　c）墙后土体整体滑动失稳

d）底部走动　e）坑底隆起　f）管涌

土体失稳而产生滑动。

（2）土层下有倾斜度较大的岩层，在填土和地下、地表水的作用下，降低了土层之间、土层和岩层之间的抗剪强度，从而引起了土体沿岩层面的滑动。

（3）土层或岩层中有倾向相近、层理发达、风化严重的软弱层或其他易滑动的岩层、软泥层等，受水浸入后，土体强度降低，使上部结构沿软弱层发生滑动。

（4）由于河流冲刷及地下潜水冲蚀等原因破坏了坡体的坡脚，使斜坡坡度增大，破坏了土体的内部平衡，使土体失去稳定而产生滑移。

（5）在斜坡上堆置较大荷载，增加了斜坡重量，使土体失去平衡而产生滑动；大型车辆振动或爆破的影响，使坡体土层间内摩擦力减少、抗剪强度降低而产生土层之间的滑动。

5. 滑坡治理

滑坡治理前，首先应深入了解形成滑坡的内、外部条件以及这些条件的变化。对诱发滑坡的各种因素，应分清主次，采取各种相应的措施，使滑坡最终趋于稳定。一般情况下，滑坡发生总有个过程。因此，在其活动初期，如能立即整治，就比较容易，收效也较快。所以治理滑坡务必及时，而且要从根本上解决，以防后患。治理滑坡主要用排水、支挡、减重和护坡等措施综合治理。个别情况下，也可采用通风疏干、电渗排水、爆破灌浆、化学加固、浇水冻结等方法来改善滑动带岩土的性质，以稳定边坡。

（四）常见的人工地基事故

1. 砂石垫层的质量事故

（1）砂垫层与砂石垫层不密实引起质量事故。

（2）寒冷地区冬季砂石垫层施工，因砂石被冰所包裹，造成砂石垫层不密实，到春天砂石垫层中冰融化，造成垫层迅速下沉。

（3）砂石垫层属于浅层加固方法。对位于深厚软土层上且有荷载差异的建筑来说，使

用该法并不能消除不均匀沉降，反而会适得其反。由于砂石垫层的存在使得软土的变形速率加大，而且差异沉降发展也较快，对上部结构危害甚至比天然地基大。

2. 灰土桩、水泥土桩的质量事故

灰土桩、水泥土桩的质量事故原因有：水泥土、灰土配合比不正确，水泥、石灰的掺加量少，水泥土、灰土搅拌不均匀；桩顶标高、桩长错误，与设计不符；放线错误，桩的数量不足，未按要求进行桩的荷载检测。

3. 灰土地基的质量事故

灰土地基质量事故原因包括：灰土配合比不正确，搅拌不均匀；用作灰土的土料及石灰的粒径大，一般要求土料粒径不大于15mm，石灰的粒径不大于5mm；分层铺设的厚度、分段施工时上下两层的搭接长度、夯实时的加水量、夯压遍数、压实系数控制不好；未按要求进行灰土地基的承载力试验；灰土施工完成，在养护期间遭受水浸泡。

4. 强夯地基的质量事故

强夯地基质量事故的原因包括：强夯未能满足设计深度内密实度的要求，强夯地基的夯击范围不符合设计要求；土体含水量过大，在夯击过程中出现隆起和翻浆现象；土层中含有软弱土层，该层吸收了夯击能量，不能传递到以下土层；夯击间距、夯击遍数及顺序、夯锤落距不符合要求；强夯地基施工完成，未按要求进行承载力的检测。

二、地基工程事故原因分析

（一）地质勘察问题

（1）地基勘察工作欠认真，所提供的土体性质指标及地基承载力不确切。例如某办公楼，设计之前仅做简易触探，而设计者又按勘察报告提出的偏高土力学指标进行设计，结果造成该楼尚未竣工即出现很大沉降和相对沉降差，倾斜约400mm，并引起邻近已有房屋严重开裂。又如某县一小学教学楼，平面为Z字形，无地质勘察资料盲目套图设计，施工中即发现墙体开裂、楼房扭曲倾斜、地面开裂并发展到室外地坪。最后采用局部降低一层和加固地基的方法才获解决。

（2）地质勘察时，钻孔间距太大，不能全面准确地反映地基的实际情况。在丘陵、山坡地区的建筑中，由于这个原因造成的事故实例比平原地区多。例如张家口市某住宅小区，其地基中的砂卵层起伏变化较大（水平方向达0.2m/m）。地质勘察时，整个小区只布置了8个钻孔，钻孔间距过大，使得地质勘察资料数据失真。整个小区大部分基础设计时，按地质勘察深度选择了桩基础，然而由于地表下土层的厚度变化甚大，砂卵层距地表深度相差悬殊，有的桩需要在砂卵层中人工成孔4m多，这给施工带来极大难度，同时担心下卧砂卵层被穿透，最后不得不修改基础设计方案。

（3）地质勘察时，钻孔深度不够。例如有的工程在没有查清较深范围内地基中有无软弱层、暗浜、墓穴、孔洞等情况下，仅根据勘察资料提供的地表面或基础底面以下深度不大范围内的地基情况进行地基基础设计，因而造成明显的不均匀沉降，导致建筑物裂缝，有的甚至不能使用。例如南京某厂家属宿舍为5层砖混结构，采用不埋板式基础。当施工到5层时，发现基础断裂。后经补充勘探，发现宿舍西部地表杂填土1.4m以下有一层淤泥及稻壳灰，厚2m多，高压缩性，建筑物坐落在这样软硬悬殊的地基上，势必造成基础不均匀沉降而断裂。

（4）地质勘察报告不详细、不准确。地质勘察报告不详细、不准确造成地基基础设计方案的错误。如四川某工程，根据建筑物两端钻孔提供的岩石埋藏深度在基础底面以下5m的资料，采用了5m的爆扩桩基础。建成后，在建筑物中部产生较大沉降，墙体开裂。经补充勘察，发现建筑物中部基岩面深达15~17m，爆扩桩悬浮在软土中，最后造成该建筑物不均匀沉降。

（二）设计方案及计算问题

（1）原设计方案不尽合理。有些工程的地质条件差、变化复杂，由于设计方案选择不合理，不能满足上部结构与荷载的要求，因而引起建筑物开裂或倾斜。例如张家口某射击娱乐中心，单层射击大厅由中央大厅13m、两翼展览厅9m组成。两翼展览厅与中央大厅相距4.35m，中间以通道相连。该建筑物坐落在压缩模量仅有1.45MPa的高压缩性深厚软土地区，采用三七灰土垫层人工地基方案，而施工单位由于工期短，擅自改为砂卵石垫层处理方案。该修改方案对于深厚的软土层又有荷载差异的地基，势必带来不均匀沉降。因此，在两年半的沉降观测中，发现中央大厅下沉量平均达105mm，造成两翼15m范围内的巨大差异沉降，使两翼展览厅外承重墙基础的局部倾斜达0.018。而《建筑地基基础设计规范》（GB 50007—2011）规定，在高压缩性地基上的砌体承重结构基础的局部倾斜允许值为0.003，该项目局部倾斜大大超过允许值，因此造成墙体内部产生的附加内力超过砌体弯曲抗拉强度极限，导致两翼展览厅墙面开裂。

（2）盲目套用设计图样。当建筑场地选定后，设计者没有选择的余地，往往只能按具体情况采用天然地基或进行地基处理。由于各地的工程地质条件千差万别，错综复杂，即使同一地点也不尽相同，再加上建筑物的结构形式、平面布置及使用条件也截然不同，所以很难找到一个完全相同的例子，也无法做出一套包罗万象的标准图样。因此，设计人员在考虑地基基础问题时，必须在对具体问题充分分析的基础上，正确地灵活运用土力学、地基基础与工程地质知识，以获得经济合理的方案。如果盲目地进行地基基础设计，或者死搬硬套所谓的“标准图”，将是贻害无穷的。例如太原市某住宅楼，套用本市通用住宅设计图样施工，没按实际地基条件进行地基基础设计，结果造成内外墙体开裂，影响安全，住户被迫迁出。

（3）设计计算错误，荷载不准确。这类事故多数因设计者不具备相应的设计水平，未取得可靠的地质资料，就盲目进行设计，设计又没有经过相应的复核审查，使错误设计计算得不到及时纠正而酿成。有时小的设计计算疏忽，也能造成墙体开裂，尤其是软土地区更应慎重。例如蚌埠铁路局水电车间，采用砖混结构，钢筋混凝土屋面梁、板，砖壁柱，毛石条形基础。该建筑位于水塘边。由于疏忽了屋面梁传给砖壁柱的集中荷载，而没有将砖壁柱附近基础加宽，只采用与窗间墙基础同宽，造成纵墙下基础底面压力分布不均匀，最后导致纵墙开裂、基础顶面的钢筋混凝土圈梁及毛石条形基础出现裂缝，影响使用。

（三）施工问题

地基基础工程施工质量的优劣，直接影响建筑物的安全和使用。地基基础属地下隐蔽工程，更应加倍重视，不留隐患。归纳起来施工方面存在的问题有：

（1）未按图施工或不按技术操作规程要求施工。例如上海某住宅楼，底层为框架，2~6层为混合结构，在北框架的基础梁上悬挑出一进深为3m的平房，设计要求该梁底应留200mm左右沉降空间。施工未按图样要求留设沉降空间，致使基础底面受力不均匀，造成南面基底应力增加，北面基底应力减少，因而使建筑物南北面产生较大的差异下沉，造成建

筑严重倾斜。

（2）工程管理不善，未按建设要求与设计施工程序办事。例如洛阳市某5层砖混结构宿舍，地基采用灰土桩处理。因管理混乱，工地上没有一个技术人员自始至终进行技术把关，缺乏细致认真的技术交底和质量检查。施工严重违反操作规程，使灰土桩质量低劣，最后不得不全部返工，造成严重的经济损失。

（四）环境及使用问题

1. 基础施工的环境影响

打桩、钻孔灌注及深基坑开挖对周围环境所引起的不良影响，是当前城市建设中反映特别突出的问题，主要是对周围已有建筑物的危害。例如张家口市宣化区某银行办公楼，在桩基施工中，因打桩振动影响，引起附近某家属宿舍墙体开裂，地面、楼板裂缝。而钻孔灌注桩可以避免打入桩振动的不良影响，但钻孔灌注桩当穿过砂层施工时，若不能及时用泥浆护孔，则会造成孔中涌砂、塌孔，对周围已有建筑物构成威胁。例如某市一幢12层的大楼，采用贯穿砂砾石层直达基岩的钻孔灌注桩施工方案。桩长30m，桩径700mm，全场地共73根桩，从开始施工到施工结束历时两个月。在施工完20多根桩时，东西两侧相邻两幢3层办公楼严重开裂，邻近5层和6层两幢建筑物也受到不同程度的影响，周围地面和围墙裂缝宽达30～40mm。当施工完50根桩时，相邻两幢3层办公楼不得不拆除，这是钻孔灌注桩在复杂地质条件下，碰到砂层而未进行泥浆护孔造成的严重工程事故。又如南京市交通银行深基坑开挖时，因支挡结构侧向位移，引起邻近某电影院基础不均匀沉降，导致墙体和柱开裂严重，最后不得不拆除重建。

2. 地下水位变化

由于地质、气候、水文、人类的生产活动等因素的作用，地下水位经常会有很大的变化。这种变化对已有建筑物可能引起各种不良的后果。特别是当地下水位在基础底面以下变化时，后果更为严重。当地下水位在基础底面以下压缩层范围内上升时，水能浸湿和软化岩土，从而使地基的强度降低，压缩性增大，建筑物就会产生过大沉降或不均匀沉降，最终导致其倾斜或开裂。对于结构不稳定的土，如湿陷性黄土、膨胀土等影响尤为严重。若地下水位在基础底面以下压缩层范围内下降时，水的渗流方向与土的重力方向一致，地基中的有效应力增加，基础就会产生附加沉降。如果地基土质不均匀，或者地下水位不是缓慢而均匀地下降，基础就会产生不均匀沉降，造成建筑物倾斜，甚至开裂和破坏。

在建筑地区，地下水位变化常与抽水、排水有关。因为局部的抽水或排水，能使基础底面以下地下水位突然下降，从而引起建筑物地基变形。例如河北省某电厂，在进行凉水塔基础施工时，为了降低地下水位，采用轻型井泵降水。在降水过程中没有考虑对周围建筑物的影响，结果导致邻近某中学教学楼不均匀下沉而倾斜、开裂。

3. 使用条件变化所引起的地基土应力分布变化

1）房屋加层之前，缺乏认真鉴定和可行性研究，草率上马，盲目行事。有的加层改造未处理好地基和上部结构问题，被迫拆除。例如哈尔滨市某居民住宅，擅自由原来一层增到四层，加层不久底层内外墙都出现严重裂缝，最后整栋房屋不得不全部拆除。

2）大面积地面堆载引起邻近浅基础的不均匀沉降，此类事故多发生于工业仓库和工业厂房。厂房与仓库的地面堆载范围和数量经常变化，而且堆载很不均匀。因此，容易造成基础向内倾斜，对建筑结构和使用功能带来不良后果。主要表现有柱、墙开裂；桥式吊车产生滑车和卡轨现象；地坪及地下管道损坏等。

3）上下水管漏水长期未进行修理，引起地基湿陷事故，在湿陷性黄土地区此类事故较为多见。例如河北省某高校教师住宅楼建在湿陷性黄土地区，因下水管损坏漏水，再加上地基施工时没有发现原有人防通道，使地基土被水融蚀流入人防通道，湿陷性和潜蚀导致住宅楼条形基础悬空，引起该栋房屋开裂，最大裂缝达20~30mm，危及安全，不能住人。

三、地基工程事故处理

地基事故发生后，首先应进行认真细致的调查研究，然后根据事故发生原因和类型，因地制宜地选择相应的基础托换方法。根据其原理不同可概括为下列5类：①基础扩大托换以减少基础底面压力。②基础加深托换以对原地基持力层卸荷，将基础上荷载传递到较好的新的持力层上，如坑式托换和桩式托换。③灌浆托换以对地基加固提高地基承载力。④纠偏托换以调整地基沉降，如迫降纠偏托换和顶升纠偏托换。⑤排水、支挡、减重和护坡等措施综合治理。如果建筑物基础需要进行托换，在施工开始前，首先要对该建筑物被托换的安全性予以论证；其次，在建筑物基础托换过程中，还要借助于监测手段，来保证建筑物的各部位之间不致产生过大的沉降差；最后要保证其邻近建筑物的安全性。

任务二　基础工程质量事故分析与处理

本任务所述的基础工程包括一般房屋基础和地下工程、桩基础、设备基础等工程。基础工程事故除了常见的错位、变形、裂缝、混凝土孔洞等类型外，还有断桩、桩身缩颈、桩深不足等桩基事故，基础晃动过大和地脚螺栓错误等设备基础事故。

一、基础错位事故

（一）基础错位事故类别与特征

基础错位事故主要有以下几类：

（1）基础平面错位。基础平面错位包括单向和双向错位两种。

（2）基础标高错误。基础标高错误包括基底标高、基础各台阶标高以及基础顶面标高错误。

（3）预留洞和预埋件的标高、位置错误。

（二）基础错位事故常见原因

1. 勘测失误

勘测失误常见的有滑坡造成的基础错位，地基及下卧层勘探不清所造成的过量变形。

2. 设计错误

设计错误包括：制图或描图错误，审图时又未发现纠正；设计措施不当。诸如软弱地基未作适当处理，对湿陷性地基上的建筑物，无可靠的防水措施，又无相应的结构措施；对软硬不均匀地基上的建筑物，采用不适当的结构设计方案；土建施工图与水、电或设备图不一致（有的因设计各工种配合不良造成，有的则因土建施工图发出后，设备型号变更或当时提供给土建的资料不正确，又未作及时纠正而造成）。

3. 施工问题

（1）测量放线错误。测量放线错误又包括以下几种：

1）看图错误。错位事故很大一部分是看错图。第一类错误是把基础中心线看作轴线而

出错。在建筑和结构的施工图中并不是所有的轴线都与中心线重合。对设计图样不熟悉，施工中又马虎的人来说，这类事故容易发生。例如单层厂房中，边柱的轴线位置在柱外边，而不是在柱中心处，端部轴线也不是柱中心等。第二类错误是将车间与相连的构筑物（栈桥、廊道等）相对位置搞错，误把车间某一轴线作为构筑物的中心线而造成错位事故。第三类错误是把轴线之间尺寸搞错等。

2）测量错误。最常见的是读错尺寸，这种偏差数值往往较大，施工中更应注意。

3）测量标志移位。例如控制桩埋设浅、不牢固或位置选择不当等，车轧和碰撞使控制桩发生位移而造成测量放线错误。又如基础施工中把控制点设在模板或脚手架上，导致施工中出错等。

4）施工放线误差大及误差积累。此种误差可造成基础位移或标高误差过大。

（2）施工工艺不良。施工中存在以下几种不良工艺时也会引起基础错位：

1）场地平整及填方区碾压密实度差。例如用推土机平整场地并进行压实，而填土厚度又较大时，往往产生这类质量问题。建造在这种地基上的基础，常会产生过大沉降或倾斜变形。

2）单侧回填。基础工程完成后进行土方回填，若不是两侧均匀回填，往往造成基础移位或倾斜，有的甚至导致基础断裂。

3）模板刚度不足或支撑不良。在混凝土振捣力及其他施工外力的作用下，造成基础错位或模板变形过大，基础杯口采用悬挂吊模法、活动模板等，也可能造成杯口产生较大偏差。

4）预埋件错位。常见的有预埋螺栓、预留洞（槽）等预埋件固定不牢固而造成水平移位、标高偏差或倾斜过大等事故。

5）混凝土浇筑工艺和振捣方法不当。

（3）施工中地基处理不当。

1）地基长期暴露，或浸水、或扰动后未作适当处理。

2）施工中发现的局部不良地基未经处理或处理不当而造成基础错位或变形。

4. 其他原因

（1）相邻建筑影响。例如，在已有房屋附近新建房屋造成原有房屋基础位移变形。

（2）地面堆载过大。原苏联曾报道某仓库因堆料荷载太大，造成拱架基础位移数米的情况发生。

（三）基础错位事故处理方法与选择

1. 吊移法

将错位基础与地基分离后，用起重设备将基础吊离原位。然后，一方面按照正确的基础位置处理好地基；另一方面清理基础底面。在这两项工作都完成后，再将基础吊装到正确位置上。为了确保基础与地基的接触紧密，可采用坐浆安装。必要时，还可进行压力灌浆。此法通常适用于：上部结构尚未施工、现场有所需起重设备、基础有足够的强度和抗裂性能的情况。

2. 顶推法

顶推法是指用千斤顶将错位基础推移到正确位置，然后在基底处做水泥压力灌浆，保证基础与地基之间接触紧密。此法适用于上部结构尚未施工、有适用的顶推设备、顶推后坐力所需的支护设施较简单的情况。

3. 顶推牵拉法

顶推牵拉法是指当基础与上部结构同时产生错位时，常采用千斤顶将基础推移到正确位置，同时，在上部结构适当位置设置钢丝绳，用花篮螺栓或手动葫芦进行牵拉，使上部结构与基础整体复位。

4. 扩大法

扩大法是指将错位基础局部拆除后，按正确位置扩大基础。此法适用于错位的基础不影响其他地下工程及基础允许留设施工缝的情况。

5. 托换法

托换法是指当上部结构完成后，发现基础错位严重时，可用临时支撑体系支托上部结构，然后分离基础与柱的连接，纠正基础错位，最后再将柱与处于正确位置的基础相连接。这类方法的施工周期较长，耗资较大，且影响正常生产。

6. 其他方法

（1）拆除重做。基础事故严重者只能拆除重做。

（2）结构验算。基础错位偏差既不影响结构安全和使用要求，又不妨碍施工时，通过结构验算并经设计单位同意，可不进行处理。

（3）修改设计。基础错位后，通过上部结构的设计修改来确保使用要求和结构安全。

二、基础孔洞事故

钢筋混凝土基础工程表面出现严重的蜂窝、露筋或孔洞，统称为孔洞事故。其中蜂窝是指混凝土表面无水泥浆，露出石子深度大于5mm但小于保护层厚度的缺陷；孔洞是指深度超过保护层厚度，但不超过截面尺寸1/3的缺陷；露筋是指主筋没有被混凝土包裹而外露的缺陷。

（一）基础孔洞事故原因

1）施工工艺错误，诸如混凝土自由下落高度过大，混凝土运输浇灌方法不当等造成混凝土离析，石子成堆。

2）不按规定的施工顺序和施工工艺操作、漏振等。

3）在钢筋密集处或预留孔洞和埋件处，混凝土浇筑不畅通，不能充满模板而形成孔洞。

4）模板严重跑浆，形成特大蜂窝、孔洞。

5）混凝土石子太大，被密集的钢筋挡住。

6）混凝土有泥块和杂物掺入，或将大件料具、木块落入混凝土中。

7）不按规定下料，或一次下料过多，下部振捣器振动作用半径达不到，形成松散状态，以致出现特大蜂窝和孔洞。

8）混凝土配合比不准确，砂率过小，或者砂、石、水泥材料计量有误，造成混凝土和易性不良，浇筑振捣工艺虽然认真操作，但是仍然出现蜂窝和孔洞。

9）模板孔隙未堵好，或支设不牢固，振捣混凝土发生模板移位，也会造成蜂窝及孔洞。

（二）基础孔洞事故处理方法及选择

确定为混凝土孔洞事故后，通常要经有关单位共同研究，制订补强方案，经批准后方可处理。常规处理方法有以下四种：

（1）局部修补。基础内部质量无问题，仅表面出现孔洞，可将孔洞附近混凝土修凿，清洗后，用高一个强度等级的细石混凝土填实修补。

（2）灌浆。当基础内部出现孔洞时，常用压力灌浆法处理。最常用的灌浆材料是水泥浆或水泥砂浆并掺加无机、有机化合物外加剂（例如环氧树脂胶结料）。灌浆方法有一次灌浆和两次灌浆等。

（3）扩大基础。已施工基础质量不可靠时，往往采用加大或加高基础的方法处理。此时，除了以可靠的结构验算为依据外，还应有足够的空间。应注意基础扩大后对使用的影响，以及和其他基础或设备是否冲突等。

（4）拆除重做。孔洞严重，修补无法达到原设计要求时，应采用此法。

三、设备基础事故

（一）常见的设备基础事故

1）工业建筑中一些机器转动时振动过大，使得设备基础随之振动，造成机体剧烈振动乃至损坏机器或破坏机械设备最基本的动平衡条件等严重后果。

2）设备基础地脚螺栓错位、倾斜、断裂事故。

3）设备基础振动过大影响邻近建筑物事故。冲击机器（如锻锤、落锤、造型机、冲压机等）基础振动时，振动由土壤传播而影响邻近建筑物。例如振动过大，会导致相邻建筑外墙开裂，甚至破坏。这并非结构本身振动所引起，而是因振动使厂房基础下面的地基土沉陷造成的。位于离振动源不同距离的基础，将以不同的速率下沉，引起基础不均匀沉陷，而造成建筑物的破坏。

（二）设备基础事故原因

1. 振动过大事故的原因

1）设计不当或者资料不准确。例如计算扰力与实际机器的扰力不符，或者地质条件很复杂，勘察单位提供的地基土参数与基础下实有地基土不一致，以及地震影响等使得机器工作时，基础或房屋结构产生强烈的振动，导致影响正常生产。

2）由于设备基础常是大块式基础，具有六个自由度，所以即使是支承型基础，也会因弹簧搁置部位的不同而有不同的效果。

3）地基处理不好，形成基础下沉、变位，破坏机器最基本的平衡条件，也会造成机器激烈振动。

4）机器安装产生误差、偏心、不平整等也会造成振动过大。

2. 地脚螺栓偏差原因

1）安装精度和埋设方法不好，造成偏斜、断裂等。

2）混凝土浇筑方法不当，或振动器碰撞螺栓。

3）基础不均匀沉降及各种变形。

4）设计不当或设备原始资料不准确。

5）施工固定螺栓骨架变形，发生扭曲、弯折、歪斜。

（三）设备基础事故处理

1. 振动过大事故处理方法

（1）处理原则。根据振动情况可采用不同的处理原则。

1）共振情况。对属基础共振而产生的过大振动，可改变基础的自振频率，以避开共振。如加大基础的质量，使自振频率$f_n \leqslant 0.755f$（f为机器的扰频）；或加大地基刚度，使$f_n > 1.25f$；加大的方法可根据不同的扰力情况来确定。

2）非共振情况。①对于低频机器，可同时加大基础的质量和地基刚度，但地基刚度增长最好大于基础质量的增加，使得加固后基础的自频不要小于加固前的自频。②对于高频机器，则基础质量的增加最好大于地基刚度的增大，使基础的自频不要大于加固前的自频。

（2）处理方法。对振动过大的机器基础可采用以下处理方法：

1）以承受垂直扰力$F_z(t)$或力矩$M(t)$为主的机器基础，如采用打桩加固方法，可使抗压、抗弯刚度和参振质量增加很多，从而能减小振幅，效果较好。

① 以承受垂直扰力$F_z(t)$为主的机器基础，通常可靠近基础整个周边打下1～2排桩，并用钢筋混凝土圈梁将桩与基础连接起来。为了使新加部分与原有基础能连为一个整体，必须将原有基础在连接处凿毛，并应露出钢筋与新加钢筋焊牢。

② 以承受力矩$M(t)$为主的机器基础，可在沿力矩作用的两端各打一排桩或在基础四周加一钢筋混凝土圈梁，与原有基础连成整体。

2）对承受水平扰力$F_x(t)$的机器基础，采用手拖板与基础连接能减小水平振动，使用效果良好。板的尺寸按计算选择，并可在板安装好之后随时加大板尺寸，以便增加其吸收振动能量的效果。手拖板可增加抗剪刚度与阻尼。为了防止基础与板之间发生不均匀沉陷，可用铰进行连接。

在实际工程中，往往无法打桩或不允许采用基础四周加宽的方法。如有的基础在沿扰力作用的两端有工艺管道、电缆沟等；有的设备基础在车间内布置比较紧凑，没有足够的空余地方可供进行加固；有的机器基础，不能较长时间停止生产来实行加固。在这些情况下，就得根据具体情况，考虑加固方案。如基础下为砂土地基，可采用化学加固或水泥胶结土壤的方法。此法的优点在于，机器不需要长时间的停止生产，只是在地基内直接灌水泥浆时和灌浆后需要2～3d暂停生产。在大多数情况下，不必加固整个底板下的地基土，只需沿基础底板的周边加固一条带。根据基础的尺寸，带宽可取2～4m。加固区域的深度根据计算确定，但不小于1m。如车间内有几台设备基础并排设置时，可将2～3台基础连起来做成联合基础。这样做不仅减振效果好，而且施工方便，对生产影响最小。如果是三台基础相连，则可始终保持有一台机器不停产。即先联合两台，另一台仍维持生产。等联合好的基础可以投产时，再将中间的一台与另一台相连，边上的一台又可投入生产。

2. 地脚螺栓事故处理方法

设备基础地脚螺栓偏差事故处理方法通常有三类：①调整标高。②纠正平面错位。③补埋设或重新埋设。具体处理方法有以下几种：

（1）加垫铁法。该方法主要用于螺栓标高偏差不太大的事故。例如在工程投产初期，由于设备不停地运转，基础的沉降时时在发生，直至地基最终稳定。这一阶段一般都是通过在基底下加垫块的办法，进行过渡调整。

当设备基础均匀沉降时，可加平垫板调整。当设备基础呈倾斜下沉时，加楔形垫板调整。

这种调整方法，尤其适用于抢修作业。它牵动面小，操作简单，节省时间，随沉随垫，不影响生产。但实践证明，这种调整方法不宜长久使用。因为一般机械设备的金属底座，在基础上表面均系全截面全体承压。用垫铁调整沉降空隙，会减少底座的支承面积，难于保证设备持久的运行。然而在沉降最终稳定前，在一定的沉降幅度内，用垫铁进行调整，仍是常用的有效方法之一。

(2) 加垫层接长螺栓法。当螺栓标高偏差较大时，用垫铁调整设备基础的沉降，将造成垫铁层数很多很厚，不但机体与基础间连接将发生困难，而且常常造成机体颤动，地脚螺栓被突然剪断等严重后果。垫铁厚度超过两倍地脚螺栓直径时，就要加细石混凝土垫层把沉降空隙填筑起来，并把地脚螺栓接长，如图 2-21 所示。若设备基础的变形是不均匀的，即发生“偏沉”时，则地脚螺栓的裸露部分，将发生弯折或弯曲变形。出现这种情况时，即使倾斜度不大，也会使螺栓承受比正常情况大得多乃至数倍的工作应力。此时，应按图 2-22 的方法，对地脚螺栓进行矫形处理。具体做法是，根据螺栓直径尺寸，在其根部凿一深 150 ~ 200mm 的凹槽。用氧气乙炔焰分段烘烤螺栓使其弯成 S 形，并于其一侧焊一块补强钢板。钢板长度应不小于 S 弯上、下两切点间距离。板宽等于矫形后的螺栓偏心距另加两倍螺栓直径。烘烤施焊完毕，再用细石混凝土填补凹槽，经过养护处理后即可正常使用。

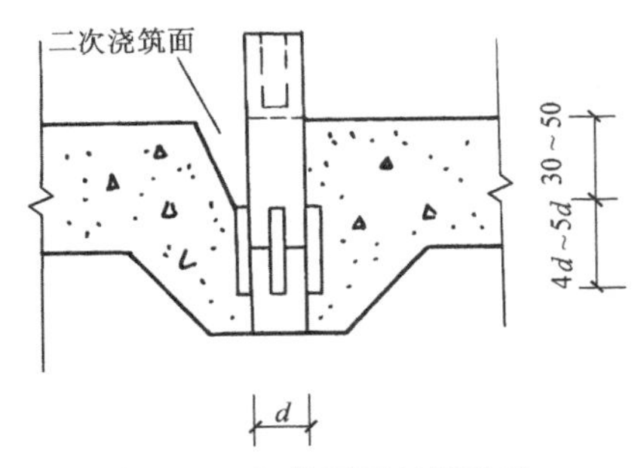

图 2-21　加垫层接长螺栓法

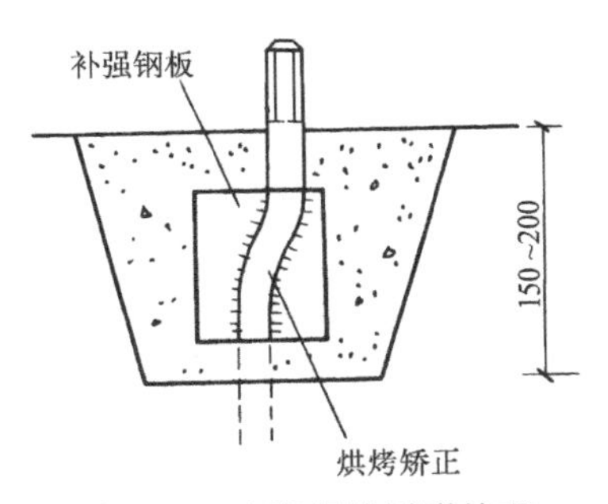

图 2-22　地脚螺栓矫形处理

(3) 环氧砂浆埋设地脚螺栓法。当地脚螺栓埋设位置错误或设备基础发生大幅度沉降偏斜时，上述几种矫正处理办法都难以达到预期效果。如经验算，基础本身不需做整体倾斜矫正，便应考虑在底座螺栓孔错动后的位置上重新栽埋螺栓，其做法和要求如图 2-23所示。先在预定的点位上，用风动凿岩机或其他钻机成孔。孔直径为 $d+2\delta$，孔深为 $10d+(20\sim50)$ mm。除去粉尘和残渣后，暂封住孔口。调制环氧砂浆胶凝剂，启封孔口并浇灌。接着把车制好的新螺栓缓缓插入孔中。环氧砂浆具有硬化快、强度高、黏结力强等优点。此法已广泛应用于地脚螺栓事故处理。

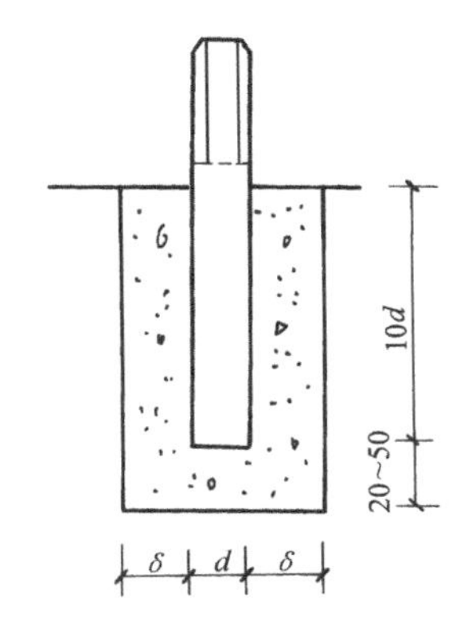

图 2-23　重新栽埋螺栓的做法和要求

(4) 用连接件纠正螺栓的错位偏差。当偏差较大时，也可在原螺栓上焊接型钢等连接件，再在连接件上按正确位置焊接固定新的螺栓。

四、桩基础事故

当场地土质很差，不能作为天然地基；或上部荷载太大，无法采用天然地基；或要严格控制建筑不同部位的沉降时，常用桩基础解决这些问题。若考虑桩穿越软弱土层时能加固天然地基，则桩构成人工地基（如灰土、砂石等挤密桩）；若考虑通过桩将上部结构荷载传给坚硬土层，则桩成为深基础。所以桩在地基土中的工作机制是非常复杂的。

桩按承载性质可分为摩擦型桩和端承型桩；按所用材料可分为混凝土桩、钢桩和组合材料（闭口钢管混凝土）桩；按成桩方法可分为挤土桩（如打入预制桩）、非挤土桩（如灌注桩）和部分挤土桩（如打入式敞口桩）；按受力条件可分为竖向抗压桩、竖向抗拔桩、横向受荷桩和组合受荷桩。

1. 桩基础质量事故原因分析

1）不考虑地基具体情况盲目采用桩基，没有进行详细的地质勘察，或地质勘察不够详尽。

2）主观确定桩基方案，没有考虑土层的分布、地下水情况、上部结构荷载和沉降要求、施工机械设备和现场条件以及资金等条件，未经分析比较就确定。

3）单凭理论计算和勘察资料确定单桩承载力，没有经过现场静载试验加以确定。

2. 桩基础事故处理

（1）对预制桩常见质量事故的处理

1）断桩。当出现断桩时，施工人员应会同设计人员共同处理，可采取在断桩附近补桩的方法。

2）桩顶击碎。一般采取更换并加厚桩垫的方法，对破坏严重的桩顶，需要进行修补。

3）打入深度不足。当遇到硬岩层时，可采用植桩法、射水法或气吹法进行施工，也可采取更换重锤的方法。

4）桩身倾斜。当发现桩不垂直时应及时进行纠正，如果可能可以将桩拔出，清理障碍物或回填桩孔后重新打入，若桩打入一定的深度后严重倾斜，不宜采用移动桩架的方法来校正。

（2）对混凝土灌注桩质量事故的处理

1）沉渣厚度大。采用一次钻至设计标高，在原位旋转片刻再停止旋转，静拔钻杆，或采用二次或多次投钻的方法进行成孔；当孔底为砂或砾石时，可采用孔底拌浆搅拌然后再灌注混凝土的方法；也可采用压力灌浆、压力灌注混凝土的方法。

2）桩身混凝土质量差。出现此种事故，施工人员需要会同设计单位进行补桩处理，如果不严重可采用加大承台的方法。

3）塌孔。出现此种事故，施工人员可采用灰土或低强度等级混凝土填至塌孔以上1～2m，夯填密实后重新钻孔。

4）钻孔倾斜。对严重的钻孔倾斜采用素土回填夯实后，重新钻孔。

5）钢筋笼质量问题。如果钢筋笼过长，应分段制作，钢筋笼入孔时再分段焊接；钢筋笼在制作、运输、吊装过程中，应按设计要求设置加强箍筋，并在钢筋笼内部设置可拆卸的加强钢骨架；钢筋笼在就位过程中，应避免碰撞孔壁，钢筋笼放入孔内，要采取措施固定位置；清孔时应把沉渣清理干净，保证实际有效孔深满足设计的要求；对已经变形的钢筋笼应修理后再使用。

6）钻进困难。如岩石等障碍物埋深较浅，可提出钻杆，清理障碍物后重新钻进。当地下障碍物较大不易清理时，在经过设计人员认可的前提下，可以改变桩的位置，原桩孔素土回填；无法改变桩位时，可采用特种钻头进行穿透，也可采用爆破的方法将大块岩石等障碍物爆破成小块，再进行钻进；对饱和黏性土层，可采用慢速高扭矩钻机进行施工；对硬塑亚黏土或灰土类硬土层，还需要采用钻硬土的伞形钻；在硬土层中钻孔时，可适当在孔内加水，冷却钻头，软化土层。

其他各种形式的桩基础质量事故处理措施，不再一一赘述。

箴言故事园

俗语有云，万丈高楼平地起。地基与基础工程是建筑物最底层的重要部分，建筑物的上部荷载通过基础结构传递到地基上，地基是基础下面承受建筑物全部荷载的土层，它是地球的一部分。建筑物的强度、稳定性和耐久性很大程度上取决于地基与基础的强度、耐久性及它们之间的作用。所以必须要在经济合理的原则下，对建筑物的地基、基础的工程质量做出严格要求。

正如李耳《老子》中的名言："合抱之木，生于毫末；九层之台，起于垒土；千里之行，始于足下"。合抱的大树，生长于细小的萌芽；九层的高台，筑起于每一堆泥土；千里的远行，是从脚下第一步开始走出来的。其阐述了事物发展变化的规律，事情都是从"生于毫末""起于垒土""始于足下"为开端的，说明大的东西都是从细小的东西发展而来的，它告诫人们无论做什么事情，不论是学习还是工作，都必须具有坚强的毅力，要脚踏实地，从小事做起、从最基本的开始，经过逐步的积累才能有所收获，才可能成就大事业。

模块小结

本模块从建筑工程地基和基础工程两个方面介绍了各种事故发展变化特征，分析发生的原因并指出相应的处理措施。地基工程方面主要描述了常见的地基失稳、斜坡失稳、软弱地基变形、湿陷变形、膨胀土胀缩变形、地基冻胀融陷变形以及不均匀沉降对上部结构的影响等；基础工程事故除了常见的错位、裂缝、混凝土孔洞等外，还有断桩、桩身缩颈、桩深不足等桩基事故和基础晃动过大或地脚螺栓错误等设备基础事故。任何地基或基础工程质量事故都会对建筑物造成严重影响，应引起我们足够的重视。

思　考　题

2-1　建筑工程地基事故一般有几类？各有哪些特征？
2-2　地基破坏形式有哪几类？其破坏成因各是什么？
2-3　软土地基对上部结构产生什么效应？
2-4　有哪几种基坑支护事故？成因是什么？
2-5　人工地基有哪几种质量事故？成因是什么？
2-6　如何进行地基事故分析？都需要收集哪些资料？
2-7　因地下水渗流造成的缺陷事故有哪些？
2-8　建筑工程基础质量事故有哪些？都有哪些处理措施？
2-9　什么是基础托换？每种托换方法适用条件和范围有什么不同？
2-10　桩基础有哪些质量问题？如何预防？
2-11　施工单位、监理单位在基础工程验收时的程序有哪些？
2-12　基础工程验收时应提交哪些资料？
2-13　钢筋混凝土扩展基础验收的一般要求是哪些？
2-14　基础工程质量验收主控项目和一般项目验收标准是什么？
2-15　地基基础工程是否进行验槽？验槽检验要点应符合哪些规定？

实践训练园

模块三　钢筋混凝土工程质量事故分析与处理

学习要点： 掌握模板工程、钢筋工程、混凝土工程质量事故特征，能够根据事故发生的部位及发展变化，初步分析并判定可能的事故原因，提出相应的处理措施。

钢筋混凝土工程是目前建筑领域应用最广泛的结构形式之一。混凝土和钢筋是最主要的建筑材料。混凝土的主要特点是：抗压强度较高，可模性好，塑性状态下的混凝土能够填充任何尺寸形状的模板，耐久性及耐腐蚀性也较好，但是其缺点是抗拉强度低，易开裂；钢筋的抗拉抗压强度都很高，但是，受压时受截面尺寸及形状的影响，在未达到强度之前就会失去稳定发生破坏，不能充分发挥出其强度高的作用，在正常环境下易锈蚀而影响结构或构件的耐久性。钢筋和混凝土两种材料有机地结合在一起，组成一种复合材料，构件所承受的拉力由钢筋承担，所承受的压力主要由混凝土承担，充分发挥两种材料各自的受力性能，以提高结构或构件的承载能力。另外，普通钢筋混凝土仍然存在受拉区混凝土易开裂的缺点，预应力混凝土通过预先对结构或构件施加压力，有效地解决了混凝土的开裂问题。

在使用量大而广的钢筋混凝土工程中，常常出现工程质量事故。造成工程质量事故的主要原因是：违反基本建设程序，工程没有有效的监督机制；对国家规范理解、掌握有偏差，使建筑结构设计先天不足，存在质量事故隐患；而施工过程中管理混乱，随意性大，质量控制把关不严，也将直接影响工程质量。

案例解析园

一、模板工程事故

案例一　支架设计和施工缺陷导致的倒塌事故

1. 事故概况

2010 年 3 月 14 日上午，贵阳国际会议展览中心工程的两个展厅之间的连廊在浇灌混凝土过程中模板支撑体系发生坍塌，事故共导致 7 人死亡，19 人受伤。该模板支撑系统高度 8.9m，属高大模板支撑体系。坍塌方式为中间向下塌陷，两边支撑架体及模板钢筋向中间部位倾斜覆盖。

2. 原因分析

（1）混凝土浇筑时违反《高支撑模板施工方案》规定，施工工艺没有按照先浇筑柱，后浇筑梁板的顺序进行，采取了同时浇筑的方式。

（2）现场搭设的模板支撑体系未按照专项方案进行搭设，立杆和横杆间距、步距等不满足要求，扫地杆设置严重不足，水平垂直剪刀撑设置过少。

（3）施工方安全生产制度不落实、现场施工管理混乱、盲目赶抢工期、违规违章作业。主要表现如下：

1）施工中未将模板支撑体系专项搭设方案及专家评审意见贯彻落实到施工一线，在搭设模板支撑体系时未按照方案进行搭设。

2）浇筑区域的模板支撑体系在浇筑前未进行验收。

3）项目技术负责人、项目总监未确认现场是否具备混凝土浇筑的安全生产条件，未签署混凝土浇筑令，施工单位就开始浇筑施工，浇筑时未按《高支撑模板施工方案》规定先浇筑柱后浇筑梁板，采取了同时浇筑的方式，浇筑过程中未设专人负责检查。

4）安全管理人员配置数量不足。

5）违规使用不具备资质的劳务队伍。

6）违规上下交叉重叠作业。

3. 处理措施

事故发生后，有关单位立即组织调查小组，到现场勘查，查明事故原因。对事故责任人予以行政处罚和经济处罚，由原设计单位提出加固修缮的技术措施和处理方案，对事故做了认真处理。

案例二　某商厦楼梯模板坍塌事故

1. 工程概况

某商厦坐落在市区中心，建筑面积8400m^2，钢筋混凝土框架结构，7层（地下2层）。在主体结构施工到第二层时，柱混凝土浇筑完毕，为使楼梯能跟上主体施工进度，施工单位在地下室楼梯间尚未施工的情况下，直接支模浇筑一层楼梯混凝土。支模方法是：在±0.000m处的地下室楼梯间侧壁混凝土墙板上，放置YKB3.48-2预应力混凝土空心楼板，在楼板上面进行一层楼梯支模。另外在地下室楼梯间（长7.2m，宽4.05m，深7.6m，如图3-1所示）采取分层支模的方法，对上述四块预制楼板进行支撑。其中，-7.6m至-5.6m为下层，-5.6m至±0.000m为上层，上层的支撑直接顶在预制板下面（图3-2、图3-3）。当一层楼梯混凝土即将浇筑完工时，楼梯整体突然坍塌，致使7名现场施工人员和下班路过此处的1名木工坠落地下室楼梯间内，造成4人死亡，4人轻伤，直接经济损失12万元。

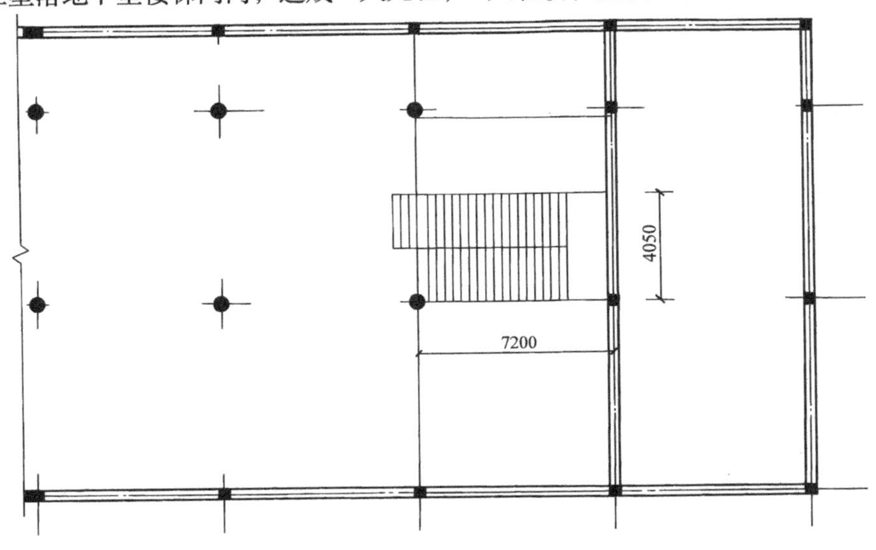

图3-1　地下室楼梯间平面图

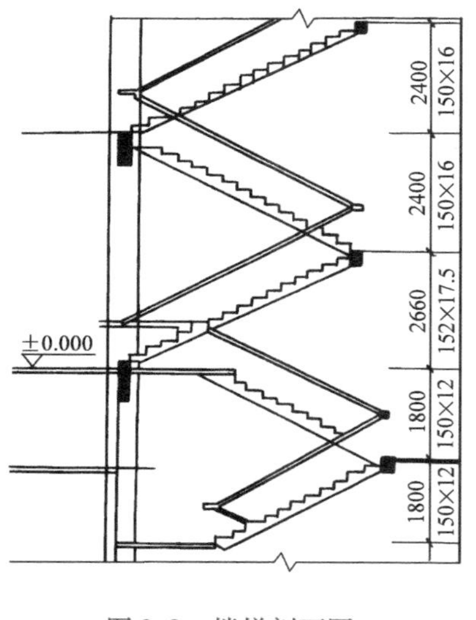

图 3-2　楼梯剖面图

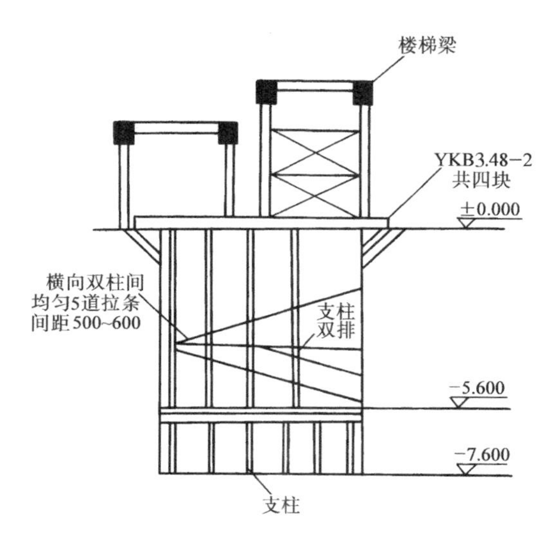

图 3-3　楼梯支模图

2. 原因分析

（1）模板支撑系统强度不足。受荷后变形过大，导致发生失稳破坏。首先，支模使用的立柱大都为未去皮的圆杨木，直径细且不直。水平支撑、剪刀支撑使用的是杨木板皮，不能满足施工的技术要求。其次，支模方法错误。在 -5.6m 至 ±0.000m 模板立柱用圆杨木相接，且有少数立柱有两个接头或用圆木和方木相接，接面不平，不同心，接头不牢固。水平支撑、剪刀支撑数量不够、位置不对，且多设在 -5.6m 至 -2.5m 范围内，而多数接头所在的 -2.5m 至 ±0.000m 范围内很少有支撑。顶在 ±0.000m 处 YKB3.48-2 预应力混凝土空心楼板下的支撑柱无横木，受力不合理，这样在较大荷载作用下，支撑系统变形过大失去稳定性，使 YKB3.48-2 预应力混凝土空心楼板所受到集中荷载超过板的允许承载能力而断裂。

（2）施工顺序不当。在支撑楼梯的框架梁柱（标高 1.6m 处）没有浇筑混凝土，又没有采取相应的有效措施情况下，就开始浇筑楼梯混凝土，使浇筑的楼梯与支承楼梯的框架结构没有形成稳定的结构体系。

（3）造成事故的间接原因

1）施工方案不详细，技术交底不清。该部位施工属非常规施工，应制订包括具体材料要求、尺寸要求和做法等内容的施工方案，以及书面安全技术交底，使支模工作有章可循。

2）安全技术检查不认真。模板支完后，管理人员和技术人员没有进行认真的检查，没能及时发现事故隐患。

3）施工材料及安全设施的资金投入不足，以至于该模板工程施工时，使用不合格材料支模。

4）有关管理人员责任心不强，管理水平低；技术人员、施工操作人员素质差，盲目蛮干。

3. 结论

这起事故的主要原因是管理人员素质低、责任心差，没有组织好施工方案的制订和安全技术交底以及质量检查工作。因重大责任事故罪，工长被判处有期徒刑两年。技术人员没有认真制订施工方案，没有认真对工人进行安全技术交底，没有组织好模板的搭设和检查，是事故的直接责任者，依法受到法律惩罚。

案例三　施工中拆模过早引起倒塌事故

1. 工程概况

某轻工业厂房为2层混凝土现浇框架结构，预制楼板。施工单位在浇完第一层框架梁柱、吊装完楼面板后，继续施工第二层，在开始吊装第二层楼板时，为加快施工进度，将第一层大梁下的模板立柱拆除，以便在第一层同时进行室内抹灰装修。在第二层楼板即将吊装完成时，发生倒塌事故，造成多人死亡的严重事故。

2. 原因分析

经现场调查分析，倒塌的主要原因是底层框架大梁模板及立柱拆除过早。混凝土浇筑完后养护只有3d即拆模，梁的强度还很低，远未达到设计强度值，不能承担上部（第二层）结构重量、本身自重及施工荷载。

3. 结论

结构构件的拆模时间应严格按照设计要求进行，当设计无具体要求时应严格按照施工规程的要求进行，切不可盲目地为赶工期、赶进度而酿成重大工程事故。

二、主体结构工程质量事故

案例四　某综合楼倒塌事故

1. 工程概况

某综合楼建筑面积$2400m^2$，是一栋7层L形平面建筑（二层平面图如图3-4所示）。底层为营业厅，二层以上为住宅。底层层高3.5m，二层以上层高3.0m，总高21.5m，基础为混凝土灌注桩基，上部为现浇钢筋混凝土梁、板、柱的框架结构，砖砌填充墙。建设单位违反基本建设程序，未办理报建和质量监督手续就开始施工。主体结构完工后，进行室内抹灰时发生整体倒塌事故。

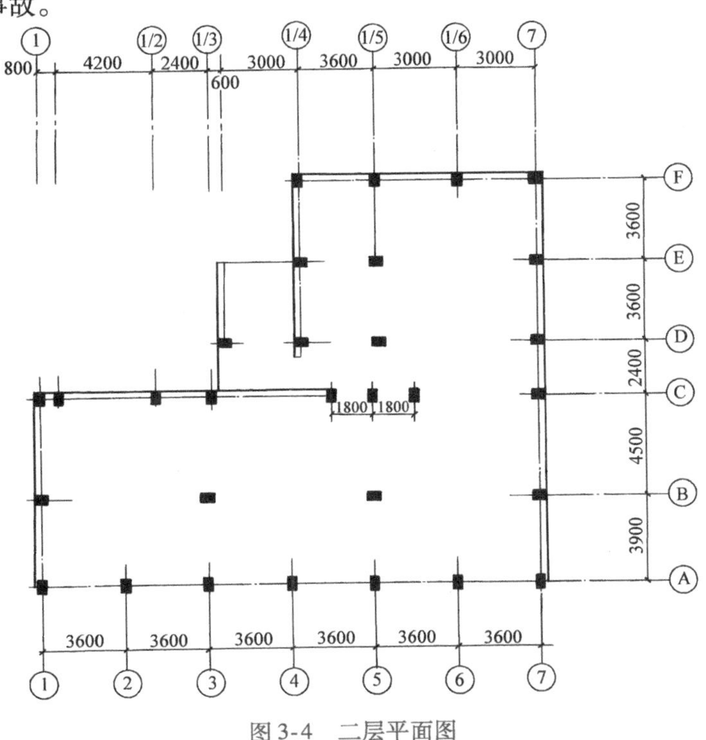

图3-4　二层平面图

2. 原因分析

（1）设计原因

1）该地区抗震设防为6度区，按现行《建筑抗震设计规范》（GB 50011—2010）的规定，对综合楼的结构设计应采取抗震构造设计，但设计者严重违反规范规定，没有采取有关抗震构造措施。

2）结构布置不合理，结构计算不完整。原设计在框架计算中没有考虑风荷载；有些荷载取值偏小，如：120mm厚填充墙，双面抹灰，在计算中仅取24N/mm^2，实际取值应为29.6N/mm^2；柱截面尺寸过小，底层柱高8m，柱截面为350mm×600mm，使柱轴压比过大。

3）框架梁柱配筋不足。如③轴与Ⓑ轴交叉柱，混凝土C20，钢筋采用HPB235级，计算配筋A_s=2958mm^2，结构图上配HRB级4ϕ25，施工时改为4ϕ22，折合HPB235级钢筋为A_s=2171mm^2，比计算少配钢筋26%，③轴框架梁配筋比计算少配钢筋52%之多。

（2）施工原因

1）混凝土材料方面：在现场用钻芯法取柱、梁混凝土芯样，共17个试件，试压时混凝土龄期至少已有一个半月，但混凝土抗压强度平均值只有10.2N/mm^2（其最低值只有6.1N/mm^2），比规范要求的标准值约小24%，故整栋房屋的混凝土强度等级均达不到设计要求。

2）钢筋力学性能：在倒塌现场直接取样，绝大部分钢筋标记直径与实际不符，直径偏小。在8组HRB钢筋试件中，只有3组合格，5组试件不合格，在3组HPB钢筋试件中，只有1组合格，2组试件不合格，综合评价只有36%合格，64%不合格，钢筋大部分为不合格产品。

3）施工质量方面：从现场仔细观察和清理记录资料分析，整个建筑物施工管理、施工质量很差，主要表现在以下几个方面：

① 施工管理混乱。工程所使用的钢筋和水泥既无出厂合格证，又不送有关部门检验；既不做混凝土配合比试验，施工时又不留试块，以致对混凝土强度失去控制，否则在施工过程中还可以采取补救措施。

② 用钢筋的品种混乱。其中有竹节钢、螺纹钢和圆钢三种。在同一个梁柱断面中混合使用，钢筋标记直径与实际直径不符，取样的钢筋试件大部分不合格。

③ 混凝土质量低劣。从倒塌事故现场检查混凝土碎块可见混凝土的级配不当，石少砂多，砂细且含泥量高，而且采用质地较差的红色碎石做骨料，碎石与水泥砂浆无粘接痕迹，混凝土与钢筋无黏结力。尤其以桩基承台的混凝土质量更差。对承台混凝土两次钻取混凝土芯样，均无法把芯样取出；在Ⓐ轴与②轴交叉的承台坑基内已找不到承台混凝土，只有4个桩的钢筋外露；在Ⓐ轴与⑦轴及⑦轴与Ⓑ轴交叉的承台坑基中，发现两柱都已插入承台中，说明柱与承台之间已产生了冲切破坏。在现场还发现⑤轴与Ⓑ轴交叉的柱（350mm×600mm），承台上300mm处柱水平断面有260mm×250mm片石。

④ 楼板厚度大大超过设计值。据现场检测对比，原设计80mm厚的楼板，施工后的板厚最大为120mm，最薄为100mm，这样就较大地增加了板的自重，也增加了梁、柱及基础的负荷。

⑤ 混凝土保护层不均。柱纵筋混凝土保护层两边不均，据倒塌事故现场的记录资料，有六根柱的一边混凝土保护层为40mm，有一根柱为100mm。板的支座负筋的保护层，据事故现场记录，一般保护层厚为40mm，最大的达60～70mm，这样负筋已完全起不到受力的作用了。

⑥ 由施工单位提供的原施工时桩基承台底标高和事故现场清理测量得到桩基承台面标高与原设计承台高度严重不符，造成承台冲切破坏。

⑦ 原设计在 -0.3m 处有一道圈梁，施工时未经有关单位同意而没有施工，这样做势必造成框架柱在底层的计算高度增加，降低了柱子的承载力。

（3）违反基本建设程序

建设单位违反基本建设程序，未办理报建和质量监督手续，使整个工程无管理、无监督、无人过问。施工单位想怎样做就怎样做，钢筋采用不合格品，未执行双控。混凝土无配合比试验，没有留一块试块。桩施工完后，未对桩的施工质量进行检验。工程质量完全失去了控制，发现问题时，已经来不及补救了。

3. 结论

综上所述，该综合楼发生倒塌的重大工程质量事故，原因是多方面的。施工质量、设计文件、基本建设程序等都存在不同程度的问题。但从设计文件复核和承台以上工程质量检测情况分析认为：

（1）施工质量低劣是主要原因。钢筋不合格，混凝土强度又太低，其中尤以桩基承台高度不满足设计要求，这些对框架柱的承载力的影响是致命的，综合楼的倒塌情况都说明了这一事实。

（2）设计文件也存在较为严重的问题。设计单位违反国家规范，计算错误和图样设计深度不够等与施工问题综合在一起，引发了这次重大的工程质量事故，应负次要责任。

（3）建设单位违反基本建设程序。建设单位未办理报建和质量监督手续，也要负一定责任。

这次重大工程质量事故教训是深刻的，主管部门必须确实有效地加强工程质量监督和管理，防止类似工程质量事故的发生。

案例五　某住宅阳台断裂事故

1. 工程概况

某住宅楼为三层点式砖混结构，建筑面积 603m²，楼板采用预制预应力空心板，阳台为现浇悬臂板式。该楼建成交付使用半年后，三层某室阳台从根部突然断裂，阳台悬挂在墙面上，造成一名正在阳台玩耍的儿童坠楼身亡的恶性事故。

2. 原因分析

原设计为悬臂板式阳台，板厚 100mm，混凝土强度等级为 C20，配筋为 HPB Φ10@100（图 3-5）。经复核验算，配筋和截面尺寸均符合设计规范要求，对混凝土强度和钢筋检测也符合规范要求。造成事故的原因主要是：

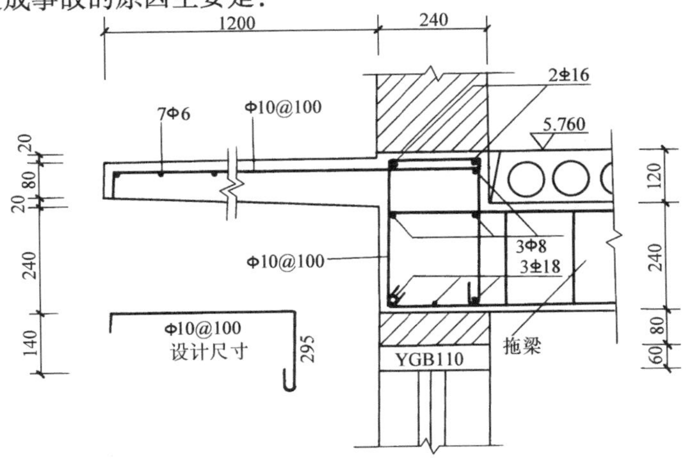

图 3-5　悬臂板式阳台板配筋图

1）施工队伍素质差，施工中将受力钢筋位置放错，钢筋下移85mm，使钢筋混凝土悬臂结构受拉区无钢筋而发生脆性破坏（图3-6）。

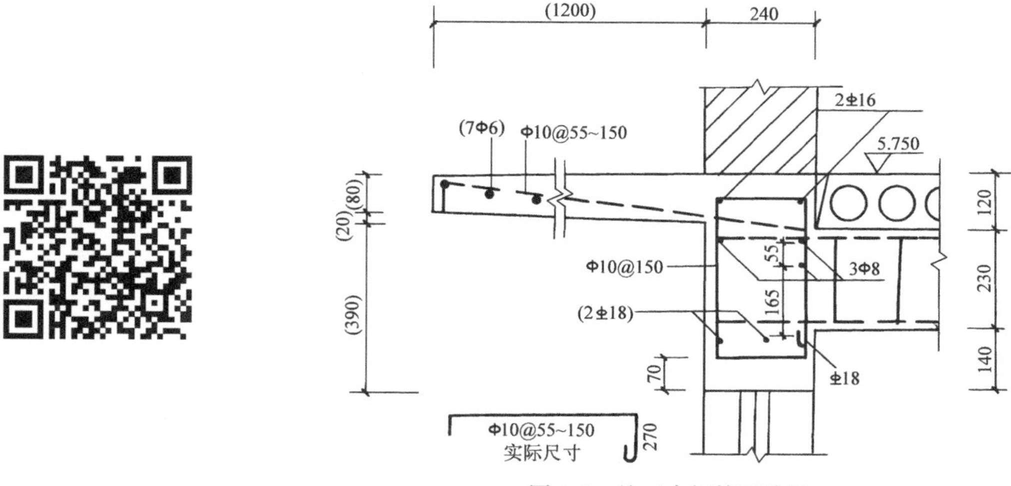

图3-6　施工中钢筋下移图

2）阳台栏板的压顶未按设计图样要求嵌入墙内120mm，构造柱处未埋设拉结钢筋，栏板下段配筋漏放，未经设计部门认可，又错误地将现浇栏板改为预制栏板。

3）建设、监理单位技术力量薄弱，隐蔽工程验收盲目签认，浇筑混凝土无人值班，未能把好质量关，工作上严重失职。

4）设计单位在施工图上没能把确保悬臂结构受力钢筋位置的措施交代清楚。

5）该工程未按规定办理质量监督手续，造成质量监管失控，也未通过设计等单位进行竣工验收，就盲目同意住户迁入，最终导致恶性事故发生。

3. 处理措施

事故发生后，质量检验站对另外7个阳台进行了检测，结果除了一个板式悬臂阳台受力主筋下移60mm外，其余均下移90mm以上。

由设计单位提出如下加固补强方案：因为受力钢筋多在板底，所以将原设计悬臂板改为简支板，板四周加设圈梁，阳台两侧砌240mm厚砖墙到梁底，外侧加设构造柱，如图3-7、图3-8所示。

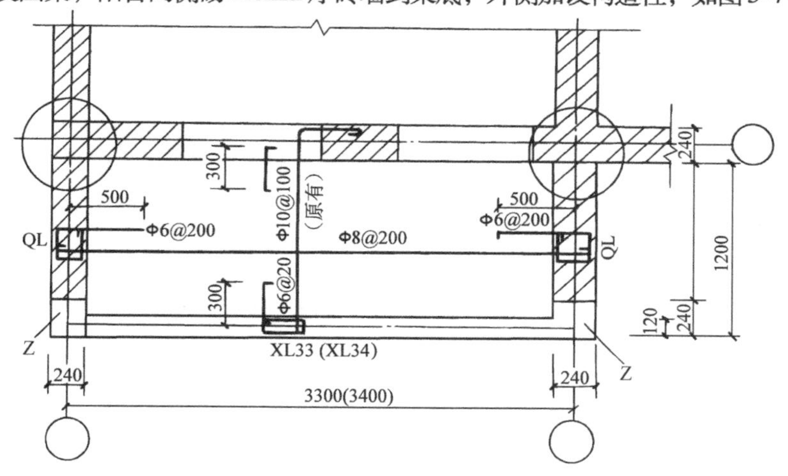

图3-7　阳台结构加固平面图

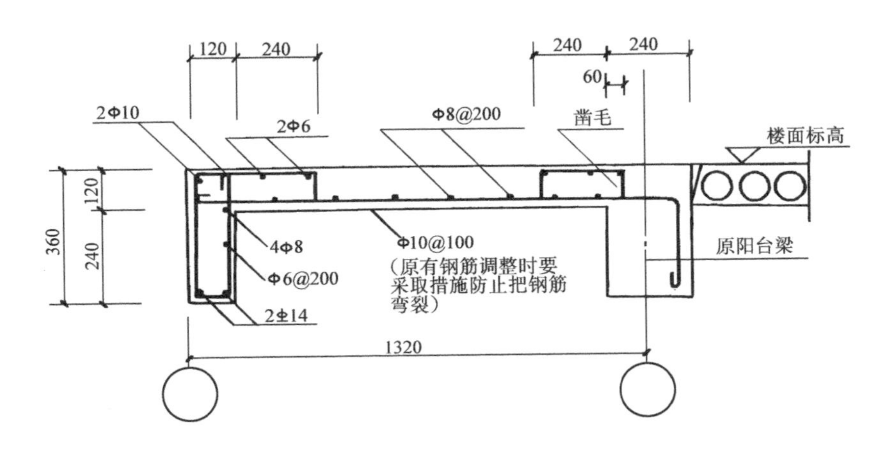

图 3-8　阳台结构加固剖面图

案例六　构件承载力不足引起的事故

1. 事故概况

某住宅楼，总建筑面积约 4000m²，每户建筑面积 150m²。其中大厅楼板为四边简支，尺寸为 6.6 m×4.95 m 的现浇钢筋混凝土板，设计板厚为 140mm，混凝土强度等级 C20，钢筋Φ8@120，完工后尚未交付使用，即发现较明显裂缝及较大挠度。经检测最大裂缝宽度为 2mm，最大挠度为 10mm，无法正常使用。

2. 原因分析

（1）板厚、钢筋间距不符合设计要求：将设计板厚 140mm 改为 80mm，钢筋间距由 120mm 改为 200mm。这是挠度过大和板底出现裂缝的主要原因。

（2）混凝土强度不满足要求：采用回弹仪检测，该板混凝土强度等级相当于 C18。

（3）负筋未参与工作：在支座处凿开混凝土后，发现负筋踩倒或踩弯，使负筋不起作用，这是板顶支座处产生裂缝的主要原因。

3. 处理措施

应增加板的截面高度和配筋，以提高构件的承载能力、刚度和抗裂性能。所以，该工程选择加大截面法进行加固，此方法工艺简单、适用面广，可有效提高其承载力和满足正常使用要求。从经济角度出发，利用原钢筋混凝土板作为模板，在其上再浇 70mm 厚的新板，并重新配筋，这样，原板不仅可作模板使用，同时又可承担部分荷载。

案例七　因干燥热风而引起混凝土楼盖大面积开裂的事故

1. 事故概况

某九层办公楼为框架结构。钢筋混凝土柱及楼盖均为现场浇筑。每层面积 863m²。浇筑完每层的楼盖后，盖草帘浇水养护。在主体结构基本完成，养护 28d 后，拆除底模，在去掉草帘时发现第三层楼盖布满了不规则裂缝，大多数裂缝宽 0.05~0.5mm，有的裂缝已上下贯通，但其余楼层均无裂缝。

2. 原因分析

在排除了因配筋不足、温度变化等产生裂缝的原因后，查看施工记录，发现第三层施工时气温高达 30℃，大气干热，相对湿度不到 40%，而且当日有七八级大风，风速达 12~

18m/s。如此干燥的大气加上热风猛吹，混凝土的干缩比一般情况下可增大4~5倍，可使混凝土在浇筑后立即发生开裂。因而尽管浇筑后也按要求盖上草帘，但浇水不足，热风一吹，水分很快蒸发掉了。混凝土硬化期间温度高，湿度极小，引起混凝土剧烈收缩，造成混凝土干缩裂缝事故。

3. 处理措施

经钻芯及用回弹仪检测，混凝土强度平均降低15%，裂缝已停止发展，补强后尚可应用，故采用灌浆封闭裂缝，上面铺上一层钢筋网（ϕ14@200）打上30mm厚的豆石混凝土。

案例八 因天气环境变化引起混凝土墙板裂缝事故

1. 事故概况

西北地区某高层综合办公楼，主楼为钢筋混凝土框—筒结构，地下1层，地上18层，总高度76.8m，总建筑面积36482m^2。该建筑基础为灌注群桩，地下室外墙采用300mm厚C30自防水混凝土。标高13.6m以上混凝土强度等级均为C40，楼板厚度120mm。冬季施工到结构6层梁板，该层梁板底模拆除时，发现板底出现裂缝。从渗漏水线和现场钻芯取样分析，裂缝均为贯通性裂缝。之后又对全楼已施工完毕的混凝土工程进行了详查，在地下室外墙外侧上部发现数条长度不等的竖向裂缝（其中有两条为贯通性裂缝）。在5、6两层核心筒的电梯井洞口上部连梁上的同一部位亦发现两条裂缝。而在其他的柱、墙、梁、板上则未发现裂缝。经现场实测，第6层现浇板上的裂缝均为贯通性裂缝，最大裂缝长度约4.5m（直线距离），最大裂缝宽度0.27mm。地下室外墙竖向裂缝的最大长度约1.9m，最大裂缝宽度0.2mm，核心筒连梁上的裂缝最大长度0.3m，裂缝最大宽度约0.18mm。经过近一个月的现场连续监控，未发现以上裂缝的进一步发展和新的裂缝出现。

2. 原因分析

（1）在施工的各种条件未变的情况下，从裂缝仅在六层现浇板上出现，而未在其他层现浇板上出现的事实来分析，唯一不同的是施工作业时的气候变化。如前所述，该层现浇板施工时是该地区冬季最寒冷、干燥的一个时期，最高气温仅1℃，当时的最大风速7m/s，湿度仅有30%~40%，特别是每天于21时施工完毕后，混凝土正处于初凝期，强度尚未有大的发展，作业面又没有防风措施，导致混凝土失去水分过快，引起表面混凝土干缩，产生裂缝。根据有关资料记载，当风速为7m/s时，水分的蒸发速度为无风时的2倍；当相对湿度为30%时，蒸发速度为相对湿度90%时的3倍以上。假如将施工时的风速和湿度影响叠加，则可推算出此时的混凝土干燥速度为通常条件下的6倍以上。另外，从裂缝绝大多数集中在构件较薄及与外界接触面积最大的楼板上这一现象也可证实，开裂与其使用的材料关系不大，而受气象条件的影响大些。与楼板厚度接近的墙肢之所以未裂，是因为墙肢两面都有模板，不直接受大气的影响。地下室外墙由于本身体积较大，又长期暴露在温湿度变化较大的环境中，尤其在施工时温度降低近30℃。气温变化因素导致混凝土温度收缩而产生裂缝。

（2）梁板所用混凝土均为C40混凝土，而根据设计院进行的技术交底要求，梁板混凝土只要达到C30强度等级即可，施工单位为了在施工中更容易控制墙柱的质量，统一按照C40混凝土标准进行施工，而C40混凝土的水泥用量为480kg/m^3，相对于C30混凝土，单位水泥用量增加约70kg，这样，混凝土的收缩量将增加，无形中又增加了裂缝出现的可能。

（3）进入冬季施工以后，混凝土中又添加了防冻膏和减水剂，施工用水相对减少，混凝土强度增长较快，加剧了混凝土水分的蒸发和裂缝的发展。同时，由于天气寒冷，担心养护用水结冰而仅采用覆盖双层保温帘的措施也对混凝土抗裂强度的发展不利。

（4）从现浇板最初出现裂缝的位置来看，干缩裂缝首先在核心筒的四角，之后出现在板的中部，这是现浇板内部应力最集中、最复杂和最薄弱的部位。由于墙肢和核心筒刚度的强烈约束作用，当混凝土的收缩应力大于其抗拉强度时，裂缝便沿此位置出现、发展。本次发现核心筒连梁上出现的两条裂缝，亦是相同因素引起的。

3. 处理措施

经过以上的调查分析，本楼层的结构是安全的，梁板的承载力是满足设计要求的。参照规定，小于0.3mm的裂缝无须修补。但考虑到本工程的重要性和业主对此问题的重视程度，同时也为了防止钢筋锈蚀而影响耐久性，本着预防为主的原则，决定按照需要修补的规定进行修补。而对于地下室外墙，由于有抗渗要求，则必须予以修补。具体修补措施如下：

（1）修补范围：凡是肉眼可视、长度在800mm以上，或缝宽大于0.08mm的楼板裂缝均予以修补。地下室外墙裂缝悉数修补。

（2）修补办法：楼板基底用钢丝刷清理干净后，用低黏度改性环氧树脂沿缝涂抹，宽度约100mm，自然干燥后尽快粉刷封闭。地下室外墙内侧采用上述办法，外侧沿缝涂防水油膏一道（宽约300mm），再做氯化聚乙烯橡胶共混防水卷材一道（厚1.5mm，宽1.0m），经检查合格后，必须尽快回填。

三、因材料不合格引发的事故

案例九　某高层大厦爆破拆除

1. 工程概况

上海市锦普大厦，地下1层，地面以上20层，为现浇钢筋混凝土剪力墙结构，总建筑面积21 280m^2。1994年2月1日开工，9月28日在建设单位召开的协调会上，施工单位提出：因气温逐渐下降，为保证工程年底主体结构封顶，加快施工进度，将原先使用的矿渣水泥改为普通硅酸盐水泥，得到各方面认可，水泥由建设单位提供，建设单位确定供应商为中山商务实业公司，该公司采用安徽濉溪县供电局水泥厂生产的“电力牌”425强度等级的普通硅酸盐水泥。1994年10月15日，供应商在未与水泥厂签订购销合同的情况下，就进场第一批无质量保证书的该水泥20t，10月18日在第一批进场水泥检测报告还未出来时，供应商与厂方签订了购销合同，供货2000t，10月25日起供应商开始陆续大批量供应水泥，11月14日施工单位从现场取样送检测中心复试，发现水泥安定性不合格，后经多次取样送检复试均不合格。12月14日由上海技术监督局仲裁判定所用水泥为废品，禁止使用。改换水泥后施工的第11层至第14层的主体结构，使用了安定性不合格的水泥，强度达不到设计要求的混凝土设计强度等级为C30的标准，造成重大质量事故。

2. 原因分析

造成此次重大质量事故的直接原因是使用了安定性不合格的水泥。经过事故调查小组核查，造成事故的主要原因是：

1）水泥生产厂家在利益的驱使下，弄虚作假、欺骗用户，在明知水泥安定性不合格的情况下，将产品流入市场，严重违反国家的法律法规。

2）供应商违反国家规定，在明知水泥安定性不合格的情况下，仍采购入库，在多批水泥供应现场中欺骗用户，谎称是从厂家直接运出的同批合格水泥。

3）施工单位盲目听信建设单位与供应商的说法，未严格按照国家规定对进场的水泥进行复试，在复试报告未出来的情况下仍继续施工，扩大了影响范围。

4）建设单位对供应商的能力及技术素质不做考核，错误地选择合作伙伴。事故发生后，仍出书面通知要求施工单位边处理边施工。同时，建设单位违反规定，未实施工程监理，导致工程质量管理失控。

3. 事故处理

生产厂家、供应商、建设单位、施工单位都应对这起事故承担不同程度的责任，对有关公司的法人代表追究刑事责任，对建设单位和施工单位的有关人员给予撤职和行政警告处分。

根据检验结果，该工程第11层至第14层主体结构，由于混凝土内存在超量的游离氧化钙，其膨胀力会使混凝土产生严重的不规则裂缝，影响主体结构的安全和建筑物的使用寿命。为了消除严重隐患，严肃国家法律法规，1995年6月上海市建设行政主管部门做出拆除决定，并于同年9月12日开始逐层实施定向爆破拆除，直接经济损失211.8万元。

案例十 过多添加膨胀剂引起混凝土崩裂的事故

1. 事故概况

某地修建游泳池，底板采用180mm厚的混凝土，为防止龟裂，添加了硫铝酸钙类膨胀剂。施工期间在夏天，浇筑、养护均按正常工序进行。半个月以后，有一天下了大雨，游泳池被水泡了。第二天，发现有7m×6m范围内混凝土表层成粉末状态，就像泡水的面包成酥松状态。

2. 原因分析

经检查，其他部分的混凝土没有破损，就只有这一局部有问题。据施工人员回忆，有两盘混凝土搅拌时多加了膨胀剂。一般膨胀剂添加量为混凝土重量的6%～12%是合适的。施工时有两盘加到了16%还多一点，当时认为只是费点材料，质量会更好。实际上，添加膨胀剂超过12%时，混凝土强度会急剧下降。施工正值夏天，天气无雨而干燥，多余膨胀剂未完全水化掉。两周以后，下雨淋湿了，膨胀剂与雨水反应膨胀，就使混凝土酥松了。

3. 处理措施

将7m×6m范围内酥松混凝土全部凿掉，清理干净后重新浇筑微膨胀混凝土，并精心湿润养护一周，修补后未再发现问题。可见加膨胀剂不是越多越好，一定要适量。

四、预应力工程质量事故

案例十一 后张法预应力屋架张拉不当引发的事故

1. 事故概况

四川省某厂房屋架为预应力折线形屋架，跨度24m，采用后张法预应力生产工艺，下弦配置两束4Φ12的44Mn2Si冷拉螺纹钢筋，用两台60t拉伸机分别在两端同时张拉。第一批生产13榀屋架，采取卧式浇筑、重叠四层的方法制作。屋架两束预应力筋由两台千斤顶同时张拉，屋架张拉后，发现屋架产生平面外弯曲，下弦中点外鼓10～15mm。导致第一批生产13榀屋架全部不合格。

2. 原因分析

（1）张拉油压表未认真标定。事故后对张拉设备重新校验，发现有一台油压表的表盘读数偏低，即实际张拉力大于表盘指示值。这样，当按油压表指示张拉到设计张拉值

259.7kN 时，实际的拉力已达 297.5kN，比规定值高出 14.6%。于是，两束钢筋的实际张拉力不等，导致下弦杆件偏心受压，引起屋架平面外弯曲。

（2）由于张拉承力架的宽度与屋架下弦宽度相同，而承力架安装与屋架端部的尺寸形状常有误差，重叠生产时误差的积累使上层的承力架不能对中，这会加大屋架的侧向弯曲。

（3）个别屋架由于孔道不直和孔位偏差，使预应力偏心，从而加大了屋架的侧弯。

（4）为了弥补构件间因自重应力产生的摩阻力所造成的损失，施工中还实行超张拉，有的提高张拉力 3%、6% 和 9%。这样，读数偏低的张拉应力值实际上会大大超过冷拉应力设计值 680.0N/mm²。

3. 处理措施

打掉锚头处混凝土（此时孔道尚未灌浆），放松预应力筋，并更换钢筋，重新张拉和锚固。因打碎自锚头时，屋架端部产生不少裂缝，为了安全，用角钢和螺栓将端头包紧，外面再浇筑 60mm 厚细石混凝土，加固后，经试压检验，完全符合要求。

案例十二　预应力屋架混凝土强度不足引起的事故

1. 事故概况

某单层工业厂房，跨度 18m，采用预应力混凝土拱形屋架，混凝土设计强度等级为 C38。设计要求混凝土达到 100% 的强度时，方可进行预应力张拉。施工时，构件平放屋架采用三重叠生产，约 4d 可完成一榀屋架的支模、绑扎非预应力钢筋和浇注混凝土工序。混凝土浇筑完毕、自然养护 28d 以后，施工单位开始穿筋、张拉预应力，孔道灌浆。完成第一榀屋架的施工工序时，发现屋架下弦在距端部 3.5m 被压酥破坏，而上弦在多处有折断裂缝。

2. 原因分析

设计图样是广为应用的标准图，设计计算无问题。施工记录齐全，但检查预留试块的强度时，当时龄期已达 33d，而其抗压强度只达 24.7N/mm²，仅为设计强度的 65%，按此强度计算，屋架强度不足，因而导致破坏。为什么自然养护已超过 28d 还没有达到足够的强度？检查施工现场的水泥、骨料、砂子及压碎的混凝土，均属正常，仅在石子表面发现有一些白色粉末，有的淋水后成糊状物粘在石子上。经检验分析，这是以红锌矿 ZnO 为主要成分的粉末。ZnO 是哪里来的呢？经查证这是运送石料的码头上曾堆放过某化工厂的原料，但因有散包，吊装时白色粉末飘洒在石子堆上，由于 ZnO 粉末进入混凝土后，水化形成 $Zn(OH)_2$，这是一种较弱的两性氢氧化物，在水泥浆的碱性环境中则呈弱酸状态，与水泥水化物中的氢氧化钙发生反应，产生酸式锌钙酸 $Ca(HZnO_2)_2$，它附在 $Ca(OH)_2$ 表面，阻碍晶体的发育，导致水泥水化速度减缓，加上当时气温偏低，使混凝土强度增长缓慢。

智能建造技术漫谈

3. 处理措施

已坏的屋架只能报废，另做一屋架补充。因混入 ZnO 不是很多，其余屋架经检查质量完好，只要待强度足够后仍可使用。

任务一　模板工程质量事故分析与处理

模板工程是混凝土结构或构件成形的一个十分重要的组成部分。模板系统包括模板和支架两部分，模板作为混凝土结构或构件成形的工具，它本身除了应具有与结构构件相同的形状和相应尺寸外，还要具有足够的强度和刚度以承受新浇混凝土的荷载及施工荷载；支架既要保证模板形状、尺寸及其空间位置的正确，又要承受模板传来的全部荷载。因此，我国《混凝土结构工程施工质量验收规范》（GB 50204—2015）明确规定：模板工程施工应编制专项施工方案，滑模、爬模、飞模等工具式模板工程及高大模板支架工程的专项施工方案应进行技术论证；模板及其支架应根据工程结构形式、荷载大小、地基土类别、施工设备和材料供应等条件进行设计；模板及其支架应具有足够的承载能力、刚度和稳定性，能可靠地承受浇筑混凝土的重量、侧压力以及施工荷载，并能可靠地承受施工过程中所产生的各类荷载，在浇筑混凝土之前应对模板工程进行验收；模板及其支架拆除的顺序及安全措施应按施工技术方案执行。在模板工程中常见以下质量事故。

一、模板、支架系统破坏

（一）底层模板支架沉降

施工支模前，底层基土没有夯压密实，或者坑洼处没有分层夯实填平，使得基土承载力达不到承载要求，浇筑混凝土时支架在上部压力作用下产生下沉；另外，未夯实的基土被水淋湿之后软化使支架随之沉陷，造成上部混凝土结构或构件因不均匀沉降变形而开裂。

1. 原因分析

在施工过程中，管理不善，支模前不进行设计，立模之后不仔细检查支架是否稳固，施工班组、操作技工没有经过培训，不熟悉施工方法，蛮干，导致发生工程事故。

2. 预防措施

按照《混凝土结构工程施工质量验收规范》（GB 50204—2015）规定，支承于地基土上的模板和支架应按《建筑地基基础设计规范》（GB 50007—2011）的有关规定对地基土进行验算。支架立柱和竖向模板直接安装在土层上时，应符合下列规定：应设置具有足够强度和支承面积的垫板，且应中心承受荷载；地基土应坚实，并应有排水措施，对湿陷性黄土应有防水措施，对冻胀性土应有预防冻融的措施；对于软土地基，需要时可以采用堆载预压的方法调整模板面安装的高度。

（二）支架系统失稳

模板的支架材料质量不合格，刚度不够，支柱太细或支柱接头过多，且连接不牢固，有的支撑系统缺少必要的斜撑和剪刀撑，因支撑系统失稳造成结构倒塌或产生严重变形。

1. 原因分析

支模前不进行设计，无切实可行的技术方案。模板上的荷载大小、支架用料粗细、支架高低长短及其间距大小，直接决定着支架构件截面所受应力的情况，如果该应力值超过支架所能承受的极限应力值，则支架就会发生变形失稳而倒塌。

2. 预防措施

《混凝土结构工程施工质量验收规范》（GB 50204—2015）规定模板及支架的变形限值应符合下列要求：对结构表面外露的模板，挠度不得大于模板构件计算跨度的1/400；对结构表面隐蔽的模板，挠度不得大于模板构件计算跨度的1/250；清水混凝土模板，挠度应满足设计要求；支架的轴向压缩变形值或侧向弹性挠度值不得大于计算高度或计算跨度的1/1000。模板支架的高宽比不宜大于3；当高宽比大于3时，应增设稳定性措施，并应进行支架的抗倾覆验算。模板支架结构钢构件容许长细比应符合规范要求。

（三）模板变形

浇捣过程中模板鼓出、偏移、爆裂甚至坍塌，出现胀模、炸模。

1. 原因分析

模板侧向支撑刚度不够，模板太薄强度不足，夹档支撑不牢固，在构件高度较大时，浇筑混凝土产生的侧压力会随构件高度的增大而加大，如木支撑的梁模，当梁高大于700mm，单用斜撑及夹条就不易撑牢；柱模中如果柱箍间距过大，就会出现炸模现象。

2. 预防措施

模板用料要经过计算确定，模板就位后技术人员应详细检查，发现问题及时纠正。例如，梁模应核算模板用料、夹档、小撑档、支承的用料、间距是否符合要求，一般常在梁的中部用铁丝穿过横档对拉，或用对拉螺栓将两侧模板拉紧；柱模应计算浇筑混凝土时的侧压力，检查箍距是否满足要求，及时加设达到标准的水平撑、斜撑、剪刀撑等。

二、模板尺寸偏差

浇筑好的结构或构件截面尺寸大于设计要求，或模板刚度不够强度不足，浇捣混凝土时承受不了较大的侧压力作用，而产生变形，混凝土硬结后影响结构或构件的形状尺寸，或构件轴线偏差过大（如梁的偏移值过大，柱的竖向倾斜过量）。

1. 原因分析

（1）看错图样。技术管理人员的责任心不强，最常见的是把柱、墙的中心线看作轴线，或施工放线错误，导致构件轴线偏移。

（2）对细部关键部位管理不到位。不按规范允许偏差值检查支模情况，使用旧模板时不作仔细检查；或者操作技工缺乏施工经验。如钢制模板，在我国的应用已有多年的历史，同其他材料的模板相比有着明显的优点，具有单块体积小、重量轻、价格较低、灵活通用、组合方便的优势，在安装使用时可手提肩扛、安装方便迅速，具有较好的使用效果。通常使用多次的旧钢模几何尺寸大于实际尺寸，表面不平整或扭曲，甚至局部出现凸凹变形，拼装时还按钢模模数进行，实际尺寸就会有所扩大，并且浇混凝土时有侧压力作用使得截面尺寸又有一定的扩大，所以常常会出现梁柱截面大于设计尺寸现象。

（3）其他原因。例如已支撑好的模板遭受意外撞击而变形。

2. 处理方法

对模板的错位、偏差或变形的处理首先要评估其对结构安全的影响，较严重者应对结构的承载力和稳定性作必要的验算，根据验算的结果选择处理方法。可根据具体情况采取纠偏复位或局部调整的方法处理。对于多层现浇框架柱轴线偏差不大时，可在上层施工时逐渐纠正到设计位置。例如安徽某厂房为现浇钢筋混凝土五层框架结构，第二层框架模板支完后，在运输大构件时由于施工场地狭窄碰动了框架模板，使得第二层框架模板严重倾斜，柱模板的倾斜值超出规范允许的偏差，必须进行处理，经过多种方案比较，考虑工程的实际情况，决定对倾斜较大的框架柱，从基础开始至第二层均用四面包裹混凝土的方法进行加固处理。对于偏差太大的只能局部拆除重做，应注意拆除作业时的安全保障措施。

3. 预防措施

支模前，施工人员应认真检查旧模板，有无超大超宽，有无未修补的孔洞，表面形状是否平直，是否有缺肋、开焊、锈蚀等破损现象，支模时应严格按照规范要求操作，将构件尺寸偏差值控制在允许的范围内（表3-1及表3-2），在模板的安装工程中应多检查，注意垂直度、中心线、标高等各部尺寸。

表 3-1 预制构件模板安装的允许偏差及检验方法

项	目	允许偏差/mm	检验方法
长度	板、梁	±4	尺量两侧边，取其中较大值
	薄腹梁、桁架	±8	
	柱	0，-10	
	墙板	0，-5	
宽度	板、墙板	0，-5	尺量两端及中部，取其中较大值
高（厚）度	梁、薄腹梁、桁架	+2，-5	
	板	+2，-3	
	墙板	0，-5	
	梁、薄腹梁、桁架、柱	+2，-5	
侧向弯曲	梁、板、柱	L/1000 且≤15	拉线，尺量最大弯曲处
	墙板、薄腹梁、桁架	L/1500 且≤15	
板的表面平整度		3	2m 靠尺和塞尺测量
相邻两板表面高低差		1	尺量
对角线差	板	7	尺量两对角线
	墙板	5	
翘曲	板、墙板	L/1500	水平尺在两端测量
设计起拱	薄腹梁、桁架、梁	±3	拉线，尺量跨中

注：L 为构件长度（mm）。

表 3-2 现浇结构模板安装的允许偏差及检验方法

项	目	允许偏差/mm	检验方法
轴线位置		5	尺量
底模上表面标高		±5	水准仪或拉线、尺量
截面内部尺寸	基础	±10	尺量
	柱、墙、梁	±5	尺量
	楼梯相邻踏步高差	±5	尺量
垂直度	柱、墙层高≤6m	8	经纬仪或吊线、尺量
	柱、墙层高>6m	10	经纬仪或吊线、尺量
相邻两板表面高低差		2	尺量
表面平整度		5	2m 靠尺和塞尺测量

注：检查轴线位置当有纵、横两个方向时，沿纵横两个方向测量，并取其中偏差较大的值。

三、预留孔洞、预埋件变位

预留孔洞、预埋件位置不准确，或者漏放、漏埋、放反预埋件方向，或盲目使用不合格预埋件，或预埋件固定不牢在浇捣混凝土时产生位移，给安装工作带来很大困难，甚至造成损失。

1. 原因分析

对预留孔洞、预埋件不够重视，质量检查不细致。

2. 处理方法

结构或构件中预埋件遗漏或错位严重时，可局部凿除混凝土（或钻孔）后补做预埋件，也可用角钢等固定在构件上，或用射钉枪打入膨胀螺栓来代替预埋件；预留洞遗漏时也可补做，但应注意结构或构件中的钢筋处理，洞口边长或直径≤500mm 时，应在洞口周围增加 2Φ12 封闭钢箍或环形钢筋，并应注意满足钢筋搭接长度的要求，洞口边长或直径 >500mm 时，宜在洞口周围增加钢筋混凝土框。

3. 预防措施

即将开工前要绘制预留孔洞、预埋件安装位置图，标明各种预留孔洞、预埋件的规格、型号及制作要求，在浇筑混凝土前固定在模板上。施工现场应设专人负责检查，进场后由专人负责验收，不合格者及时改正。预留孔洞和预埋件的允许偏差值见表 3-3。

表 3-3　预留孔洞和预埋件的允许偏差

项　目		允许偏差/mm
预埋钢板中心线位置		3
预埋管、预留孔洞中心线位置		3
插筋	中心线位置	5
	外露长度	+10.0
预埋螺栓	中心线位置	2
	外露长度	+10.0
预留洞	中心线位置	10
	尺寸	+10.0

注：检查中心线位置时，应沿纵、横两个方向测量，并取其中的较大值。

四、早拆模板

提前拆除承重梁、板的底模及支撑，造成结构或构件因强度不足而裂缝或坍塌。

1. 原因分析

这一事故产生的原因是施工人员不懂规范、不熟悉操作规程，盲目地为了周转模板降低成本，赶工期赶进度。尤其在冬季施工时，气温较低，混凝土强度增长速度缓慢，提前拆模会使梁、板变形、开裂，严重时坍塌；对于悬臂结构，其上部还没有足够的抗倾覆荷载时，就提前拆除模板及支架，造成倾覆破坏。悬臂及大跨度结构发生此类事故的概率最大，因此应引起足够的重视。

2. 处理方法

根据具体情况进行补强处理或拆除重做。

3. 预防措施

模板拆除时，可采取先支的后拆、后支的先拆，先拆非承重模板、后拆承重模板的顺序，并应从上而下进行拆除。当混凝土强度达到设计要求时，方可拆除底模及支架；当设计无具体要求时，同条件养护试件的混凝土抗压强度应符合表 3-4 的要求。侧模的拆除时间可视具体情况进行，如能保证结构或构件的表面及棱角不因拆除模板而受损（混凝土强度 > $1N/mm^2$），方可拆除。

表 3-4　底模拆除时的混凝土强度要求

构件类别	构件跨度/m	按达到设计混凝土强度等级值的百分率计（%）
板	≤2m	≥50
	>2 且≤8	≥75
	>8	≥100
梁、拱、壳	≤8	≥75
	>8	≥100
悬臂构件	—	≥100

注：本表引自《混凝土结构工程施工质量验收规范》（GB 50204—2015）。

任务二　钢筋工程质量事故分析与处理

钢筋在混凝土结构中对工程的安全性、适用性、耐久性起着至关重要的作用。我国现行的《混凝土结构设计规范》（GB 50010—2010）（2015 年版）中明确指出，混凝土结构的钢筋应按下列规定选用：纵向受力普通钢筋宜采用 HRB400、HRB500、HRBF400、HRBF500 钢筋，也可采用 HRB335、HRBF335、HPB300、RRB400 钢筋；箍筋宜采用 HRB400、HRBF400、HPB300、HRB500、HRBF500 钢筋，也可采用 HRB335、HRBF335 钢筋；预应力筋宜采用预应力钢丝、钢绞线和预应力螺纹钢筋（其中 RRB400 钢筋不宜用作重要部位的受力钢筋，不应用于直接承受疲劳荷载的构件）；钢筋的强度标准值应具有不小于 95% 的保证率。

按照钢筋在结构构件中的作用可以分为两类：受力钢筋和构造钢筋。受力钢筋是根据结构或构件的作用效应，通过受力分析、计算来确定的，构造钢筋是不需要进行结构或构件作用效应计算，但考虑计算模型和结构构件实际情况有差异，根据工程经验配置的钢筋。不论何种钢筋均应满足规范规定的要求。在工程施工及质量检查中，往往由于缺乏对规范的深入学习和理解，造成钢筋分项工程出现一些质量问题，对结构或构件留下安全隐患。

一、钢筋材质不良

钢筋材质不良表现在：用于建筑物的钢筋屈服强度和极限强度达不到国家标准的规定，有裂纹，焊接性能不良，拉伸试验的伸长率达不到国家标准的规定，易脆断，钢筋冷弯试验不合格及各种有害元素含量不符合国家标准的要求。一根材质不良钢筋从高处落下会断成数节。

1. 原因分析

管理不严格，责任心差，进入现场的钢筋往往无质量证明书，甚至有的企业偷工减料，采用一些小冶金厂生产的材料质量不稳定的伪劣产品。

2. 处理方法

发现不合格钢筋必须立即清查，以确保工程质量。

3. 预防措施

针对钢筋材质不良质量事故，施工人员应提高质量意识，加强对钢筋采购工作的管理，做到不合格品不采购、不进场、不发放。严格遵守《混凝土结构工程施工质量验收规范》（GB 50204—2015）的规定：钢筋进场时，应按国家现行相关标准的规定抽取试件作力学性

能和重量偏差检验，检验结果必须符合有关标准的规定。进场的钢筋应有合格证、质量证明书。施工前应对钢筋进行复验，首先检验质量证明书和钢筋上的标牌，成捆（成盘）的钢筋（钢丝）采用金属或塑料牌作标志，标志应字迹清楚，牢固可靠，每捆（每盘）钢筋（钢丝）上至少挂两个标牌，标明供方厂名或厂标、钢号、炉罐（批）号等印记。其次根据钢筋的质量证明书复验其力学性能，主要应包括屈服强度、极限强度、伸长率、冷弯性能。当发现钢筋脆断、焊接性能不良或力学性能显著不正常等现象时，应及时对该批钢筋进行化学成分检验或其他专项检验。

二、钢筋加工制作差错

受力钢筋的规格、级别用错；钢筋下料计算错误或成型、切断尺寸长短不一。钢筋安装后因规格、级别、尺寸不合格，锚固长度不足，使得结构或构件出现裂缝或坍塌。

1. 原因分析

施工管理混乱，没有严格的检查制度。操作工不经培训即上岗，不懂钢筋的级别，将钢筋强度等级弄错；或工地没有配料单，操作工责任心不强，使下料长度失控，时长时短。

2. 处理方法

发现不合格钢筋必须立即更换，以确保结构安全。

3. 预防措施

1）施工现场必须建立健全的质量检验制度，每道工序都要有检查，应严格按设计图的要求制作出钢筋配料单。

2）钢筋加工宜在专业化加工厂进行。钢筋的表面应清洁、无损伤，油渍、漆污和铁锈应在加工前清除干净。带有颗粒状或片状老锈的钢筋不得使用。钢筋除锈后如有严重的表面缺陷，应重新检验该批钢筋的力学性能及其他相关性能指标。钢筋加工宜在常温状态下进行，加工过程中不应加热钢筋。钢筋弯折应一次完成，不得反复弯折。钢筋宜采用无延伸功能的机械设备进行调直，也可采用冷拉方法调直。钢筋加工的允许偏差值见表3-5。重要的受力钢筋要先放好实样，将成型的钢筋核对无误后方可大批制作成型。

表3-5 钢筋加工允许偏差

项 目	允许偏差/mm
受力钢筋长度方向全长的净尺寸	±10
弯起钢筋的弯折位置	±20
箍筋内净尺寸	±5

注：本表引自《混凝土结构工程施工质量验收规范》（GB 50204—2015）。

3）同一规格的钢筋应统一挂牌，标明钢筋的级别、种类、直径等，运输、堆放、吊装时要有专人负责。

4）浇筑混凝土之前应进行钢筋隐蔽工程验收，其内容包括：纵向受力钢筋的牌号、规格、数量和位置；钢筋的连接方式、接头位置、接头数量、接头面积百分率、搭接长度、锚固方式和锚固长度；箍筋、横向钢筋的牌号、数量、规格、间距，箍筋弯钩的弯折角度和平直段的长度；预埋件的规格、数量和位置。

三、钢筋安装差错

（一）纵向受力钢筋错位

纵向受力钢筋位置出现差错，最常见的是梁、板的上部受力钢筋（负弯矩区段）下移，梁的二排筋移位排距偏差大等，如悬挑梁、板受力钢筋位置放错或下沉，使得构件受拉部位没有钢筋或钢筋不足，造成梁折断、裂缝或塌落。柱钢筋错位，不仅影响模板的安装，还影响柱的受力性能，严重者会使柱的承载能力降低，影响结构的安全度。另外，钢筋位置出现差错还会使构件的钢筋保护层过大或过小，影响其耐久性。如肋梁楼盖中，主、次梁交接点处，由于钢筋数量较多，纵横交叉，如果各钢筋位置误差过大，会使得钢筋高出板面而露筋，节点处产生裂缝。

1. 原因分析

1）技术交底不明确，操作工不懂得一般结构知识，没有按图样要求施工，或乱改设计造成钢筋安装固定困难。

2）钢筋安装工艺不当，固定措施不力或浇筑混凝土工艺不当，使钢筋在浇捣混凝土时移位。

3）由于看错图样，计算错误，造成配料单错误，钢筋安装出现差错。

4）施工操作不负责任，随意踩踏钢筋，缺乏技术管理、质量检验制度，管理不善。

2. 处理方法

钢筋安装后，操作工应及时检查核对其直径、根数、级别、位置等，如与结构施工图样有差异，必须及时纠正，必要时会同设计、质检部门研究解决方案；通过认真检查做好隐蔽工程验收记录。

3. 预防措施

钢筋安装时，受力钢筋的品种、级别、规格和数量必须符合设计要求。施工人员应加强施工技术管理和质量检验监督，组织操作人员认真学审图样，做好技术交底和钢筋翻样工作，钢筋安装完毕后，对照图样逐根检查钢筋是否与设计要求相符，发现问题及时解决，并做好隐蔽验收记录。构件交接处的钢筋位置应符合设计要求。当设计无要求时，应优先保证主要受力构件和构件中主要受力方向的钢筋位置。框架节点处梁纵向受力钢筋宜置于柱纵向钢筋内侧；次梁钢筋宜放在主梁钢筋内侧，如图3-9所示；剪力墙中水平分布钢筋宜放在外部，并在墙边弯折锚固。钢筋安装应采用定位件固定钢筋的位置，并宜采用专用定位件，浇筑混凝土时，应注意确保钢筋位置不变，如悬挑构件的受力钢筋，布置在构件的上部，为防止钢筋向下移动，应在钢筋下面设置“马凳筋”支架，浇筑混凝土时操作人员不得随意踩踏钢筋，对于柱的受力钢筋，浇筑混凝土时要防止碰歪钢筋，当混凝土浇筑到某一高度时，宜检查核对轴线和钢筋位置的准确度。钢筋安装位置的允许偏差和检验方法见表3-6。

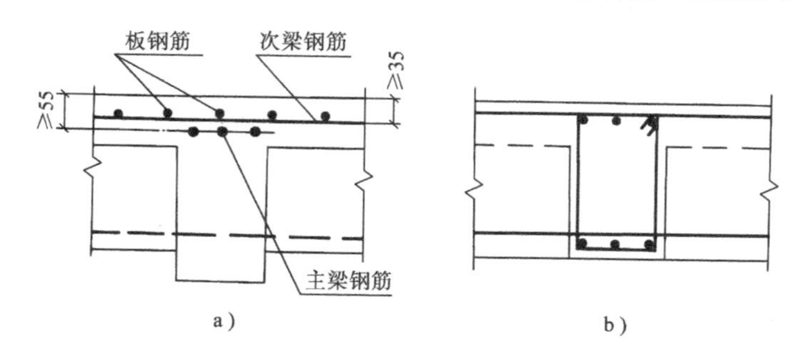

图3-9　梁节点处钢筋位置图

a）板、主梁、次梁交接点配筋　b）同高度梁节点配筋

表3-6　钢筋安装位置的允许偏差和检验方法

项目		允许偏差/mm	检验方法
绑扎钢筋网	长、宽	±10	尺量
	网眼尺寸	±20	尺量连续三档，取最大偏差值
绑扎钢筋骨架	长	±10	尺量
	宽、高	±5	尺量
纵向受力钢筋	锚固长度	-20	尺量
	间距	±10	尺量两端、中间各一点，取最大偏差值
	排距	±5	
纵向受力钢筋、箍筋的混凝土保护层厚度	基础	±10	尺量
	柱、梁	±5	尺量
	板、墙、壳	±3	尺量
绑扎箍筋、横向钢筋间距		±20	尺量连续三档，取最大偏差值
钢筋弯起点位置		20	尺量
预埋件	中心线位置	5	尺量
	水平高差	+3，0	塞尺量测

（二）漏筋、少筋

漏筋、少筋使结构构件受力主筋不足，造成严重开裂、局部破碎、刚度降低、构件垮塌，直接影响结构的安全性，是造成重大工程质量事故的重要原因之一。

1. 原因分析

除“（一）”中所述原因外，一味追求经济效益，不科学地降低工程造价，无序竞争，牟取暴利，偷工减料是造成漏筋、少筋的另一方面原因。

2. 预防措施

针对漏筋、少筋质量事故，施工人员应严格执行国家的法律法规，树立工程质量终身责任制的意识，切实加强工程管理。

（三）箍筋制作、安装差错

箍筋制作、安装差错质量事故主要表现为：箍筋制作不规整，矩形截面拐角处不方正，或对角线不等，末端弯钩不符合要求；安装时箍筋接头位置没有相互错开，方向相同；或漏绑柱、梁交接处的箍筋；加密区箍筋间距、加密区箍筋加密长度不符合设计要求，影响结构的安全度和抗震性能。

1. 原因分析

1）箍筋制作时没有严格控制弯曲角度，尤其是末端弯钩长度、角度，不考虑构件的抗震、受扭等具体要求，结构知识贫乏仅按一般构件对待。

2）施工中只注重纵向受力钢筋的质量检查，没有检查箍筋的接头位置、加密区长度、加密区箍筋间距等。

3）遇到梁柱交接点处，受力钢筋纵横交叉较多，箍筋安装困难较大，有的操作人员就放弃不安装该处箍筋。

2. 处理方法

核对箍筋下料单，严格按要求控制箍筋的尺寸、形状，误差过大者必须返工。漏扎、漏放的箍筋必须补足，梁、柱交接点处，如施工困难可用两个开口箍筋相向合拢后绑扎或焊接。

3. 预防措施

箍筋制作安装前，施工人员应绘制正确的配料图及安装图，并向操作人员仔细交底，对于有抗震要求的梁柱及受扭构件的箍筋应特别说明。箍筋的弯钩形式示意图如图3-10所示。安装时应在柱、梁的纵向受力钢筋上画线标出箍筋位置，安装后应认真检查箍筋绑扎的是否牢固、接头位置是否错开。《混凝土结构工程施工质量验收规范》（GB 50204—2015）规定：梁、柱类构件的纵向受力钢筋搭接长度范围内，应按设计要求配置箍筋。当设计无具体要求时，应符合下列规定：箍筋直径不应小于搭接钢筋较大直径的0.25倍；受拉搭接区段的箍筋间距不应大于钢筋较小直径的5倍，且不应大于100mm；受压搭接区段的箍筋间距不应大于钢筋较小直径的10倍，且不应大于200mm；当柱中纵向受力钢筋直径大于25mm时，应在搭接接头两个端面外100mm范围内各设置两个箍筋，其间距宜为50mm。

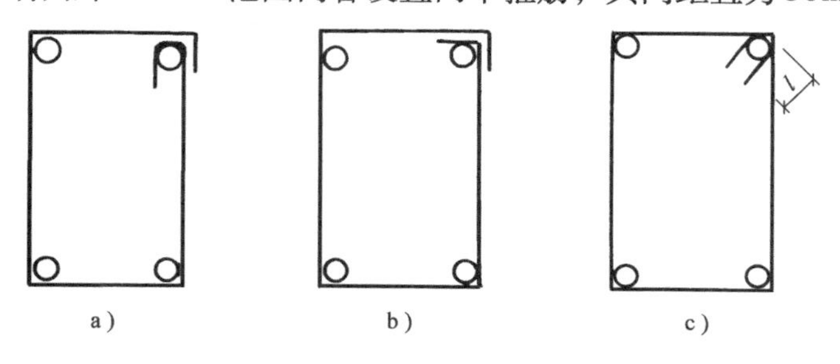

图3-10　箍筋弯钩形式示意图

a) 90°/180°　b) 90°/ 90°　c) 135°/ 135°

（四）漏放构造钢筋

漏放梁、板构件中附加的构造钢筋，导致构件裂缝宽度较大（超过规范规定值），影响正常使用。

1. 原因分析

施工人员结构知识不全面，对构造钢筋重视不够。由于梁、板构件的实际受力情况与简化的受力计算模型之间存在某些差异，如简化支座形式的影响，还有温差的影响等，在设计计算中没有顾及的这些因素对构件的实际影响，通常根据以往的工程经验附加各种构造钢筋。如板的构造负筋，主要是防止板角处斜裂缝产生；主次梁连接处设置构造负筋，主要是防止连接处附近的主梁上产生竖向裂缝；梁截面较高时设置“腰筋”，主要是防止梁侧面竖向裂缝产生等。没有构造负筋承受实际存在的各种因素产生的内力，就会出现较宽的裂缝，而不能满足构件正常使用极限状态的要求。

2. 处理方法

施工人员应视结构或构件开裂的具体情况，参照本书混凝土裂缝的处理方法进行处理。

3. 预防措施

针对漏放构造钢筋质量事故，施工人员应认真检查已安装好的钢筋，补足构造钢筋，尤其是现浇板的边、角部位，梁的支座部位，墙或板预留洞口的周围。施工前，施工人员应根

据设计图样要求，绘制钢筋配料图，并附加钢筋位置图及要求，施工时应采取有效措施保护构造钢筋的位置，如吊空、架空、不得随意踩踏等。

四、钢筋代换错误

施工时缺乏设计图样中要求的钢筋类别，进行钢筋代换而酿成质量事故。

1. 原因分析

施工人员不了解设计意图和钢材性能，仅考虑等面积代换或等强度代换，不考虑构件裂缝及变形的要求。

2. 处理方法

一经发现钢筋代换错误应立即纠正。

3. 预防措施

需要进行钢筋代换时，宜首先征得设计单位的认可，综合考虑钢筋代换后构件的强度、变形、裂缝及抗震要求等因素。钢筋代换时通常须注意以下事项：

1）凡属重要的结构或构件、预应力构件进行钢筋代换时应征得设计单位的同意认可。

2）对抗裂性能要求较高的构件（如处于腐蚀性介质环境中的构件）不宜用光面钢筋代换变形钢筋。

3）钢筋代换时，不宜改变构件截面的有效高度。

4）代换后的钢筋用量不宜大于原设计计算用量的5%，也不宜低于2%，且应满足规范规定的构造要求（如钢筋直径、根数、间距、锚固长度等）。

五、钢筋连接缺陷

（一）受力钢筋连接区段内接头过多

在构件的同一个截面上受力钢筋的接头过多，构件中形成薄弱环节，严重影响结构的可靠度，往往发生构件断裂、垮塌事故。

1. 原因分析

钢筋的连接接头需要传递拉力或压力，钢筋加工制作前，操作人员未进行详细的图样审核，不清楚施工质量验收规范中对钢筋连接接头的要求，下料时未作统筹安排，搭接连接的搭接长度不够，或机械连接、焊接连接出现缺陷；施工现场管理混乱，没有提前策划，随绑扎随下料，没有实施配料单制度，使钢筋同一截面接头率过大；工作责任心差，安装后不进行质量检验或检验时发现问题因更换难度大，影响工程进度而不了了之等，留下质量隐患。

2. 处理方法

质量检查人员在钢筋的安装过程中，应主动配合操作人员搭配钢筋，按规范要求把接头错开。检查已安装好的钢筋时，发现接头过多时，应立即纠正，一般应拆除骨架或抽去有问题的钢筋更换后重新绑扎。

3. 预防措施

根据具体工程中钢筋的实际长度，按规范要求合理搭配接长。《混凝土结构工程施工质量验收规范》（GB 50204—2015）规定：钢筋的接头宜设置在受力较小处。同一纵向受力钢筋不宜设置两个或两个以上接头。当受力钢筋采用机械连接接头或焊接接头时，设置在同一构件内的接头宜相互错开。纵向受力钢筋机械连接接头及焊接接头连接区段的长度为$35d$（d为纵向受力钢筋的较大直径）且不小于500mm，凡接头中点位于该连接区段长度内的接头均属于同一连接区段。同一连接区段内，纵向受力钢筋机械连接及焊接的接头面积百分率为该区段内有接头的纵向受力钢筋截面面积与全部纵向受力钢筋截面面积的比值。同一连接区段内纵向受力钢筋的接头面积百分率应符合设计要求；当无设计具体要求时，应符合下列规定：

1）在受拉区不宜大于50%。

2）接头不宜设置在有抗震设防要求的框架梁端、柱端的箍筋加密区；当无法避开时，对等强度高质量机械连接接头，不应大于50%。

3）直接承受动力荷载的结构构件中，不宜采用焊接接头；当采用机械连接接头时，不应大于50%。

同一构件中相邻纵向受力钢筋的绑扎搭接接头宜相互错开。绑扎接头中钢筋的横向净距不应小于钢筋直径，且不应小于25mm。钢筋绑扎搭接接头连接区段的长度为1.3 L_l（L_l为搭接长度），凡搭接接头中点位于该连接区段长度内的搭接接头均属于同一连接区段。同一连接区段内，纵向钢筋搭接接头面积百分率为该区段内有搭接接头的纵向受力钢筋截面面积与全部纵向受力钢筋截面面积的比值（图3-11）。同一连接区段内，纵向受拉钢筋的搭接接头面积百分率应符合下列规定：对梁类、板类及墙类构件，不宜大于25%；对基础筏板，不宜超过50%；对柱类构件，不宜大于50%；当工程中确有必要增大接头面积百分率时，对梁类构件，不应大于50%，对于其他构件，可根据实际情况放宽。

（二）钢筋焊接接头缺陷

钢筋在焊接连接接头处出现脆断、裂纹、未焊透、弯折等缺陷，直接影响构件的安全度。

1. 原因分析

钢筋的焊接通常可分为压力焊和熔焊两种形式。压力焊是采取某种措施对需要连接的钢筋端部接头处加热，使其达到热塑状态，然后施加压力将钢筋顶锻在一起，如闪光对焊、气压焊、电阻点焊等；熔焊是使焊件高温熔化，再冷却凝固成一体。由于钢筋在焊接过程中，总是经过局部高温，然后冷却形成接头这样一个过程，因此在钢筋焊接的热影响区内力学性能易受到影响。

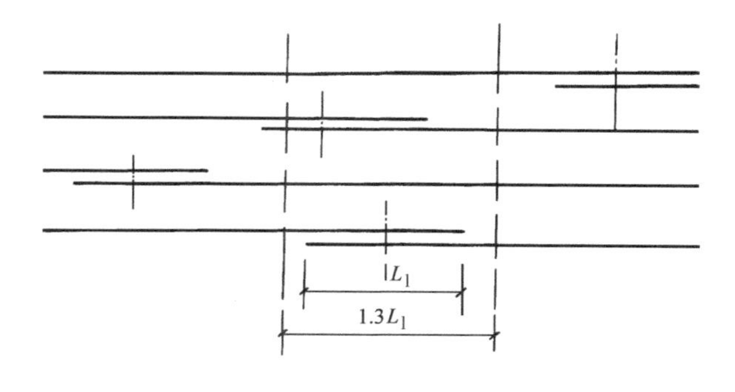

图3-11　钢筋绑扎搭接接头连接区段及接头面积百分率

注：图中所示搭接接头同一连接区段内的搭接钢筋为两根，当各钢筋直径相同时，接头面积百分率为50%。

1）当焊接工艺不当、焊接参数不合理、钢筋的含碳量高、可焊性差时，就会更加重其脆性性能。

2）焊接质量好坏与焊工的技术素质、身体素质、情绪等有直接关系，操作技工没有经过培训即上岗，对各项技术要求不清楚，技术不熟练，或者焊工的体力与情绪有波动都会影响焊接质量。

3）质量管理力度不够，质检不认真细致，往往出现质量事故。

2. 预防措施

纵向受力钢筋的连接形式应符合设计要求。钢筋焊接前，必须根据施工条件进行试焊，试焊时技术条件和质量要求应符合《钢筋焊接及验收规程》（JGJ 18—2012）的规定，确认

试焊合格后方可施工。

热轧钢筋的对接焊接通常采用闪光对焊、电弧焊、电渣压力焊或气压焊等。施焊时应将待焊部位的铁锈、油污及泥浆清理干净。焊接接头外观检查要求接头处焊缝表面光滑平缓，不得有横向裂纹；与电极接触处的钢筋表面不得有烧伤；接头处弯折角度不得大于2°；接头处钢筋轴线偏移不得大于1/10钢筋直径，同时不得大于1mm。已完成的焊接钢筋应分批抽样检验接头的力学性能（拉伸试验和弯曲试验），其质量应符合规程《钢筋焊接及验收规程》（JGJ 18—2012）的要求。

（三）钢筋机械连接缺陷

钢筋的机械连接是通过连接件的机械咬合作用或钢筋端面的承压作用，将一根钢筋中的力传递到另一根钢筋的连接方法。常用的接头类型有套筒挤压连接、锥螺纹套筒连接、直螺纹套筒连接等形式（图3-12、图3-13）。常见的质量事故为挤压套筒长度、外径尺寸不足，有可见裂纹；锥（直）螺纹套螺纹不足或损坏。

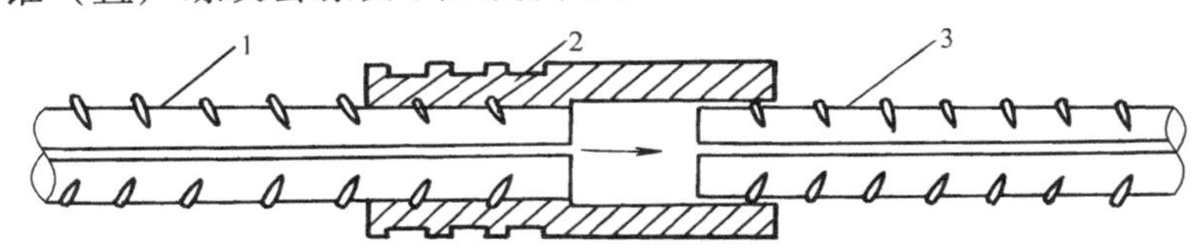

图3-12　套筒挤压钢筋连接

1—已挤压的钢筋　2—钢套筒　3—未连接的钢筋

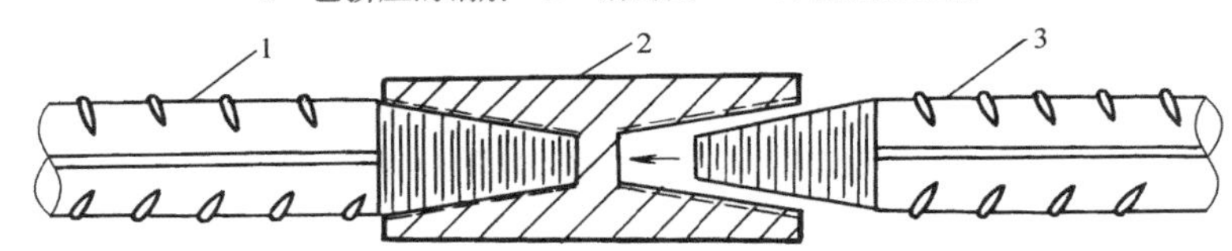

图3-13　锥螺纹套筒钢筋连接

1—已连接的钢筋　2—锥螺纹套筒　3—未连接的钢筋

1. 原因分析

套筒质量不合格；套筒的尺寸、材料与挤压工艺不配套，或挤压操作方法不当，压力过大或过小；被连接钢筋伸入套筒内的长度不足；钢筋套螺纹前端头有翘曲不直；已加工好的螺纹没有保护好；施工、质检、操作等方面人员对新工艺不熟悉，检查不细或发现不了缺陷，使不合格产品流入施工现场。

2. 处理方法

发现挤压后套筒有肉眼可见的裂纹时，应切除重新挤压。对锥螺纹连接中螺纹不足或损坏的，应将其切除一部分，然后重新套螺纹，如果有一个锥螺纹套筒接头不合格，则该构件全部接头采用电弧贴角焊缝加以补强，焊缝高度不得小于5mm。

3. 预防措施

钢筋的机械连接方法具有接头性能可靠、质量稳定、不受气候及焊工技术水平的影响，连接速度快等优点，可连接各种规格的同径和异径钢筋。但这种连接宜在专业工厂加工，成本高于焊接连接。机械连接的质量要求应符合《钢筋机械连接技术规程》（JGJ 107—2016）的规定，工程中应用套筒连接时，应由技术提供单位提交有效的形式检验报告与套筒出厂合格证，挤压接头的压痕道数应符合该形式检验确定的道数；用钢直尺检查套筒的伸长量，应符合如下规定：挤压后套筒长度应为1.1～1.15倍的原套筒长度，或压痕处套筒外径为0.8～0.9倍原套筒的外径；压模、套筒与钢筋应相互配套使用，不得混用；压模上应有相对应的连接钢筋规格的标记；钢筋与套筒应进行试套，如果钢筋端头有马蹄形、弯折或纵肋尺寸过大时，应预先矫正或用砂轮打磨；对不同直径钢筋的套筒不得相互串用。

锥螺纹连接的钢筋下料时应采用无齿锯切割，其端头界面应与钢筋轴线垂直，不得翘曲；对已加工的螺纹端要用牙形规及卡规逐个进行检查，合格后应立即将其一端拧上塑料保护帽，另一端拧上钢套筒与塑料封盖，并用扭矩扳手将套筒拧至规定的松紧程度，以利保护和运输；连接前应检查钢筋锥螺纹及连接钢套内的锥螺纹是否完好无损，并将螺纹上的水泥浆、污物等清理干净；连接时将已拧套筒的上层钢筋拧到被连接钢筋上，用力矩扳手按规定的力矩值把钢筋拧紧，直到扳手发出声响，并随手画上油漆标记，以防有的钢筋接头漏拧。

六、钢筋锈蚀

锈蚀裂缝，在结构或构件投入使用阶段一定时期后，沿主筋方向出现纵向裂缝，甚至混凝土保护层剥落。

1. 原因分析

这是钢筋生锈体积膨胀的结果。浇筑构件前，没有进行钢筋除锈处理，锈蚀层减弱了混凝土与钢筋之间的握裹力，并且使得混凝土不能密实地包裹钢筋，因失去了混凝土的碱性保护作用，钢筋还会继续锈蚀，导致混凝土开裂，保护层脱落，更加快钢筋锈蚀破坏，对结构的耐久性和使用安全影响极大，必须进行认真处理。

2. 处理方法

浇筑混凝土前，发现表面不干净、有锈污的钢筋必须更换。

3. 预防措施

《混凝土结构工程施工质量验收规范》（GB 50204—2015）规定：钢筋应平直、无损伤，表面不得有裂纹、油污、颗粒状或鳞片状老锈。钢筋储存不当往往会发生锈蚀，应尽量堆放在仓库或料棚内，用钢筋堆放架存放，条件不具备的施工现场，应选择地势较高、土质坚实、较为平坦的露天场地堆放，在场地四周要有排水坡度或排水沟，钢筋堆放时下面应垫垫木，离地不小于200mm，不可直接散堆于地面上；钢筋不得和酸类、盐类、油类等有腐蚀作用的物品放在一起，也不应在靠近产生有害气体的车间堆放，使用前应保持钢筋表面洁净。在焊接前，焊点处的钢筋表面浮锈更应除去。尽量利用冷拉或调直工序进行除锈，也可采用机械方法除锈，如采用电动除锈机除锈，对钢筋的局部除锈较为方便。另外，还可采用手工除锈（用钢丝刷，砂盘）、喷砂和酸洗除锈等。在除锈过程中，如发现钢筋表面的氧化铁皮脱落现象严重并已损伤钢筋截面，或者除锈后钢筋表面有严重的麻坑、斑点伤蚀截面时，应降级使用或剔除不用。

七、预应力钢筋工程

（一）预应力钢筋质量差，制作、安装不符合要求

用作预应力的钢筋、钢丝、钢绞线的强度达不到设计要求，或者预应力钢筋的表面有麻坑、锈蚀、机械损伤等，使得预应力钢筋张拉时达不到要求的张拉应力值，或预应力钢筋被拉断；预应力筋用的锚具、夹具和连接器质量差，使得预应力钢筋锚固后滑脱，或者突然从固定端崩出，发生严重事故。

1. 原因分析

进场的钢材没有按规定认真检查，使有些质量低劣的钢材用作预应力钢筋，因而达不到设计要求的预应力张拉值。例如江苏某厂30m跨度预应力混凝土屋架下弦杆，在预应力钢筋张拉完成并灌浆后，出现多榀屋架的螺钉端杆断裂并飞出的事故，经查主要原因是钢材化学成分不符合要求，端杆与钢筋之间可焊性差；钢材在储存、运输、制作、安装过程中，没有采取有效的防护措施，使其表面产生很薄的锈蚀层，预应力钢筋尤其是预应力钢丝的直径较小，很薄的一层表面锈蚀或者一个小麻坑，就会削弱相当大的面积百分率，引起强度的显著降低；锚具的加工精度差，或夹片的硬度低，无齿或齿太浅，或锚环的材料质量差，锚环热处理不当，硬度过高材料脆性大，在张拉时或张拉后锚环炸裂，硬度过低在张拉时或张拉后锚环易发生裂纹。

2. 处理方法

一旦发现不符合要求者必须更换后重新制作安装。

3. 预防措施

预应力钢筋进场时，应按现行国家标准《预应力混凝土用钢绞线》（GB/T 5224—2014）等的规定抽取试件作力学性能检验。其质量必须符合有关标准的规定，不符合要求的必须剔除。有黏结预应力钢筋展开后应平顺，不得有弯折，表面不应有裂纹、小刺、机械损伤、氧化铁皮和油污等；无黏结预应力钢筋的涂包质量应符合无黏结预应力钢绞线标准的规定，护套应光滑、无裂缝，无明显皱褶；预应力筋用锚具、夹具和连接器使用前应进行外观检查，其表面应无污物、锈蚀、机械损伤和裂纹。施工过程中应避免电火花损伤预应力筋。预应力筋下料时应采用砂轮锯或切断机切断，不得采用电弧切割；钢丝束梁端采用镦头锚具时，同一束中各根钢丝长度的极差不应大于钢丝长度的1/5000，且不应大于5mm。当成组张拉长度不大于10m的钢丝时，同组钢丝长度的级差不得大于2mm。对已经穿筋而张拉值达不到设计要求的，应及时放松抽出，更换合格的钢筋。在放松预应力筋及更换锚具时，应注意施工安全，通常采取在结构两端设置沙袋或木挡板等防护措施，构件的两端不得站人。钢材在储存、运输、制作安装过程中注意采取防锈蚀措施。对于后张法施工的构件，后张锚固完毕后随即进行灌浆保护，灌浆用的灰浆和混凝土所用的外加剂中，应将氯离子的含量控制在最低限度。

（二）预应力钢筋张拉控制应力出现误差

预应力钢筋初始张拉力的大小直接影响预应力效果。张拉力过大使预拉区开裂，出现过大的反拱；张拉力过小，则建立的预压应力过低，构件过早开裂，影响构件的正常使用和耐久性要求。

1. 原因分析

预应力钢筋张拉控制应力计算有误，或张拉设备的油表校验不及时，读数不准确，出现偏高或偏低现象。

2. 处理方法

当预应力钢筋张拉控制应力值比设计值偏低时，可以采取补张拉补足预应力值，以减小构件裂缝宽度。

3. 预防措施

预应力筋的张拉力、张拉或放张顺序及张拉工艺应符合设计及施工技术方案的要求。施工中预应力钢筋需要超张拉时，张拉控制应力可比设计要求提高5%，但最大张拉控制应力不得超过表3-7的规定。

表 3-7　张拉控制应力限值

钢筋种类	张拉方法	
	先张法	后张法
消除应力钢丝、钢绞线	$0.75f_{ptk}$	$0.75f_{ptk}$
热处理钢筋	$0.7f_{ptk}$	$0.65f_{ptk}$

注：本表引自《混凝土结构设计规范》（GB 50010—2010）（2015 年版）。

如发现张拉控制应力已超过预应力钢筋抗拉强度的极限时，应检查钢材的伸长值，当采用应力控制法张拉时，实际伸长值与设计计算理论伸长值的相对允许偏差为 ±6%。当伸长值超过规定后要减小应力，更换合格的钢材，重新张拉。当张拉控制应力值低于设计规定时，应复核正确后补张拉至设计值，预应力筋张拉锚固后实际建立的预应力值与工程设计规定检验值的相对允许偏差为 ±5%。张拉设备应定期校验，校验期限不宜超过半年。如在使用过程中，张拉设备出现反常现象或在千斤顶检修后，应重新校验。

（三）后张法预应力孔道留置不当

后张法预应力孔道弯曲，导致预应力钢筋张拉后构件产生侧向弯曲，或预制构件中抽芯钢管被粘牢拔不出来，或转管、抽管时造成孔道破碎、裂缝、塌陷。

1. 原因分析

后张法生产预应力构件，不需要台座，预应力钢筋直接在已结硬的构件上张拉。预应力筋的孔道一般有直线、曲线两种形状，预留孔道的方法有钢管抽芯法、胶管抽芯法、预埋波纹管法。钢管抽芯法多用于预留直线孔道；胶管抽芯法除用于预留直线孔道外，还适用于曲线管道；预埋波纹管法适用于各种形状的孔道。成型时若采用钢管抽芯法，构件的混凝土浇筑完成后，没有按规定的时间转动管道，就会造成混凝土凝结后黏结钢管拔不出来，或者抽芯钢管施工前没经过调直本身有弯曲，抽管时弯背处孔道胀裂，或者抽管拔芯时抽动方向偏差，造成孔道局部破损，或者抽管时间过早，混凝土出现塌陷。采用胶管抽芯法，浇筑混凝土时芯管易走位而使孔道变位弯曲。采用预埋波纹管成孔因固定方法不当，使波纹管上浮或下压造成弯曲。

2. 处理方法

混凝土终凝前当发现孔道裂缝时，可矫正芯管位置，用水泥浆修补完整，有塌孔时用现拌好的混凝土补平拍实。对于局部少量的弯曲，对直孔可用钢管剔除弯曲凸出部分的混凝土，或用钢丝绳来回拉拽消除凸出部分混凝土。例如四川某厂房的 24m 跨预应力屋架，制作完成后发现下弦预留孔道部位出现断续的纵向裂缝，经检查分析，预留孔道为高压胶管充压力水成孔，在浇下弦混凝土后不久，发现胶管堵头失效，胶管内的压力水流失，造成胶管外径缩小，下弦预留孔也随之变形，后来采用重新充灌压力水，使胶管再次膨胀，挤压已成型但尚无强度的混凝土，造成裂缝。事故的处理方法是，立即停止灌水加压，对裂缝混凝土表面进行压抹，消除或减轻裂缝，利用下道工序——孔道灌浆对裂缝进行修补，后经孔道灌浆前作压水试验，未发现严重渗漏，仅有轻微渗水，因此不需作专门处理。

3. 预防措施

不论采用哪一种成孔方法，都应使预留孔道尺寸位置正确、孔道平顺畅通。对于钢管抽芯法成孔，应设专人负责转管，每隔 10～15min 转管一次，转管时严禁变换转动方向，以避

免芯管稍有弯曲时引起混凝土胀裂。严格掌握抽管时间，抽管宜在混凝土初凝之后，终凝之前进行。抽管顺序是：先上后下，以免塌陷。为避免孔壁塌陷，胶管的抽管时间宁晚勿早。孔道成型后，应立即逐孔检查，发现问题及时解决。

任务三　混凝土工程质量事故分析与处理

混凝土是以胶凝材料、水、骨料，按适当的比例均匀拌制、振捣密实，经过一定时间的养护后，成型硬化的人工石材，有时还需要掺加一定量的外加剂或矿物混合材料。由于混凝土的组成较复杂，硬化成型过程易受到诸如和易性、稠度、振捣工艺、养护条件、凝结时间等许多因素的影响，因此混凝土施工过程中的任何一个环节处理不当，就会影响混凝土工程的最终质量，引发工程质量缺陷或事故。

一、材料质量控制不严

（一）水泥质量低劣、数量不足

水泥质量低劣或在混凝土中含量不足，常造成建筑结构或构件混凝土强度不足，产生裂缝、折断、倒塌等严重事故。

1. 原因分析

水泥加水搅拌后呈塑性浆体，能在空气和水中硬化，并能把砂石等材料牢固地胶结在一起，具有一定强度。

1）水泥的强度低、受潮结块必将直接导致混凝土的强度降低。

2）水泥的安定性不良，水泥熟料中含有过多的游离氧化钙或游离氧化镁，遇水后熟化过程极其缓慢，所产生的体积膨胀延续时间很长，若在混凝土硬化后产生体积变形，则将导致混凝土开裂，有些安定性不合格的水泥所配置的混凝土表面虽无明显裂缝，但强度极低。例如上海某20层大厦使用了安定性不合格的水泥，试验发现混凝土劈拉强度降低25%，抗压强度降低15%，由于混凝土中存在超量的游离氧化钙所产生的膨胀作用，使混凝土产生严重的不规则裂缝，影响结构的安全及建筑物的使用寿命。

3）水泥实际质量不足，有些水泥包装标明为50kg，而实际质量不足，施工配比仍按50kg计算，使得配制的混凝土强度等级下降。例如某工程使用的袋装混凝土标示为50kg，但实际重量只有48kg，少的只有42～43kg，计量的误差已明显超过规范的要求，造成混凝土强度偏低，不符合设计要求，混凝土强度保证率大幅下降。

2. 处理方法

一旦发现不合格水泥，施工人员应立即停止使用，已经浇筑的混凝土应立即检查测定其强度，如不符合设计强度要求，应拆除换合格水泥重新浇筑。

3. 预防措施

施工验收规范明确规定：水泥进场时应对其品种、级别、包装或散装仓号、出厂日期等进行检查，并应对其强度、安定性及其他必要的性能指标进行复验，其质量必须符合《通用硅酸盐水泥》（GB 175—2007）等的规定。当在使用中对水泥质量有怀疑或水泥出厂超过三个月（快硬硅酸盐水泥超过一个月）时，应进行复验，并按复验结果使用。

（二）骨料含泥量超标、石子质量差

混凝土中石子强度低、石子形状及表面状态不良，骨料中含泥量超标，这些现象除了会

降低混凝土强度外，还会降低混凝土的抗渗、抗冻性能。

1. 原因分析

1）石子的表面形状影响其与水泥的结合，具有粗糙多孔表面的石子与水泥的结合较好，对混凝土的强度有利，最普通的一个现象是在水泥用量和水灰比相同的情况下，碎石混凝土比卵石混凝土的强度提高约10%。

2）骨料含泥量大，骨料表面附着黏土或有机杂质，影响水泥浆与砂石骨料的胶结，进而影响混凝土的强度，施工人员不重视骨料含泥量的影响，采购低价含泥量高的砂石，或者不肯花人工去清洗砂石，最终使得工程质量受到影响。

3）砂石中有机物质含量过多，如云母含量过多，将会使混凝土的和易性下降，抗拉、抗压强度降低，抗渗性、抗冻性、耐磨性等耐久性要求降低；三氧化硫含量过多，将会使已硬化的混凝土中产生硫铝酸钙结晶，体积膨胀，在混凝土内部产生破坏作用；海砂中含有较多的氯盐，会破坏混凝土中钢筋表面的碱性保护膜，促使钢筋锈蚀，锈蚀不但削弱了钢筋的截面面积，降低结构强度，而且还会由于锈蚀的膨胀作用使混凝土保护层剥落，影响结构的正常使用。

2. 处理方法

发现含泥量超标的砂石必须停止使用，清洗干净后再用，已浇筑的结构或构件必须测试其强度，不合格者应返工或进行补强处理。

3. 预防措施

对于混凝土中所用的粗细骨料，应严格把关，其质量必须符合《普通混凝土用砂、石质量及检验方法标准》（JGJ 52—2006）的相关规定。砂、石含泥量（指砂中所含粒径小于0.080mm的尘屑、淤泥和黏土的总含量）限值见表3-8，砂、石泥块含量（指砂中粒径大于1.25mm经水洗、手捏后变成小于0.63mm颗粒的含量）限值见表3-9。

表3-8　砂、石含泥量限值

材料品种	混凝土强度等级	含泥量按质量计不大于（%）
砂	C30或C30以上	2.0
	C30以下	5.0
石	C30或C30以上	1.0
	C30以下	1.0

表3-9　砂、石泥块含量限值

材料品种	混凝土强度等级	泥块含量按质量计不大于（%）
砂	C30或C30以上	1.0
	C30以下	1.0
石	C30或C30以上	0.5
	C30以下	0.7

（三）外加剂使用不当

为了达到改善混凝土某些性能的效果，掺加一定量的外加剂，如掺入速凝剂、减水剂、防冻剂、膨胀剂、缓凝剂等。当外加剂的品种、用量、掺入方法等不符合要求时，不但达不到预期的目的，还会使得混凝土出现强度降低、异常凝结、加速混凝土的碳化等现象，使结

构存在质量隐患或引发工程质量事故。例如，刚性屋面中如掺入防水剂不当产生的快速凝结，会使屋面因形成冷缝而大面积漏水；高层建筑通常采用泵送混凝土，如浇灌中产生速凝，输送中极容易引起堵管以至炸管；在混凝土中掺入的木质素减水剂用量超标一倍时，不仅会过多的延续凝结时间，而且还会使混凝土的强度降低30%以上。

1. 原因分析

1）外加剂质量不合格，一些小厂生产的不合格外加剂通过各种渠道流入市场。

2）施工人员对外加剂的各项技术指标、质量标准不明确，不清楚其作用，又不做试配试验。

3）计量不准确，或仅凭个人的经验，主观臆断等。

2. 预防措施

外加剂的作用原理是，依靠其物理作用（如吸附、分散等）或化学作用而生效，所以掺入适量外加剂，可使得混凝土的某些性能得到改善，达到保证工程质量、加快工程进度和节约水泥的目的。但是大多数外加剂对结构性能有直接影响。合理选择外加剂的品种，其掺加量应考虑施工工艺的要求、建筑物所处的环境和气温条件、混凝土原材料中水泥品种等因素，经过实际试验，符合要求后方可使用。掺量应以水泥重量的百分率表示，称量误差不应超过规定计量的±2%；同时应符合《混凝土外加剂质量标准》的要求。通常外加剂应提前进场进行复试，复试合格后方可使用。

对于混凝土的拌合用水质量，施工人员也应给予重视，因为若使用含有有机杂质较高的水（如沼泽水），或酸、盐含量较高的水（如工业废水、污水、海水），可能造成混凝土的力学性能下降，加速钢筋的锈蚀速度。

二、混凝土施工配合比不当

混凝土中各种材料施工配合比不当，首先会使其强度波动过大或低于设计要求，造成返工和质量事故，或高于设计要求浪费水泥和外加剂；其次，混凝土的和易性差，在运输、浇筑过程中，产生分层离析、泌水、不易凝结、不易密实等，影响混凝土强度。

1. 原因分析

1）机械地套用书本、定额等资料上的配合比，或仅根据混凝土的强度等级随意套用配合比，不根据实际情况做配比试验。

2）使用的原材料不匹配，配合比不科学，如用高强度等级水泥配置低强度等级的混凝土，因水泥用量少而造成混凝土和易性差；或者砂石级配不好，石子粒径小，砂率过小。

3）混凝土配制时配合比以质量折合成体积比，砂石计量不准，造成配合比不准确。

4）用水量加大；加水计量不准确；不考虑砂石的含水量，或者操作工素质低，责任心差，加水量失控，使混凝土的水灰比和坍落度增大，强度不足。

5）在制作检测混凝土强度的试块时，弄虚作假，使得试块强度与结构实际强度不符，有较大差异。

2. 处理方法

一旦发现上述质量事故，施工人员应立即停止施工，尽快检测已浇筑混凝土的实际强度，供有关方面制订处理对策。

3. 预防措施

组成材料之间的配合比是决定混凝土性能的重要因素。水泥、粗细骨料及拌合水等均应符合相应规定。通常应首先根据原材料的性能及对混凝土的技术要求进行计算，经试验室试配及调整，然后定出满足设计、施工要求并经济合理的混凝土配合比。混凝土施工验收规范明确规定：混凝土应按《普通混凝土配合比设计规程》（JGJ 55—2011）的有关规定，根据混凝土强度等级、耐久性和工作性等要求进行配合比设计。

1）混凝土的施工配制强度可按下式确定：

$$f_{cu,t} \geq f_{cu,k} + 1.645\sigma$$

式中 $f_{cu,t}$——混凝土的施工配制强度（N/mm^2）；

$f_{cu,k}$——设计的混凝土立方体抗压强度标准值（N/mm^2）；

σ——施工单位的混凝土强度标准差（N/mm^2）。

σ 的取值可对照规定用统计方法求得。如无近期同一品种混凝土强度资料时，可参照表3-10取值。

表3-10 σ取值表

混凝土强度等级	≤C15	C20～C35	≥C40
$\sigma/(N/mm^2)$	4	5	6

2）计算出的混凝土水灰比值应满足耐久性的要求，最大水灰比和最小水泥用量应按表3-11核对。

表3-11 结构混凝土耐久性的基本要求

环境类别		最大水灰比	最小水泥用量限值/(kg/m^3)	最低混凝土强度等级	最大氯离子含量（%）	最大碱含量/(kg/m^3)
一		0.65	225	C20	1.0	不限制
二	a	0.60	250	C25	0.3	3.0
	b	0.55	275	C30	0.2	3.0
三		0.50	300	C30	0.1	3.0

注：1. 氯离子含量系指其占水泥用量的百分率。
2. 预应力构件混凝土中的最大氯离子含量为0.06%，最小水泥用量为300kg/m^3；最低混凝土强度等级应按表中规定提高两个等级。
3. 素混凝土构件的最小水泥用量不应少于表中数值减25kg/m^3。
4. 当混凝土中加入活性掺合料或能提高耐久性的外加剂时，可适当降低最小水泥用量。
5. 当有可靠工程经验时，处于一类和二类环境中（表3-12）的最低混凝土强度可降低一个等级。
6. 当使用非碱活性骨料时，对混凝土中的碱含量可不作限制。

表3-12 混凝土结构的环境类别

环境类别		条 件
一		室内正常环境
二	a	室内潮湿环境；非严寒和非寒冷地区的露天环境、与无侵蚀性的水或土壤直接接触的环境
	b	严寒或寒冷地区的露天环境、与无侵蚀性的水或土壤直接接触的环境
三		使用除冰盐的环境；严寒和寒冷地区冬季水位变动的环境；滨海室外环境
四		海水环境
五		受人为或自然的侵蚀性物质影响的环境

注：严寒和寒冷地区的划分应符合国家现行标准《民用建筑热工设计规范》（GB 50176—2016）的规定。

3）结合施工工艺的具体情况选择合适的配合比。如设计泵送混凝土配合比时，除了必须满足强度和耐久性的要求外，还必须考虑配合比对混凝土可泵性的影响，以保证混凝土连续稳定地通过输送管道。如果混凝土的水灰比小，水泥用量太大，则水泥浆体的黏度增大，混凝土与管壁的摩阻力增加，不利于泵送。各国对水泥用量都有要求，一般在 260 ~ 300kg/m^3之间，我国规定为 300kg/m^3。如果混凝土的坍落度较大（水灰比较大），则混凝土易产生离析，造成骨料堵塞管道，各国对泵送混凝土的坍落度也作了规定，一般认为在 80 ~ 200mm 范围内较合适。

三、混凝土搅拌过程控制不当

混凝土拌合物中，水泥砂浆填不满石子间缝隙，质地不均匀，骨料间松散离析，不易黏结密实，使混凝土的和易性差，强度降低，甚至达不到设计要求。

1. 原因分析

混凝土是以水泥和水相互反应形成水泥石，水泥石将砂石骨料颗粒牢固地胶结成为混合物，在一定的时间内通过搅拌、捣实、硬化，使该混合物达到强化、塑化而形成的人造石材。搅拌的目的是使混凝土中各种物料颗粒相互穿插、渗透、扩散，形成一种颗粒相互分散、均匀分布的混合物。若拌和不均匀，则水泥水化反应不彻底，各组分之间的“界面”状况不良，则直接影响混凝土的性能。常见的原因如下：

1）计量方法不当或计量误差过大，各材料的实际配合比与计算配合比相差较大。

2）搅拌方法不当，颠倒加料顺序。

3）混凝土的搅拌时间太短。

2. 预防措施

有了正确的施工配合比，还应重视操作过程的科学管理。

1）严格控制材料配合比。在搅拌机旁挂牌公示，便于检查。原材料按重量计量时允许偏差不得超过表 3-13 的规定。

表 3-13　原材料每盘称量的允许偏差

材料名称	允许偏差
水泥、掺合料	±2%
粗、细骨料	±3%
水、外加剂	±2%

注：1. 本表引自《混凝土结构工程施工质量验收规范》（GB 50204—2015）。
2. 各种衡器应定期校验，每次使用前应进行零点校核，保持计量准确。
3. 当遇雨天或含水率有显著变化时，应增加含水率检测次数，并及时调整水和骨料的用量。

水泥不论是袋装还是散装，每次配料均应过秤，要经常测定砂石的含水率（尤其是雨天），根据其含水率，随时调整搅拌时的配合比，及时在浇筑地点随机取样制作试件，每一工作班检测坍落度应不少于一次，混凝土浇筑时的坍落度详见表 3-14。

表 3-14　混凝土浇筑时的坍落度　（单位：mm）

项　次	结构种类	坍　落　度
1	基础或地面等的垫层、无配筋的厚大结构（挡土墙、基础或厚大的块体等）或配筋稀疏的结构	10 ~ 30
2	板、梁及大型中型截面的柱子等	30 ~ 60
3	配筋密列结构（薄壁、斗仓、筒仓、细柱等）	50 ~ 70
4	配筋特密结构	70 ~ 90

注：本表系指采用机械振捣的坍落度，采用人工捣实时可适当增大。

2）根据工程任务大小、施工现场条件、机具设备等具体情况，制订合理的搅拌方法。采用机械搅拌时目前最普遍采用的是“一次投料法”。加料顺序为：先装石子（或砂子），再上水泥，最后装砂子（或石子），使水泥夹在砂石之间，不易飞扬或黏附在筒壁上，易于搅拌均匀。当混凝土用量很小，又缺乏机具设备时，可用人工搅拌，拌和时应将砂石、水泥先干拌均匀，再按规定的用水量随加水随湿拌至颜色一致，达到石子与水泥浆无分离现象为准。

3）严格掌握搅拌时间，保证水泥水化反应充分。通过搅拌应使混凝土的各种组成材料混合均匀，颜色一致，高强混凝土、干硬混凝土更应严格控制。在实际生产中，可根据工程的具体要求规定合理的搅拌时间，但最短的搅拌时间应符合表3-15的规定。

表3-15　混凝土搅拌的最短时间　　（单位：s）

混凝土坍落度/mm	搅拌机类型	搅拌机容积/L		
		<250	250~500	>500
≤30	自落式	90	120	150
	强制式	60	90	120
>30	自落式	90	90	120
	强制式	60	60	90

注：1. 掺有外加剂时，搅拌时间应延长。

2. 高强混凝土应采用强制式搅拌机搅拌，搅拌时间应适当延长。

3. 全轻混凝土宜采用强制式搅拌机搅拌，砂轻混凝土可采用自落式搅拌机，搅拌时间均应延长60~90s。

四、混凝土运输、浇筑不当

（一）拌合料产生初凝、离析后继续使用

混凝土搅拌后运输、储存时间过长，使拌合物水分蒸发过多，浆液流失，失去了流动性，并已经产生初凝，造成浇筑振捣时不密实；或者由于运输过程中振荡，混凝土产生分层离析。这些现象都严重影响结构或构件的强度。

1. 原因分析

1）施工组织不周全，搅拌混凝土的速度快于浇筑速度，使拌和好的材料堆积的时间超过规定时间。

2）由于临时停水、停电、天气变化等，施工出现间歇，重新生产时不采取有效措施仍利用已初凝的拌合物灌注。

3）现场技术人员质量意识淡漠，发现离析现象仍视若无睹，导致混凝土强度不足。

2. 处理方法

利用初凝、离析后的混凝土浇筑的构件必须返工重做。

3. 预防措施

通常应有专人控制混凝土的搅拌速度和预拌混凝土的进场速度，使拌合物的储存时间不超过表3-16的规定。混凝土运至浇筑地点，应符合浇筑要求的坍落度，运送混凝土的容器，应不吸水、不漏浆，在冬夏季都要有保温隔热措施；运输道路应尽量平坦，以减少对混凝土的振动，避免发生离析，运至浇筑地点如发现离析现象，必须在浇筑前进行二次搅拌。混凝土运输、浇筑和间歇的允许时间应符合表3-17的规定。

表 3-16　混凝土从搅拌机中卸出到浇筑完毕的延续时间

气温	延续时间/min			
	采用搅拌车		采用其他运输设备	
	≤C30	>C30	≤C30	>C30
≤25℃	120	90	90	75
>25℃	90	60	60	45

表 3-17　混凝土运输、浇筑和间歇的允许时间　（单位：min）

混凝土强度等级	气温	
	≤25℃	>25℃
≤C30	210	180
>C30	180	150

（二）浇筑不当使构件存在缺陷

拆模后构件表面出现蜂窝、麻面、凸凹不平、露筋（主筋没有被混凝土包裹而外露的缺陷），混凝土内部有孔洞（深度超过保护层厚度，但不超过构件截面尺寸 1/3 的缺陷）、夹渣（混凝土中夹有杂物）等，构件表面平整度严重超过规定限值，使得混凝土强度降低或波动过大，影响结构的耐久性要求。

1. 原因分析

（1）混凝土产生蜂窝、麻面、凸凹不平的原因：模板接缝不严密，缝隙大于 3mm，板缝跑浆漏浆；模板本身表面凸凹不平或有孔洞，或粘有结硬的混凝土未清理干净，或模板表面未按规定涂隔离剂。

（2）混凝土产生露筋的原因：支模时钢筋垫块漏放、少放，或底模上垫块固定不牢，振捣时脱落导致钢筋贴模；或者混凝土产生离析、少浆、坍落度过小时仍然使用；或者钢筋密集处水泥砂浆被骨料阻挡不能包裹钢筋；振捣时碰撞钢筋使之移位；或振捣不密实；拆模过早，混凝土失去支撑后不能有效地与钢筋黏结而开裂。

（3）混凝土产生孔洞的原因：振捣操作人员缺乏振捣经验或不按施工规程操作，对振捣机具工作性能，诸如移动距离、插入深度、振捣时间等不了解。移动距离过大或一次投料过多，没有分层捣实，产生漏振区；或使用坍落度过小甚至已经初凝的混凝土；或浇筑方法不当，如混凝土浇筑时入模落差太大，未使用溜槽或串筒造成混凝土离析；对钢筋密集或有预留孔洞预埋件的局部区域，不采取适当措施使得混凝土被阻塞；或在混凝土中错误地加入了外加剂；大体积混凝土浇筑的施工工艺不当。

（4）混凝土产生夹渣的原因：浇筑混凝土前没有及时清理模板内部的杂物，或浇筑过程中落入杂物；分层浇筑时，上下层间隔时间过长，又没有采取有效措施处理。

（5）振捣时间掌握不好，过短不易捣实，过长可能引起混凝土产生离析现象。

（6）构件养护措施不当：已成型的混凝土水分供应不足，水泥水化不彻底，不仅会使构件表面出现裂缝，严重时混凝土强度降低。

2. 处理方法

由于这类事故的严重程度差别很大，根据《混凝土结构工程施工质量验收规范》（GB 50204—2015）的要求，现浇结构的外观质量缺陷，应由监理（建设）单位、施工单位等各方面根据其对结构性能和使用功能影响的严重程度，按表3-18确定。现浇结构的外观质量不应有严重缺陷，对已经出现的严重缺陷，应由施工单位提出技术处理方案，并经监理（建设）单位认可后进行处理。对于以上缺陷十分严重，修复又不易保证质量者应考虑拆除重建。常用的处理方法有局部修复、灌浆、补强等。

表3-18 现浇结构外观质量缺陷

名称	现象	严重缺陷	一般缺陷
露筋	构件内钢筋未被混凝土包裹而外露	纵向受力钢筋有露筋	其他钢筋有少量露筋
蜂窝	混凝土表面缺少水泥砂浆而形成石子外露	构件主要受力部位有蜂窝	其他部位有少量蜂窝
孔洞	混凝土中孔穴深度和长度均超过保护层厚度	构件主要受力部位有孔洞	其他部位有少量孔洞
夹渣	混凝土中夹有杂物且深度超过保护层厚度	构件主要受力部位有夹渣	其他部位有少量夹渣
疏松	混凝土中局部不密实	构件主要受力部位有疏松	其他部位有少量疏松
裂缝	缝隙从混凝土表面延伸至混凝土内部	构件主要受力部位有影响结构性能或使用功能的裂缝	其他部位有少量不影响结构性能或使用功能的裂缝
连接部位缺陷	构件连接处混凝土缺陷及连结钢筋、连接件松动	连接部位有影响结构传力性能的缺陷	连接部位有基本不影响结构传力性能的缺陷
外形缺陷	缺棱掉角、棱角不直、翘曲不平、飞边凸肋等	清水混凝土构件有影响使用功能或装饰效果的外形缺陷	其他混凝土构件有不影响使用功能的外形缺陷
外表缺陷	构件表面麻面、掉皮、起砂、玷污等	具有重要装饰效果的清水混凝土构件有外表缺陷	其他混凝土构件有不影响使用功能的外表缺陷

注：本表引自《混凝土结构工程施工质量验收规范》（GB 50204—2015）。

1）对较小面积的蜂窝、麻面等，可用1:2～1:1.5的水泥砂浆抹平，在抹砂浆之前，必须用钢丝刷或加压力的水洗刷基层面，使之湿润，抹浆初凝之后要加强养护。

2）较大面积的蜂窝、露筋等，应按其深度凿除薄弱层，然后用钢丝刷洗刷或加压力的水洗刷表面充分湿润，再用比原混凝土强度高一个等级的细石混凝土填塞并振捣密实，应注意对其合理养护。关于裂缝的处理措施见后述内容。

3）对不易清理的较深的蜂窝、孔洞，由于清理敲打会加大蜂窝的尺寸，使结构遭到更大的削弱，需补强处理。如采用压浆法补强，认真检查蜂窝、孔洞等不密实之处的深度，对较薄构件，用小铁锤仔细敲击，听其声音；对较厚构件，可作灌水检查，或采用压力水做试验；对大体积混凝土，可采用钻孔的方法检查。查明其深度范围后，清理干净薄弱处，并冲水保持湿润。每个孔洞处要凿成楔形，避免有死角，以便浇筑混凝土。在补填混凝土前，预先埋设压力管（每一灌浆处埋管两根，管径25mm，一根压浆、一根排气或排除积水），在补填混凝土凝结2d，即相当于强度达到1.2～1.8N/mm^{2}后，用砂浆输送泵压力灌浆。在第一次压浆初凝后，再用原埋入的管子进行第二次压浆，大部分都能压进不少水泥浆，且从排气管挤出清水。压浆完毕2～3d后割除管子，剩下的管子孔隙用砂浆填补，如图3-14所示。

3. 预防措施

在浇筑混凝土过程中，振捣、养护是保证工程质量的关键环节，应加强管理。

1）施工人员应制订合理的施工技术方案，明确各项操作要求，并向工作班组交底，明确责任，实行分界挂牌制。

2）根据具体工程结构特点、振捣机具及具体条件，严格控制每层混凝土的浇筑厚度，参见表3-19。

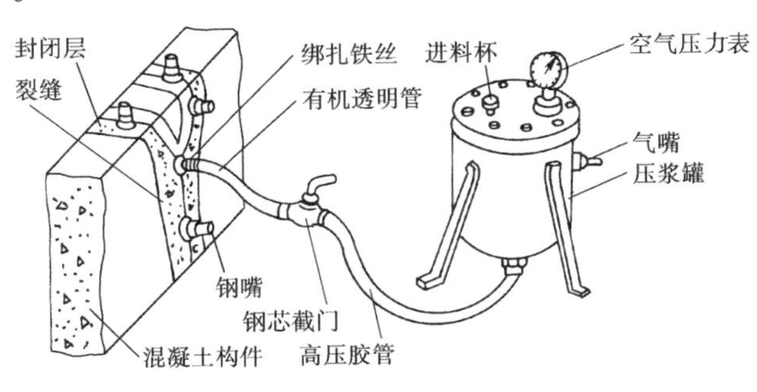

图3-14　灌浆操作示意图

表3-19　混凝土浇筑厚度　（单位：mm）

捣实混凝土	插入式振捣		振捣器作用部分长度的1.25倍
	表面振动		200
	人工捣固	在基础、无筋混凝土或配筋稀疏的结构中	250
		在梁、墙板、柱结构中	200
		在配筋密列的结构中	150
轻骨料混凝土		插入式振捣	300
		表面振动（振动时需加荷）	200

3）根据振捣机具的工作性能，合理布置振捣点间距，确定振捣深度、时间，注意掌握振捣工艺。如插入式振动器，分层浇灌时每层混凝土厚度应不超过振动棒长的1.25倍，在振捣上一层时应插入下层中50mm左右，以消除两层之间的接缝，同时在振捣上层时要在下层混凝土初凝之前进行（图3-15）；振动器插入点应均匀排列（图3-16），每次移动位置的距离应不大于振动棒作用半径的1.5倍（一般振动棒的作用半径为300～400mm）；一般每点振捣时间为20～30s；振动器操作时应做到“快插慢拔”，快插是为了防止先将表面混凝土振实而与下面混凝土层发生分层离析，慢拔是为了使混凝土能填满振动棒抽出时所造成的空洞，在振捣时还宜将振动棒上下略微抽动以使上下振捣均匀。

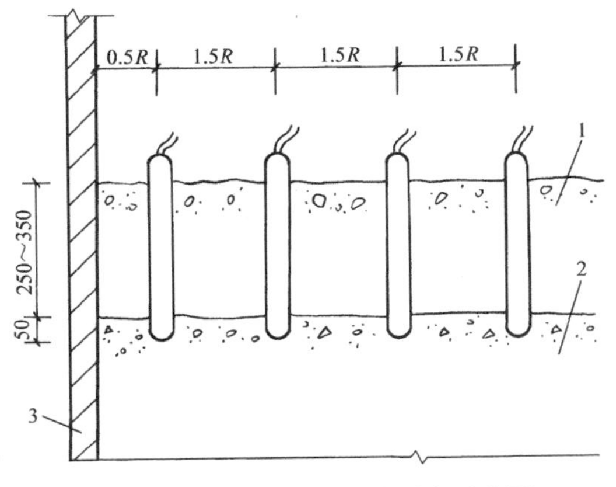

图3-15　混凝土分层浇筑厚度示意图

1—上层混凝土　2—下层混凝土　3—模板

R—有效作用半径

4）浇筑的混凝土成型后，需要有一个良好的环境条件对其进行养护。现浇结构通常采用湿润养护，应在浇筑完毕后的12h内进行覆盖和浇水（当气温低于5℃时不得浇水）。浇水养

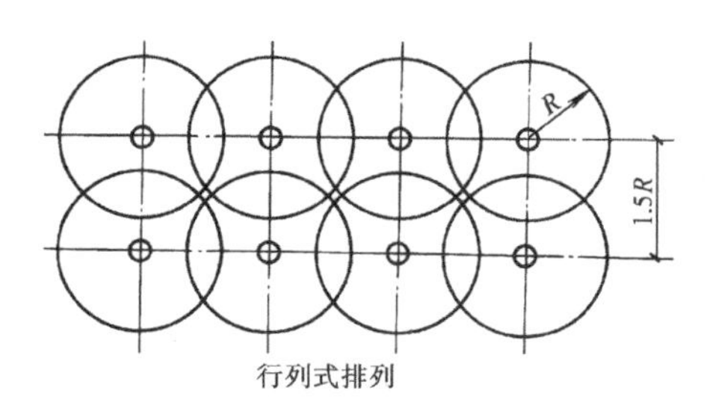

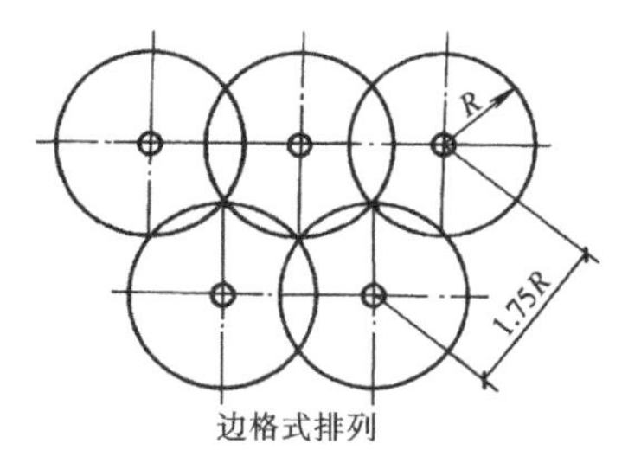

图3-16　插入式振捣器插点排列图

R—有效作用半径

护的时间应根据水泥的技术性能决定，如用硅酸盐水泥、普通硅酸盐水泥拌制的混凝土，不得少于7d；对于掺有缓凝剂或有抗渗性能要求的混凝土，不得少于14d。养护期内浇水的次数应能保持混凝土处于湿润状态，养护用水应与拌制用水相同，采用塑料布覆盖养护的混凝土，其敞露的全部表面应覆盖严密，并应保持塑料布内有凝结水，在成型混凝土强度未达到1.2N/mm^{2}以前，不得踩踏或安装模板、支架。对于大体积混凝土应根据气温条件采取控温措施，并应测定浇筑后的混凝土表面和内部温度，将温差控制在设计要求之内。

5）模板在使用前要检查整修，不能使用不合格旧模板；模板接缝处要嵌补密实平整，嵌缝材料常用橡皮条、胶带、泡沫塑料、厚纸板、油灰腻子等，以防止漏浆。

6）浇筑混凝土前应清理模板内部，不得有碎砖、木屑等杂物。

7）加强现场管理，浇筑混凝土时要注意观察模板受荷后的情况，如果发现支架立柱下沉、支撑松动、移位、鼓胀、漏浆等应及时采取有效措施加以处理。

（三）施工缝处理不当

因施工缝位置不当或处理不好，使混凝土振捣困难，不易密实，强度不足，或结构开裂，形成薄弱部位，尤其对于有抗震（抗剪要求）、抗渗漏要求的结构极为不利，轻则影响使用寿命，重则危及结构安全。

1. 原因分析

混凝土浇筑前没有预先确定施工缝的位置，而是随意留置，或操作人员不遵守操作规程，违章设置施工缝。

2. 预防措施

施工缝的位置应在混凝土浇筑前按设计要求和施工技术方案确定，原则上宜留置在结构内力较小且便于施工的部位。如肋梁楼盖的施工缝常设置在次梁跨度中间的1/3跨长范围内（图3-17），柱施工缝宜留在基础顶面、梁或吊车梁牛腿的下面、吊车梁的上面、无梁楼盖柱帽的下面（图3-18）。

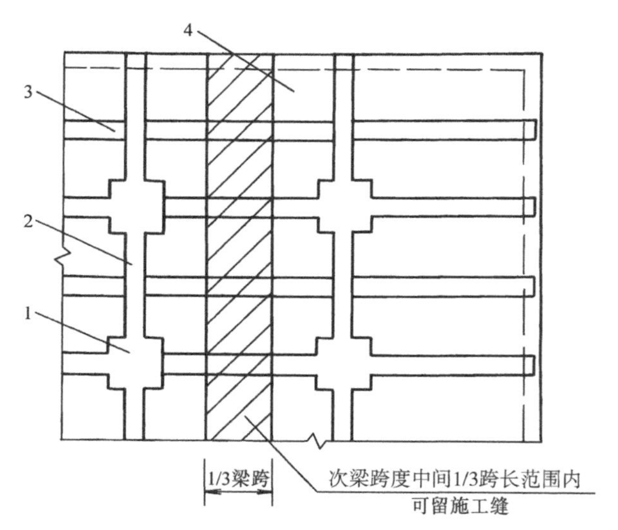

图3-17　肋梁楼盖施工缝留置图

1—柱　2—主梁　3—次梁　4—楼板

施工缝的处理通常应符合下列要求：

1）在施工缝处继续浇筑混凝土的时

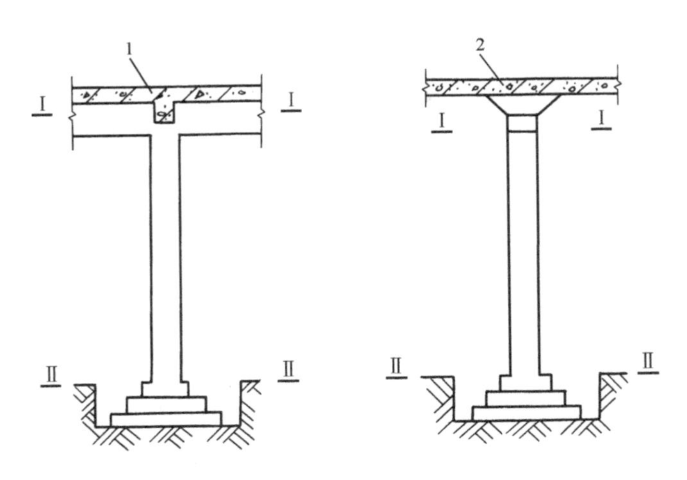

图 3-18　现浇柱的施工缝位置图
Ⅰ—Ⅰ、Ⅱ—Ⅱ表示施工缝位置
1—肋形楼板　2—无梁楼盖

间不能过早，以免使已凝固的混凝土受到振动而破坏，必须待其抗压强度大于1.2N/mm² 时才可进行。混凝土达到 1.2N/mm² 强度要求所需的时间，应根据水泥品种、外加剂的种类、混凝土的配合比及外界的温度等确定，通常可通过试块试验确定。

2）为解决好新旧混凝土的结合问题，应对已硬化的混凝土表面进行处理，清除水泥、薄膜和松动的石子及软弱混凝土层，必要时还要凿毛；清除钢筋上的油污、浮锈等杂物，并充分湿润、冲洗干净，不得积水。在浇筑混凝土前，宜在施工缝处刷一层与混凝土内成分相同的水泥浆或水泥砂浆，浇筑混凝土时应仔细振捣密实，使新旧混凝土紧密结合。

3）在施工缝施工过程中应及时认真做好施工记录。

五、混凝土裂缝事故

（一）收缩裂缝

混凝土浇筑后，体积收缩，便可产生收缩裂缝。常见的收缩裂缝有干燥收缩裂缝、塑性收缩裂缝和沉降收缩裂缝。干燥收缩裂缝为表面性裂缝，宽度多在 0.05 ~ 0.2mm 之间，其走向没有规律性，在较薄的梁、板类构件中，多沿短向分布，在整体性结构中多发生在结构的变截面处，平面裂缝多延伸至变截面边缘处，大体积混凝土的表面部位最为多见；塑性收缩裂缝一般出现在新浇结构构件表面或侧面，纵横交错，形状很不规则，裂缝较浅，多为中间宽两端窄，且长短不一，类似干燥的泥浆面（图 3-19），并随着温湿度的变化而逐渐发展（俗称龟裂）；沉降收缩裂缝在混凝土成型后 1 ~ 3h，沿主筋通长方向的表面断续出现，也可能在相邻断面显著变化的部位出现，或在预埋件附近出现，裂缝形状宽且浅呈梭形，宽度在 1 ~ 4mm，深度到钢筋表面为止（图 3-20），常常在混凝土浇筑凝结后停止发展。

1. 原因分析

1）混凝土早期养护不当，表面水分散失过快，使混凝土体积收缩急剧，由于混凝土此时强度较低，在变形应力的作用下引起混凝土表面开裂。

2）混凝土体积收缩受到地基或垫层的约束（如模板、垫层过于干燥，阻止混凝土的收缩），出现开裂。

3）构件露天堆放，混凝土内部材质不均匀，水灰比大或使用收缩率较大的水泥，采用含泥量大的粉细砂配制混凝土等均易出现裂缝。

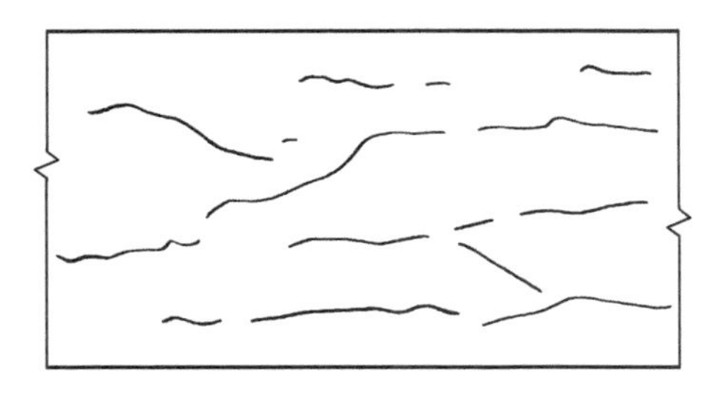

图 3-19　塑性收缩裂缝

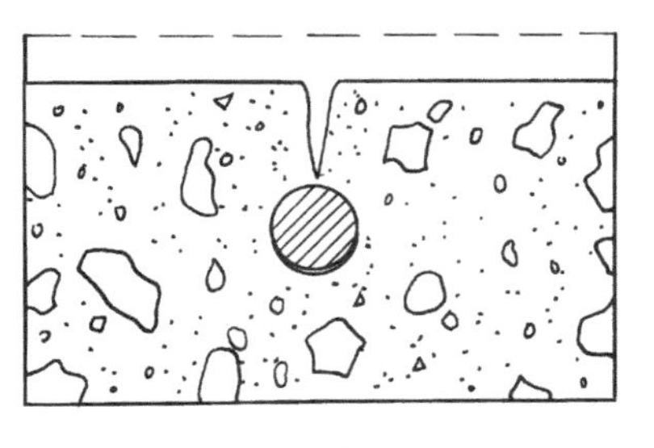

图 3-20　沉降收缩裂缝

4）沉降收缩裂缝产生的直接原因是在结构浇捣后，骨料颗粒下沉，水及水泥浆液上升与粗骨料分离产生泌水现象，使混凝土表面拌合料的含水量大，硬化后面层的混凝土强度低于内部混凝土的强度。

2. 处理方法

这种裂缝虽然宽度不大，但会使钢筋锈蚀，有损观感。通常用钢丝刷或砂轮机磨除水泥膜作毛化处理，随即冲洗干净，用 1:1 的水泥砂浆刮平抹实，对于正在施工的构件，终凝前采取二次压实抹光，并及时遮盖湿润养护。当表面裂缝较细，数量不多时，可将裂缝处清水冲洗后，用水泥浆抹补。

3. 预防措施

1）在夏季高温、干燥或风大的情况下施工时，施工人员应及时用潮湿材料覆盖已浇筑混凝土表面，使其保持湿润状态不少于 7d，一般可采用喷洒养护液、塑料薄膜覆盖、蓄水养护等。

2）配制稠度适宜的低流动性拌合料，严格控制粗细骨料的级配及水灰比，正确掌握振捣方法，确保混凝土均匀密实，初凝时再进行二次振捣或在终凝前二次压抹光表面，对断面有差别或高度不同的结构，先浇低深部位，静停一定时间，待沉降稳定后，再与上部混凝土同时浇灌。

（二）温差裂缝

温差裂缝多发生在施工期间，冬季发生的裂缝较宽，夏季发生的裂缝较窄，裂缝宽度一般在 0.5mm 左右，裂缝走向无规律性，有在构件表面较浅范围内的，也有深入到构件内部较深的，深进和贯穿的温差裂缝对混凝土有很大的破坏性。

1. 原因分析

温差裂缝主要是由于混凝土内部和表面温差较大而引起的。特别是大体积混凝土构件，在硬化期间水泥释放出大量的水化热，内部温度不断升高，表面散热较快，内外温差太大（超过 25℃），收缩变形不一致，即产生冷缩裂缝（常称为冷缝）。高强混凝土、泵送混凝土常加大水泥用量，水泥水化热大，浇筑速度快，在施工环境降温的情况下，不采取保温措施，极易产生冷缝，分布在构件较浅的范围内。深进和贯穿的裂缝多由于结构降温过快，内外温差过大，或受到外界约束而引起。另外，采用蒸汽养护的预制构件，降温控制不严，使混凝土表面剧烈降温，但又受到肋部或胎模的约束，导致构件表面或肋部开裂。

2. 处理方法

对于表面较浅裂缝，可将裂缝附近的混凝土表面凿毛，或沿裂缝方向凿成深为 15 ~ 20mm、宽为 100 ~ 200mm 的 V 形凹槽，清理干净并洒水湿润，先刷水泥净浆一遍，然后用

1:1.5～1:2 的水泥砂浆分 2～3 层涂抹，总厚度控制在 10～20mm，并压实抹光。为使砂浆与混凝土表面结合良好，抹光后的砂浆面应覆盖塑料薄膜，并用支撑模板顶紧压实；当裂缝宽度在 0.1mm 以上时，可用环氧树脂压力灌浆嵌补；当缝宽度大于 0.5mm 时，可采用水泥压力灌浆补缝。对结构强度产生严重影响的裂缝应经过设计采取结构加固、补强的办法。

3. 预防措施

防止温差裂缝产生的有效措施，首先是严格控制混凝土的各组成材料的质量、配比，选用低热或中热水泥，优先选用矿渣水泥（强度等级为 32.5、42.5），选用级配良好的砂石骨料，加入一定量的粉煤灰混合料减少水泥用量，或掺入减水剂等。其次合理安排施工工序，分层浇筑，留置后浇带减小约束应力，根据环境气温变化采取有效措施，严格控制构件内外温差不超过 25℃，降温速度 1.5℃/d。另外，可适当配置防止裂缝的钢筋。

（三）不均匀沉降裂缝

这种裂缝多属于贯穿性的，呈八字形或倒八字形，一般沿着与地面成 45°～90°方向发展，裂缝的宽度与荷载的大小有关，与不均匀沉降值成正比例关系。

1. 原因分析

产生的原因是结构或构件下面的地基未经夯实，或地基未经过必要的加固处理，或地基遭到破坏，或模板刚度不足、支撑间距过大、支撑底部松动，使混凝土浇筑后地基产生不均匀沉降；另外，过早拆模，混凝土强度不足，也会引起不均匀沉降裂缝。

2. 处理方法

根据裂缝对结构的影响大小，采取前文所述方法处理，如：嵌缝、补缝、加固补强等。

3. 预防措施

绝对不允许在松软的回填土上直接预制构件、支立模板，必须经过夯实处理后才行，支架的底部还要有满足要求的垫板，以使地基表面受力均匀，模板的刚度必须足够；浇筑混凝土时应随时检查模板及支撑的变化情况，养护水应向外排除，不宜流入基础和支撑底部，拆模时间不宜过早，拆除顺序要注意。

（四）其他裂缝

其他裂缝如早期受冻引起的裂缝，在有季节性冻胀地区，进入初冬或开春之时，在结构表面多沿主筋或箍筋方向，出现宽窄不一的裂缝，深度至钢筋表面，一般应作处理；由于施工控制不当，如脱模起吊、运输码放、吊装过程中，因多种原因会产生纵向、横向、水平或斜向的裂缝；预应力混凝土强度等级低于设计要求，张拉钢筋时产生裂缝；钢筋锈蚀裂缝。对于这些裂缝应积极采取防护措施，以确保构件的质量。

任务四　混凝土结构工程的加固

钢筋混凝土结构出现质量问题后，除了倒塌、断裂等事故必须重新制作外，在通常情况下可以用加固的办法进行处理。下面简单介绍几种常用的加固方法。

1. 加大断面法

混凝土构件因孔洞、蜂窝或强度达不到设计要求需加固时，可用扩大断面、增加钢筋的方法。扩大的断面可用单面、双面、三面及四面包套的方法，所需增加的断面一般应通过计算确定。由于增加的部分断面往往较小，故常用细石混凝土，增加的钢筋应与原构件钢筋有可靠连接。这种加固方法的优点是技术要求不高，易于掌握，因此常用来加固柱、梁、板、屋架弦杆和腹杆及连接的节点；其缺点是施工繁杂，工序多，现场施工时间长。

2. 喷射混凝土法

喷射混凝土（或喷浆）是用压缩空气将水泥砂浆或细石混凝土喷射到受喷面上，保护、参与或替代原结构工作，以恢复或提高结构的承载力、刚度和耐久性。其常用于结构或构件的局部损伤，如蜂窝、孔洞、疏松等质量缺陷（参见本书表 3-18），也可用来加强整个构件的混凝土强度，在建筑物的加固中应用较广泛，常常与钢筋网、钢丝网、钢筋套箍、扒钉等共同使用。其特点如下：喷射层以原有结构作为附着面，不需要另外加设模板，对高空作业施工较方便；喷射层密度较大，除满足强度要求外，还可有较高的抗渗性；在喷射混凝土中掺入速凝剂，可大大提高施工速度，缩短工期。需要注意的是喷射混凝土（或喷浆）加固法在喷射施工完毕后，加强喷射层的养护是非常重要的。

3. 粘钢补强法

采用高强黏结剂，将钢板粘于钢筋混凝土构件需要补强部分的表面，以达到增加构件承载力的目的。如对跨中抗弯能力不够的梁，可将钢板粘于梁跨中间的下边缘；对于支座处抵抗负弯矩不足的梁，可在梁的支座截面处上边缘粘贴钢板；对于抗剪强度不够的梁，可在梁的两侧粘贴钢板。粘贴钢板的截面可由承载力计算确定。一般钢板的厚度为 3 ~ 5mm，黏结前应除锈并将黏结面打毛（粗糙化），以增强黏结力。粘钢板施工后 3d 即可正常受力，发挥作用。这种方法的优点是：不占室内使用空间，几乎不增加被加固构件的断面尺寸和重量，黏结剂硬化速度快，可在短时间内达到需要的强度；另外，黏结剂的黏结强度高于混凝土等材料的强度，可使加固体系形成一个良好的整体，受力均匀，不会在混凝土中产生应力集中现象，可大幅度提高结构构件的抗裂性，抑制裂缝的开展，提高承载力。但是工艺要求较高，且目前胶粘剂的耐高温性能差，当温度达到 80 ~ 90℃时，其强度就会下降。此外，胶粘剂的老化问题也需要进一步研究。

4. 焊接钢筋或钢板法

焊接钢筋或钢板法是将钢板或钢筋、型钢焊接于原构件的主筋上，适用于整体构件的加固。通常做法是：将混凝土保护层凿开，使主筋外露，用直径大于 20mm 的短筋把新增加的钢筋、钢板与原构件主筋焊接在一起；然后用混凝土或砂浆将钢筋包裹住。因焊接时钢筋受热，形成焊接应力，施工中应注意加临时支撑，并设计好施焊顺序。目前这种方法常与扩大断面法结合使用。

5. 锚接钢板法

由于冲击钻及膨胀螺栓的应用，可以将钢板锚接于混凝土构件上，以达到加固补强的目的。其优点是：可充分发挥钢材的延性性能，锚接速度快，锚接构件可立即承受外力作用。锚接钢板可以厚一点，甚至用型钢，这样可大幅度提高构件承载力。当混凝土孔洞较多，破损面大而不能采用粘钢补强法时，用锚接法效果更好。其缺点是：加固后表面不平整美观，对钢筋密集区锚栓困难，钢材孔径位置加工精度要求较高，并且锚栓对原构件有局部损伤，处理不当会引起反作用。

6. 预应力加固法

预应力加固法是采用预加应力的钢杆或撑杆对结构进行加固。钢拉杆的形式主要有水平拉杆、下撑式拉杆和组合式拉杆三种。这种方法几乎不缩小使用空间，不仅可提高构件的承

载力，而且可减小梁、板的挠度，缩小原梁的裂缝宽度甚至使之闭合。这种方法广泛用于加固受弯构件（梁、板类构件），也可用于加固柱子，但这种方法不宜用于处在高温环境下的混凝土结构。

7. 其他加固方法

除上述常用的加固方法外，还可以根据工程具体情况采用其他加固方法。例如，增设支点法，以减小梁的跨度；另加平行受力构件，如外包钢桁架、钢套柱等；增加圈梁、拉杆，增加支撑加强房屋的整体刚度等。

箴言故事园

钢筋混凝土工程是目前建筑领域应用最广泛的结构形式之一。近年来，我国一直在进行大规模的工程建设，建筑工程事故时有发生，成为人们关注的焦点。大部分钢筋混凝土工程事故都是因为一些微小细节没有处理好而造成的，为保证建筑物的安全使用，保护公民的生命和财产安全，必须在每个环节都加强管理，严把质量关。

《韩非子·喻老》中有这样一句名言："千丈之堤，以蝼蚁之穴溃；百尺之室，以突隙之烟焚。"千丈长的大堤，因蝼蚁的洞穴而溃决；百尺高的房屋，因烟囱裂缝中逆出的火苗而焚毁。小事如果不注意，就会酿成大祸、造成严重损失。这就告诫人们细节性的问题往往会成为致命的问题，对待事物不能忽视细节，微小的事物一旦被忽略就会由小引大，终会造成无可挽回的后果。我们要谨慎地对待容易的事以避免事故的发生，郑重地对待细小的漏洞以避开大祸。

模块小结

本模块从模板工程、钢筋工程、混凝土工程三个方面介绍了各种常见事故的特征，分析发生的原因并指出相应的处理措施。模板工程从模板支架沉降、支架系统失稳、胀模、模板尺寸偏差、预留孔洞预埋件变位及早拆模板等方面分析常见的质量事故或缺陷；钢筋工程主要介绍钢筋材质不良、加工制作差错、安装差错、代换错误、连接缺陷、锈蚀以及预应力钢筋工程中的常见质量问题；混凝土工程主要介绍了由于水泥质量低劣、数量不足、骨料含泥量超标、石子质量差、外加剂使用不当、施工配合比不当、混凝土搅拌过程控制不当、混凝土运输浇筑措施不当、施工缝处理不当等常见的质量事故和通病。针对各种质量问题分析其产生的原因，提出处理办法和预防措施。同时详细介绍了几种常见的加固处理方法。

钢筋混凝土施工过程中的任何一个环节处理不当，就会影响到混凝土工程的最终质量，引发工程质量缺陷或事故。

思　考　题

3-1　在钢筋混凝土结构中，钢筋和混凝土共同工作的原理是什么？

3-2　模板的安装有哪些要求？

3-3　如何保证模板工程的整体稳定性？

3-4　钢筋工程中常见的质量事故或缺陷有哪些？
3-5　钢筋工程质量验收检验批如何划分？
3-6　钢筋连接缺陷有哪些？工程中应如何避免？
3-7　造成钢筋错位偏差的主要原因有哪些？工程中应如何避免？
3-8　保证预应力钢筋施工质量的措施主要有哪些？
3-9　现浇结构构件的外观质量有哪些要求？应如何控制？
3-10　不同强度等级的水泥能否相互代用？为什么？
3-11　水泥对混凝土质量有什么影响？
3-12　混凝土对砂石质量有何要求？
3-13　如何预防混凝土施工配合比不当造成的工程事故？
3-14　常见混凝土裂缝事故有哪些？工程中应如何避免？
3-15　混凝土结构裂缝的修补方法有哪些？
3-16　混凝土结构加固方法有哪些？

实践训练园

模块四　砌体工程质量事故分析与处理

学习要点： 掌握砌体中常见的裂缝特点及其形成条件，能够根据裂缝发生的部位及发展变化特征，初步鉴别裂缝的性质，并分析裂缝可能形成的原因，提出相应的处理措施。

长期以来，我国工业与民用建筑的墙体材料以小块黏土砖为主。但黏土砖有操作劳动强度大、生产效率低、施工进度慢、自重大且浪费土地等缺点。近年来，我国采用新型墙体材料建成了一大批具有不同风格和不同墙体构造类型的建筑物，墙体改革已经发展到了一个新阶段。砌块建筑是采用由粉煤灰（或其他工业废渣）、混凝土为主要原材料制作的中小型块体代替普通黏土砖的建筑物，砌块生产工艺简单，投资少，收效快，成本可接近或低于黏土砖，生产效率高，且利用废渣、节省土地，具有较高的经济效益、社会效益和环境效益。

砌体结构的力学特点是抗压强度较高，抗弯、抗拉、抗剪强度较低。

案例解析园

案例一　砖砌体因承载力不足造成的事故

1. 事故概况

某3层轻工业厂房，预制楼板，现浇两跨钢筋混凝土连续梁，外砖墙内砖柱承重；砖柱截面490mm×490mm，采用MU10砖、M10水泥混合砂浆砌筑；基础为三七灰土，上砌毛石，砖墙基础底面宽1300mm，砖柱基础底面积为1400mm×1400mm，地基设计承载力f=150kN/m^2，如图4-1a、b所示。

该厂房主体结构完工时，几个底层砖柱就发生严重的竖向裂缝。其中最严重的位于⑧轴线，裂缝最宽处达10mm，长1.5m左右，说明该砖柱已濒临破坏，如图4-1c所示。发现裂缝后，随即对各层砖柱进行加固，加固方案为四角外包角钢∟75×6，角钢间用缀条连接，如图4-1d所示，但加固方案并未能取得成效。

2. 原因分析

（1）中间砖柱承载力按轴心受压计算允许承载力只有913.36kN，而该柱所承受的荷载（算至±0.000标高）却有1166kN，超载252.64kN，该柱在恒载和施工荷载作用下就产生了裂缝。

（2）柱基础底面积按计算需要9.74m^2，实际只有1.96m^2，仅及计算需要的20.12%，远不能满足实际需要。结构完工时，基础之所以未发生过大沉降的原因：一是由于柱基受力尚未达到设计荷载；二是由于实际地基承载力大于150kN/m^2；因柱身的砌筑质量太差，实

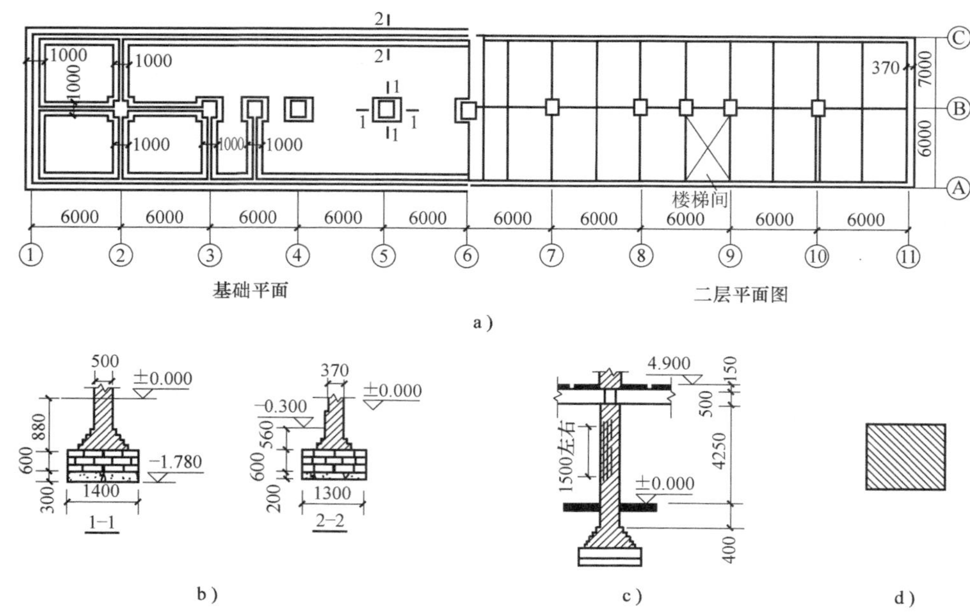

图4-1　某轻工业厂房平面及砖柱裂缝示意

a）结构平面图　b）墙柱剖面　c）⑧轴线柱裂缝示意图　d）包角钢加固

际承载力远低于计算承载力，因而率先开裂，掩盖了地基的危险因素。

3. 处理措施

事故原因主要是设计问题。不得不将原内砖柱承重方案改为砖墙承重方案，新添内纵横墙及其基础，将大房间改为小房间。这样，楼面荷载由梁直接传给新添墙及基础。这个修改方案虽然解决了结构问题，但在使用上却带来了很大不便。

案例二　因材料不合格引起的事故

1. 事故概况

1997年7月12日9：30左右，浙江省常山县城南小区第51幢住宅楼中间偏东处上部出现裂缝，紧接着裂缝迅速扩大，相互向中间倾倒，在数秒钟内全部倒塌，当时在楼内的39人被压在废墟中。经全力抢救，36人死亡，直接经济损失达860万元。

该楼原设计面积2326m²，实际建筑面积2476m²，五层半砖砌体承重结构，预应力圆孔板楼屋面，底部为层高2.15m的自行车库（又称储藏室），上部五层为住宅，共3个单元30套住房。计划造价每平方米280元，合同造价每平方米255元（含水电安装）。该楼于1994年5月10日开工，同年12月30日竣工。1995年6月验收，同年6月28日出售并交付给县棉纺厂作职工宿舍。

2. 原因分析

（1）该楼基础砖墙质量低劣，材料不合格。一是砖的强度低，设计要求使用强度等级为MU10的砖，但实际使用的砖强度等级都明显低于MU7.5，而且基础砖墙的砖匀质性差，受水浸泡部分的砖墙破坏后呈粉末状；二是对工程抽样检验的六种规格钢筋有五种不合格；按规范要求应使用中、粗砂，实际使用的是特细砂，含泥量高达31%，砌筑砂浆强度仅在M0.4以下，黏结力很差；地圈梁混凝土的配比不当，其中有的石子粒径达130mm。

（2）施工不规范。集中使用断砖，形成通缝，影响整体强度。

（3）擅自变更设计。设计图样要求对基础内侧进行回填土，并夯实至±0.000标高，但在建造过程中，把原设计的实地坪改为架空板，基础内侧未回填土，形成积水池。由于基础下有天然隔水层，地表水难以渗透，基础砖墙内侧既无回填土，又无粉刷，长时间受积水直接浸泡，强度大幅度降低。由于砖基础受到水压力与土压力的双重作用，其稳定性显然成了最危险的薄弱环节。

（4）事故发生当年7月8日至10日，发生洪灾，该住宅楼所处小区基础设施不配套，无截洪、排水设施，造成该住宅楼砖墙脚和砖基础严重积水浸泡，强度大幅度降低，稳定性严重削弱，这也是造成事故的直接原因。

（5）建设管理混乱。施工企业技术资料不全，弄虚作假；施工中偷工减料、粗制滥造，不负责任较为普遍；施工管理人员和操作工人质量意识差，技术水平低，施工中严重违反工艺、工序标准；建设单位质量管理混乱，工作不到位，监督形同虚设；质量监督部门工作严重失职，质监人员素质低，责任心差，监督工作不到位，没能发现质量隐患，质量管理失控。

（6）开发商不按基建程序管理工程建设，有关职能部门在管理上失职。倒塌的住宅楼无土地审批手续，无选址意见书，无规划用地许可证，无规划建设许可证。开发区基础设施不配套，没有防洪设施；计划造价太低，违背客观规律；招投标不按规定操作，实际搞的是明招暗议的虚假招投标。

3. 处理措施

调查认定，常山“7·12”住宅楼倒塌特大事故是一起有关人员玩忽职守、工作严重失职和管理混乱造成建筑质量低劣引起的重大责任事故。依法对“7·12”住宅楼倒塌事故有关责任单位和人员做出了如下处理：负责该楼建设的金城房地产发展有限公司经理、副经理、工程项目负责人等，不认真履行领导和管理监督职责，对“7·12”住宅楼倒塌事故承担直接责任，判处有期徒刑10年；工程项目技术负责人犯有重大责任事故罪，被判处有期徒刑6年；吊销金城房地产发展有限公司三级开发资质，吊销县第二建筑公司二级施工资质。

案例三　施工错误引起的倒塌事故

1. 事故概况

某地区建一座4层楼住宅，长61.2m，宽7.8m。砖墙承重、钢筋混凝土预制楼盖，局部（厕所等）为现浇钢筋混凝土。图样为标准住宅图。唯一改动的地方为底层有一大活动室，去掉了一道承重墙，改用490mm×490mm砖柱，上搁钢筋混凝土梁。置换时，经计算确认承载力足够。但在楼盖到4层时，大活动室砖柱压坏引起房屋大面积倒塌。

2. 原因分析

房屋结构为标准图，地基良好，经查看无下沉及倾斜等失效情况。从现场查看，初步估计倒塌是由大房间砖柱被压酥引起的。设计砖的强度等级为MU7.5，有出厂证明并经验收合格。设计砂浆强度等级为M5，经验查含水泥量过少，倒塌后成松散状，只能达M0.4。砖柱采用包芯砌法（图4-2），中间填芯为碎砖及杂灰，根本不能与外部砌体共同受力。

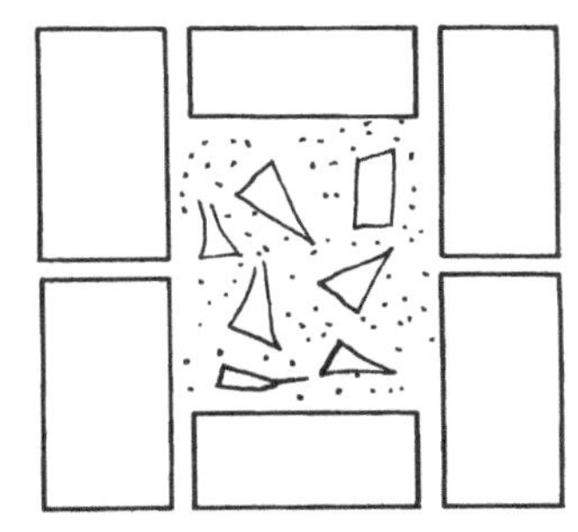

图4-2　砖柱包芯砌法

由上分析可知，包芯砌法只图外观看得过去，质量往往不能保证。若填芯为散灰（落地砂浆等）及碎砖杂物时，填芯不能起承载作用，其总承载力会大大降低。因包芯砌法而引起的事故屡见不鲜，施工规程禁止采用这种砌法，在施工中必须遵守。

案例四　增层接建引发的事故

1. 事故概况

2003年7月24日7时40分，某小学教学楼加高接建工程发生楼体坍塌事故。接层工程主体砌筑结构于2003年7月1日开始施工，7月7日砌筑和混凝土工程结束。7月24日6时，楼南侧外墙施工现场有施工人员14人，楼内有施工人员4人。7时40分，施工人员正在吊篮脚手架中进行2层外墙抹灰剔除工作，工程项目经理与工长在楼下巡视时发现，原建筑结构2层临街南侧第2个墙垛突然出现多条竖向裂缝，项目经理只令吊篮中的工人撤离，因为未预见事件的严重性，所以没有采取所有人员全面撤离危险区域的应急措施。当项目经理给设计负责人打电话进行联系时，墙垛破坏，楼体大面积坍塌，现场施工人员18人和一楼营业门市房内4人，共计22人被埋入坍塌的瓦砾中，造成16人死亡、1人重伤、5人轻伤。图4-3所示为倒塌现场。

图4-3　倒塌现场

2. 原因分析

（1）原建筑墙体砂浆强度及砌体强度不能满足原设计要求。

（2）原建筑木窗拆除造成窗间垛截面减小，加大了结构安全隐患。

（3）扩建加层导致荷载加大。

（4）剔除原建筑二层外墙抹灰时窗间垛出现竖向劈裂、失稳引发大面积坍塌。

绿色建造技术细则

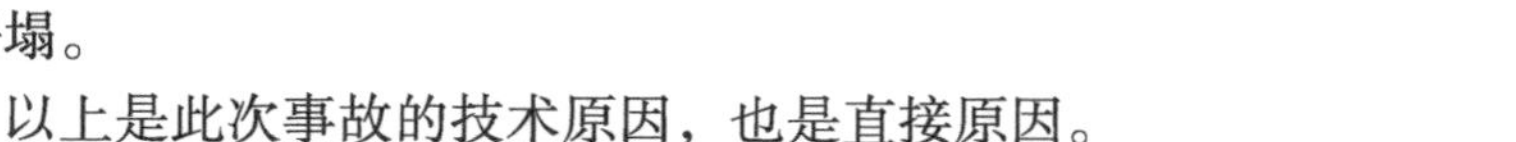

以上是此次事故的技术原因，也是直接原因。

（5）设计审查把关不严。设计单位越级设计，没按图样审查中心提出的审查意见进行落实；没按设计规范要求对基础、承重结构进行认真验算，设计错误是此次事故的重要原因。

任务一　砌筑质量事故分析与处理

一、砌筑砂浆质量问题

砌筑砂浆的和易性差，保水性不好，使砌筑时铺摊和挤浆存在困难，影响砂浆与砖的黏结力，降低砌体的抗压、抗拉和抗剪强度；或砌筑砂浆强度波动较大、匀质性差。

1. 原因分析

使用的材料质量不合格或者拌制砂浆的配合比错误。水泥的质量直接影响砂浆的性能，

使用小厂生产的稳定性差的水泥，或使用储存时受潮结块的水泥，往往造成砂浆的强度等级偏低；砂的含泥量大，使得砂浆的黏性大、收缩性大、强度低、耐久性差；拌制砂浆时各组成材料不计量，砂浆的配合比不准确，常使其强度波动性大，且多数强度偏低，从建筑倒塌事故分析来看，发生倒塌事故建筑的砌筑砂浆强度等级一般都低于设计要求。

2. 预防措施

1）水泥砂浆采用的水泥，在使用前要进行抽样测试，合格后方可使用。严禁使用废水泥。

2）不同品种的水泥不能混用。这是由于各种水泥成分不一，混合使用后往往会造成材料性质变化使强度降低，引起工程事故。

3）砂浆中砂的含泥量应符合规范的规定。

4）严格控制配合比。按规范中有关砂浆配比的规定，认真计算配合比，在搅拌时必须认真计量；水泥、外加剂的计量，允许偏差应控制在 ±2% 以内；砂、石灰膏、生石灰计量精确度应控制在 ±5% 以内。建立施工计量工具校检、维修、保管制度。

5）为改善砂浆的和易性及保水性，常掺入石灰膏作为塑化剂。生石灰熟化成石灰膏时，应用网过滤，熟化时间不少于 7d，储存的石灰膏应经常浇水，保持湿润，防止干燥、冻结和污染。严禁使用脱水硬化的、受冻的、受污染的石灰膏。

6）灰槽中的砂浆，必须随拌随用，要杜绝隔日砂浆不经处理而继续使用。

7）砂浆强度等级要按规定到现场随机抽样制作试块，以标准养护 28d 的抗压试验结果为准。

8）砂浆宜采用机械搅拌，搅拌时间要符合规范要求。搅拌时，分两次投料，先加入部分砂子、水及全部石灰膏，通过叶片搅拌及砂子搓动，将石灰分散后，再投入其余的砂子和全部水泥。

二、砌块质量问题

用不合格的次砖砌墙，砌体强度达不到设计要求，使砌体产生裂缝，严重的还会产生倒塌事故；用干砖砌墙，砂浆很难铺摊，砖缝不易饱满，干砖与砂浆的黏结性差，使得墙体很容易渗水，砌体质量低劣，强度不满足要求。

1. 原因分析

砖的强度是否符合设计要求是保证砌体受力性能的基础，如果采用强度低的砖，尤其是烧制过程中欠火的砖砌墙，必定使砌体的承载能力降低，达不到设计要求。另外，砖砌筑前浇水是砖砌体施工工艺的一部分，砖的湿润程度对砌体的施工质量影响较大，对比试验证明，适宜的含水率不仅可以提高砖与砌体之间的黏结力，提高砌体的抗剪强度，也可以使砂浆的强度保持正常增长，提高砌体的抗压强度。有测试结果表明：用干砖砌的墙其抗剪强度比用湿砖砌的墙低 41.6%。

2. 预防措施

砌体用砖必须先抽样检测合格后方可用于砌墙，凡不合格砖块严禁入场和使用；对已进场的砖需检查，必须剔除不合格的砖块；如有 1/2 的次砖已夹砌在墙体中，必须拆除；砌砖前和砌砖中要加强砖浇水的工序管理，设专人浇水，并提出浇砖方法和要求。规范规定，砌筑砖砌体时，普通砖、空心砖应提前浇水湿润，含水率宜为 10% ~15%；灰砂砖、粉煤灰砖含水率宜为 8% ~12%。现场检验砖含水率的方法一般采用断砖法。

三、砌筑过程中常见问题

（一）砌筑方案错误

砖柱采用包芯砌法，砖块之间没有错缝搭接，垂直缝从下至上为通缝，而通缝不能传递剪力，使砖柱不能成为整体，当砖柱承受大偏心荷载时，产生部分压缩和部分拉伸，使包芯柱在外力作用下失稳破坏；砌筑砌体时采用了错误的组砌方式，如实心墙采用五顺一丁甚至二十多顺一丁的组砌方式，砖之间互不衔接，不能相互传递剪力而过早破坏。

1. 原因分析

管理人员对砌体质量的重要性认识不足，管理不善。瓦工未经培训即上岗，对操作规程不熟悉，砌砖的基本功不够。

2. 预防措施

为了保证砖砌体的整体性，瓦工应严格按规范进行施工，规范要求在砌筑砖砌体时应上、下错缝，内外搭接，实心砖砌体可采用一顺一丁、梅花丁或三顺一丁的组砌形式，并特别提出“砖柱不得采用包芯砌法”。工长应加强管理，认真协调好交接面处的施工，明确责任。

（二）纵横墙接槎不牢

砌体的转角处和交接处普遍采用留直槎，且不按规定放置拉结钢筋；有的工程留斜槎不符合要求，如只在墙身下面1m范围留斜槎，上部还是留直槎；还有的工程几乎都是先将一层的外墙砌至平口，在所有的内外墙交接处均留直槎，然后转入砌内墙；接槎马虎，有的接槎处灰缝中几乎没有砂浆。这些都严重影响房屋的整体性和抗震性。

1. 原因分析

现场管理混乱，对砌砖的瓦工安排不当，交接面处协调不到位；瓦工的基本素质低，对操作规程不熟悉或违章作业。

2. 预防措施

砖混建筑施工中，砌体的转角处和交接处的牢固性是保证房屋整体性的关键。规范要求砖砌体的转角处和交接处应同时砌筑，严禁无可靠措施的内外墙分砌施工。对不能同时砌筑而又必须留置的临时间断处应砌成斜槎。若留斜槎确有困难，除转角外，也可留直槎，但必须是凸槎，并沿墙高每隔不大于500mm的距离加设拉接筋，其埋入长度每边均不得小于500mm。砖砌体的施工临时间断处的接槎部位本身就是受力薄弱环节，必须清理、润湿并填实砂浆。

（三）灰缝砂浆不饱满

块体间砂浆不饱满，空缝处的砌体抗拉和抗剪强度下降，荷载作用下易使砌体产生裂缝，影响其强度。另外，雨水会从缝中渗入，隔声、隔热、保温性能差，影响建筑物的正常使用。

1. 原因分析

由于水泥砂浆的和易性较差，砌筑时挤浆费劲，操作者用大铲或瓦刀铺刮砂浆后，使底灰产生空穴，砂浆层不饱满，砖与砂浆层的黏结较差；有时由于铺灰过长，砌筑速度跟不上，砂浆中的水分被底砖吸收，使砌上的砖层与砂浆不能黏结；用干砖砌墙，使砂浆早期脱水而降低强度，干砖表面的粉屑起隔离作用，减弱了砖与砂浆层的黏结；操作工的基本功不扎实，砌砖时挤浆不足，产生空头缝或瞎缝。

2. 预防措施

水平灰缝的砂浆饱满程度对砌体强度和整体性影响很大，竖向灰缝对砌体抗剪强度影响显著，如果竖向灰缝不饱满，则砌体的抗剪强度将降低40%～50%。规范规定水平灰缝的

砂浆饱满程度不得小于80%。具体措施如下：

1）改善砂浆的和易性是确保灰缝砂浆饱满和提高黏结强度的关键。

2）改进砌筑方法，应推广“三一砌砖法”，又称挤揉法，即“一刀灰、一块砖、一挤揉”。

3）严禁用干砖砌墙。对于按设计烈度九度设防的地震区，在严冬无法浇砖的情况下，不宜进行砌筑。

（四）清水墙面质量问题

清水墙面水平灰缝不直，墙面凹凸不平；清水墙面“游丁走缝”，即大面积清水墙面出现丁砖竖缝歪斜、宽窄不均匀，丁不压中（丁砖在下层条砖上不居中），窗台部位与窗间墙部位的上下竖缝发生错位、搬家等，产生所谓的“螺旋墙”，即砌完一个层高的墙体时，同一层的标高差一皮砖的厚度，不能交圈等。

1. 原因分析

管理松散，怕麻烦，砌墙时不立皮数杆，使得水平缝失控，层高误差大；断砖的应用不当，有的将断砖集中砌在某一部位，造成连续通缝。

2. 预防措施

针对清水墙面质量问题，施工人员应严格按施工工艺要求进行施工。砌墙前要在建筑物的四角及沿长度方向的一定距离立好皮数杆，并根据设计要求，将砖和砌块的规格及灰缝厚度在皮数杆上标明，并将竖向构造变化部位注明，灰缝的厚度应控制在8～12mm；断砖必须及时随整砖分散砌筑在内墙和受力较小的部位，不得砌在窗间墙或受力较大的墙垛处，也不能砌成四皮以上通缝。

四、加气混凝土砌块砌体施工时应注意的问题

加气混凝土砌块砌体施工时，应注意以下事项：

1）采用加气混凝土砌块的承重墙体，在设计时最好选择横墙承重的刚性方案。不得直接承受过大的集中荷载，并注意避免砌块局部承压。当不可避免时，应在梁下设置梁垫，或在砌体中铺设增强钢筋。

2）加气混凝土砌块作承重墙的房屋，宜每层设置圈梁，内外墙的交接处和外墙的转角处均应错缝咬砌，外墙原则上尽量避免与其他传统材料同时混用。砌块承重墙房屋的伸缩缝最大间距为50m。

3）承重墙体的门窗洞口采用钢筋混凝土或其他材料的过梁。对于自承重外墙，当门窗洞口宽度在1.2m以内时，可采用平砌式过梁，门窗洞口为1.2～1.5m宽度时，适当配筋。其伸入支座长度应大于或等于500mm，砂浆层厚度应为20～30mm。

4）用砌块作非承重隔墙或围护墙时，宜沿墙高1～1.5m采用2ϕ6钢筋与承重墙或柱子拉结。

5）砌筑灰缝应横平竖直，砂浆饱满。砌筑砂浆宜采用大于或等于M2.5混合砂浆，水平灰缝厚度和竖向灰缝厚度分别宜为15mm和20mm。砌筑前一天要将砌块充分湿润，保证砌块与砂浆具有较好的黏结性。

6）填充墙砌体砌筑前，块材应提前2天浇水湿润。内外墙基层抹灰的前一天，应充分在墙面上浇水，施工开始时再浇水一遍，抹灰时宜分层抹，每层厚度不大于10mm。

7）加气混凝土砌块砌体避免用作地下基础。若用于潮湿环境，则需采取防水措施（如涂刷甲基硅醇钠或醛硅醇钠等）。

8）墙面抹灰所用砂的含泥量不得超过4%，抹灰砂浆的弹性模量应与加气混凝土材性基本相似。

9）拉结钢筋及埋入件应作好防锈处理或用砂浆保护。

10）搬运加气混凝土制品应轻搬轻放，避免损坏。临时堆放应选择能排水的平整的场地。进场后应按品种、规格分别堆放整齐，堆置高度不宜超过2.0m。加气混凝土砌块应防止雨淋。

11）加气混凝土砌块用做填充墙砌至接近梁、板底时，应当留空隙，待填充墙砌筑完成并应至少间隔7d后，再将其补砌挤紧。

五、小型混凝土空心砌块墙体施工应注意的问题

1. 小型混凝土空心砌块墙体的某些部位不能用空心砌块砌筑

（1）底层室内地面以下砌体，不能用空心砌块砌筑。

（2）楼板支承处无圈梁时，板下应砌一皮实心砌块，或用C15混凝土填实。

（3）次梁支承处应设置预制垫块，或用C15混凝土填实，其宽度不应小于400mm，厚度不应小于190mm。

（4）挑梁的悬挑长度大于或等于1.2m时，其支承处的内外墙交接处五个孔洞内，应采取C15混凝土填实，填实高度不小于600mm。

（5）对于5～6层的房屋，四角及外墙转角处应各用C15混凝土填实三个孔洞以构成芯柱，对6层以上的房屋，亦应适当加强。

2. 小型混凝土空心砌块墙体施工应注意的问题

（1）砌筑前不能浸水或浇水，因为小型混凝土空心砌块的吸水率很小，仅为黏土砖吸水率的12%～41%。为避免砌块吸水后出现膨胀和“走浆”，从而影响砂浆的饱满和黏结，导致砌体抗剪强度下降，所以砌筑前不应浇水。又因小型混凝土空心砌块干缩值约为0.235‰～0.427‰，其砌墙后，受温度、湿度变化及相邻构件位移的影响，或在外界约束力限制墙体自由变形的情况下，易产生墙体裂缝。因此，在露天堆放、雨期施工时，应采取必要的覆盖措施。施工时所用的小砌块的产品龄期不应小于28d。

（2）砌筑墙体时，必须孔肋相对、错缝搭砌。因为小型空心砌块是空腹薄壁体（空心率可达45%～50%，肋壁厚度约27～35mm），是长短肋同时传递压力，若不注意孔肋相对，影响传递压力，削弱砌体强度。

（3）砌筑时，应将砌块底面向上，实行“反砌”。这样做，会增大砂浆的支承面，使其灰缝抗剪强度较高，墙面干净整齐。

（4）宜采用平铺竖向抹砂浆方法，满足砂浆饱满要求。先将砌块端面朝上排列，于端面平铺满浆，然后再将砌块旋转墙上，认真完成铺砌。

（5）砂浆强度等级必须符合如下设计要求：

1）砂浆强度等级必须按设计规定配置。

2）不能用水泥砂浆代替混合砂浆使用。

3）全部灰缝必须横平竖直，砂浆饱满密实，忌用水冲浆灌缝或用木块垫灰缝。

4）灰缝厚度宜控制在8～12mm。砌筑前，应根据砌块尺寸和灰缝厚度要求，预先计算皮数，进行排块，坚持立皮数杆施工。

（6）确保小型空心砌块钢筋混凝土芯柱（构造柱）的施工质量。

1）砌筑芯柱和浇灌混凝土前，必须清除孔洞底部毛边。

2）芯柱混凝土所用集料应具有良好的级配，分层（每层400～500mm）捣实，切勿在浇满一个楼层高度后才捣实。

3）每楼层开始砌筑第一皮砌块时，应采用特制的开口形小砌块（槽形三边开口砌块或通孔主规格砌块侧面留出130mm×130mm操作孔）。

4）芯柱与层间圈梁最好同时浇筑，芯柱竖向钢筋应与基础或基础梁埋筋搭接，上下楼层钢筋可在圈梁中搭接，搭接长度不应小于35d（此间d为芯柱竖向钢筋直径）。

5）砌筑砂浆强度大于1MPa时，方可浇筑芯柱混凝土。

（7）注意不与黏土砖或其他材质的砌体混合砌筑用于承重的墙体。

（8）注意不使用断裂砌块砌筑。

任务二 墙体局部损坏质量事故分析与处理

砌体工程中墙体局部损坏主要表现为：裂缝、墙体渗水、局部倒塌。

砌体结构的裂缝对建筑物的影响是多方面的。在使用方面，它既影响安全、美观，又影响使用要求。对建筑结构本身而言，裂缝使砌体的整体性受到破坏，降低结构强度、刚度和稳定性。在风雨及温度等外界条件下，裂缝还可以加快砌体材料的破坏，影响建筑物的耐久性。裂缝的种类有时很难鉴别，需要综合很多因素来分析。开裂的原因也往往不是唯一的，因此不能简单肯定一方面原因而否定另一方面原因，应针对具体情况分清主次。

墙体渗漏水，会使室内或室外墙面潮湿、污损，影响建筑物的正常使用。

局部倒塌问题往往涉及设计、施工、使用等诸多的综合因素。

一、墙体裂缝

（一）温度裂缝

砖墙的温度变形受到约束时会产生温度应力而导致开裂，其裂缝称为温度裂缝。砖墙的温度裂缝会影响房屋的使用和耐久性，进而削弱墙体的承载能力和整体性。

1. 裂缝特征

多数出现在房屋的顶部附近，以两端最为常见；裂缝在纵墙和横墙上都可能出现。在寒冷地区越冬又未采暖的房屋还可能在下部出现冷缩裂缝。位于房屋中部附近的竖向裂缝，也可能属此类型。最常见的是斜裂缝，形状有一端宽、另一端细和中间宽两端细两种；其次是水平裂缝，多数呈断续状，中间宽两端细，在厂房与生活间连接处的裂缝与屋面形状有关，接近水平状较多，裂缝一般是连续的，缝宽变化不大；第三是竖向裂缝，多因纵向收缩产生，缝宽变化不大。大多数裂缝在经过夏季或冬季后形成，随气温或环境温度变化，在温度最高或最低时，裂缝长度、宽度最大，数量最多，但不会无限制地扩展恶化。

2. 原因分析

屋盖的保温、隔热差；屋盖对砌体的约束大；当地温差大；建筑物过长又无变形缝等因素都可能导致温度裂缝。其往往与建筑物的横向（长和宽）变形有关，与建筑物的竖向变形（沉降）无关。例如：

1）平屋面房屋顶层纵墙或横墙两端，出现向中部倾斜的斜裂缝，形如“八”字（图4-4）。说明房屋的伸缩缝间距过大，钢筋混凝土屋面受气温影响导致砖墙开裂。

2）房屋整个墙面几乎均匀分布着发丝状裂缝，这种裂缝在过冬时出现，出现后不再继续发展。说明房屋伸缩缝间距过大，墙体本身受温度变化而干缩开裂。

3）屋面设置伸缩缝而墙身未相应设置伸缩缝时，墙身被拉裂，屋面伸缩缝处的墙裂缝如图 4-5 所示。

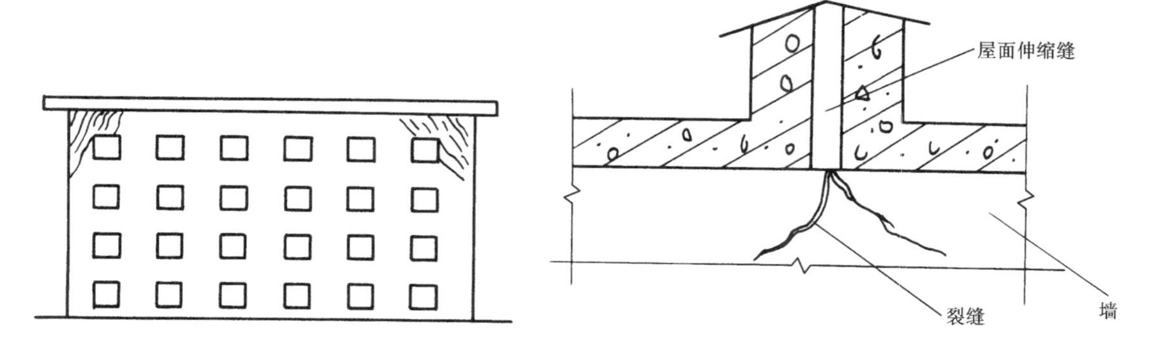

图 4-4　“八”字形裂缝

图 4-5　屋面伸缩缝处的墙裂缝

4）房屋两部分屋面或楼板不在同一标高时，楼板错层处出现水平裂缝（图4-6），是由于屋面或楼板胀缩或由于其他原因发生推挤作用所造成的。

5）角与屋面板交接处出现水平裂缝，产生的原因有：①女儿墙与屋面板伸缩变形不一致。②屋面保温层和整浇层抵住女儿墙侧面，升温膨胀时对女儿墙有推挤作用（图 4-7）。

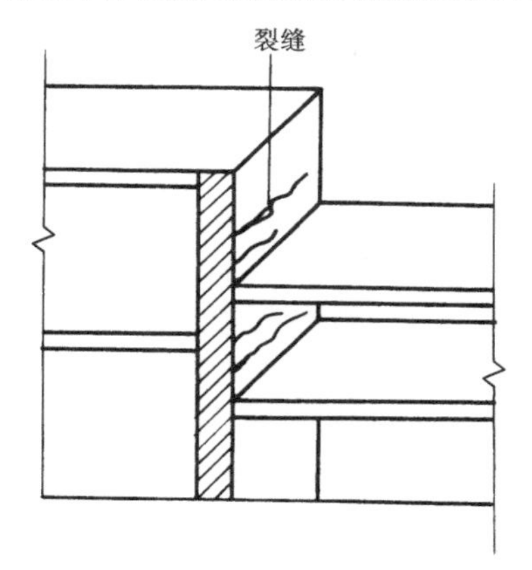

图 4-6　楼板错层处的水平裂缝

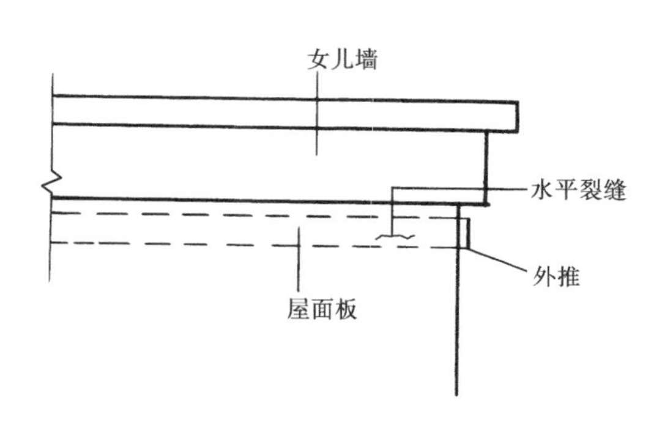

图 4-7　角与屋面交接处的水平裂缝

（二）沉降裂缝

由地基不均匀沉降引起的裂缝，简称沉降裂缝。

1. 裂缝特征

裂缝多数出现在房屋的下部，少数可发展到 2～3 层；对等高的长方形房屋，裂缝位置大多出现在两端附近；其他形状的房屋，裂缝多在沉降变化剧烈处附近；一般都出现在纵墙上，横墙上较少见。当地基性质突变（如基岩变土）时，也可能在房屋的顶部出现裂缝，并向下延伸，严重时可贯穿房屋全高。较常见的是斜向裂缝，通过门窗口的洞口处缝较宽；其次是竖向裂缝，不论是房屋上部，或窗台下，或贯穿房屋全高的裂缝，其形状一般是上宽下细；水平裂缝较少见，有的出现在窗角，靠窗角一端缝较宽；有的水平裂缝是地基局部塌

陷而造成的，裂缝往往较大。大多数出现在房屋建成后不久，也有少数工程在施工期间明显开裂，严重的不能竣工。裂缝随地基变形和时间增长加大、加多。一般在地基变形稳定后，裂缝不再变化，极个别的地基产生剪切破坏，裂缝发展导致建筑物倒塌。

2. 原因分析

地基土的压缩性有明显差异处，尤其是存在着局部软弱地基，易产生沉降裂缝；房屋刚度差；房屋高度或荷载差异大，又不设沉降缝；地表水大量侵入地基，如侵入有湿陷性黄土地基引起的不均匀沉降，或侵入膨胀土地基引起的不均匀变形；在房屋周围开挖土方或大量堆载；在已有建筑物附近新建高大建筑物；建筑平面的转角部位；房屋结构或基础类型不同处。用精确的测量手段测出沉降曲线，在该曲线曲率较大处出现的裂缝可能是沉降裂缝。例如：

1）房屋不等高，墙壁上发生与水平约呈45°角的斜裂缝，裂缝从断面较弱的窗口开始，向一边升高（图4-8），说明在房屋高层和低层连接部分，地基因荷载分布不均而产生了不均匀下沉，斜裂缝升高一边，地基下沉较大。

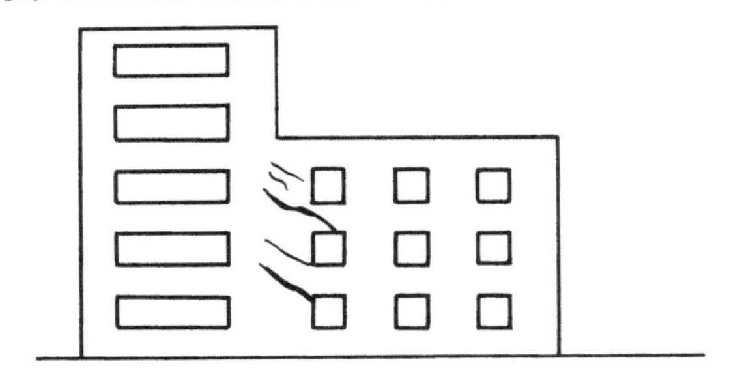

图4-8　与水平约呈45°角的斜裂缝

2）地基和荷载分布均匀，但平面形状凹凸的房屋，如果在凹角出现了向凹角升高的斜裂缝（图4-9），说明凹角处应力重叠，沉降较大。

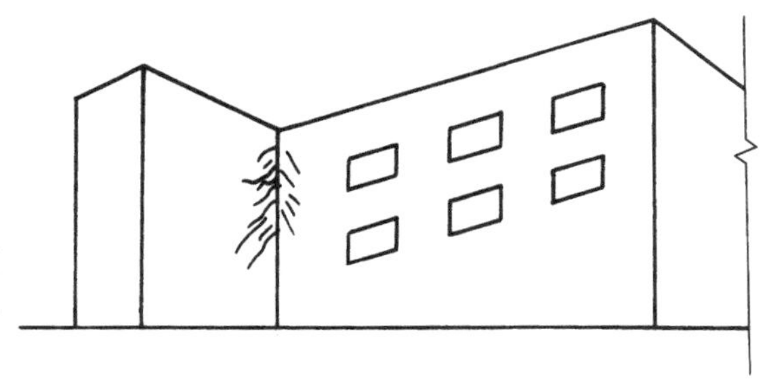

图4-9　向凹角升高的斜裂缝

3）高大的房屋与低小的房屋相距较近，而低小房屋在临近高大房屋一端的墙上，产生向高大房屋升高的斜裂缝（图4-10）。若低小房屋先建造，这种裂缝更严重。这说明低小房屋地基受到高大房屋的影响，造成低小房屋地基不均匀沉降。即使相邻房屋等高，但建造时间有先后，也可能出现这种裂缝。

4）房屋有相邻高、低单元，在近高单元纵墙上，屋面板下面出现水平裂缝，裂缝口靠近高单元一端较宽，远端较细；在低单元上部出现向高单元倾斜的斜裂缝，该裂缝自上向下发展，近高单元处更显著（图4-11）。这说明高低单元之间的沉降缝宽度不够或被堵塞，低单元由于不均匀沉降而向高单元倾斜。

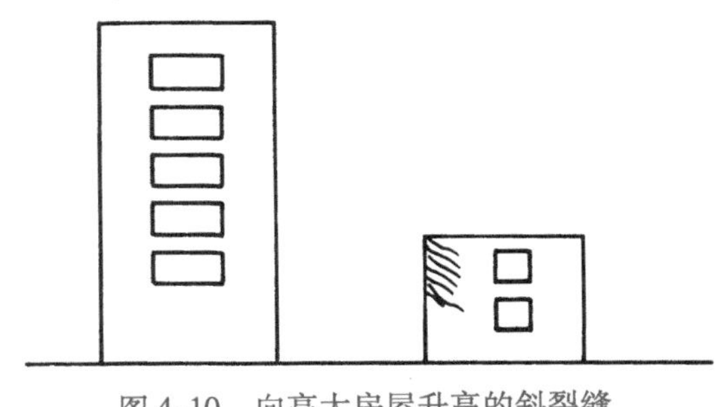

图4-10　向高大房屋升高的斜裂缝

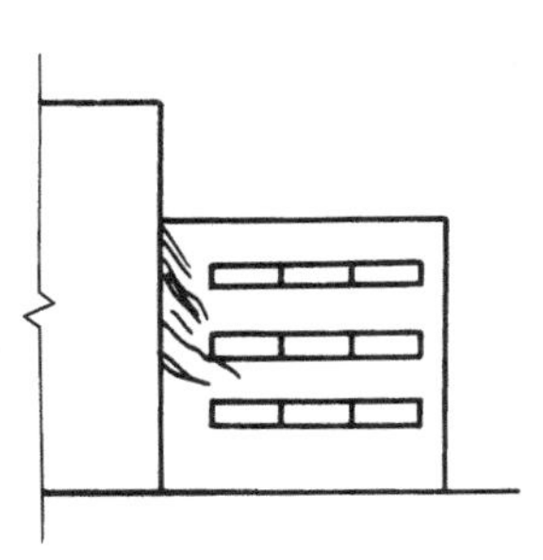

图4-11　向高单元倾斜的斜裂缝

5）房屋底层窗台墙上出现上宽下窄的竖向裂缝。原因可能是由于窗间墙沉降使窗台墙向上弯曲而造成的，或是窗间墙与窗台墙因荷载差异过大，灰缝压缩不一，在窗口边部产生了剪力，在中间产生了拉力而造成的。

（三）荷载裂缝

由于承载能力不足引起的裂缝，简称荷载裂缝。由于砖石砌体的抗拉强度较小，结构脆性较大，裂缝荷载比较接近或几乎相等于破坏荷载，因此，砖石砌体的荷载裂缝，往往是砌体破坏的特征或前兆，应及时分析和处理。

1. 裂缝特征

多数出现在砌体应力较大部分，在多层建筑中，底层较多见，其他各层也有可能发生。轴心受压柱的裂缝往往在柱下部1/3高度附近，出现在柱上、下端的较少。梁或梁垫下砌体的裂缝大多数是局部承压强度不足造成的。受压构件裂缝方向与应力一致，裂缝中间宽两端细；受拉裂缝与应力垂直，较常见的是沿灰缝开裂；受弯裂缝在构件的受拉区外边缘较宽，受压区不明显，多数裂缝沿灰缝开展；砖砌平拱在弯矩和剪力共同作用下可能产生斜裂缝；受剪裂缝与剪力作用方向一致。大多数发生在荷载突然增加时，如大梁拆除支撑；水池、筒仓启用等。受压构件开始出现断续的细裂缝，随荷载或作用时间的增加，裂缝贯通，宽度加大而导致破坏。其他荷载裂缝可随荷载增减而变化。

2. 原因分析

出现荷载裂缝的主要原因有：结构构件受力较大或截面削弱严重的部位；超载或产生附加内力，如受压构件中出现附加弯矩等易产生荷载裂缝。荷载裂缝往往与横向或竖向变形无明显的关系。例如：

1）如长条形墙壁的中间部分，从墙脚到窗台出现水平裂缝或斜裂缝（图4-12），缝口下宽上窄，裂缝开始出现的速度很快，说明房屋中部地基软弱，沉陷较大，造成整个地基沉降不均匀，使房屋墙身向下弯曲。如果裂缝口上宽下窄，说明两端的沉陷比中部大。

图4-12　从墙脚到窗台的水平裂缝或斜裂缝

2）大梁端部下面的墙身产生竖向裂缝（图4-13），这是由于砌体局部抗压强度不足所致。

3）在房屋承重墙垛或砖柱的约1/3高度范围出现中间宽、两头窄的垂直裂缝，且墙垛或砖柱两侧表面呈剥落状态，说明房屋负荷过大，或荷载突增，墙垛或砖柱抗压强度不够。

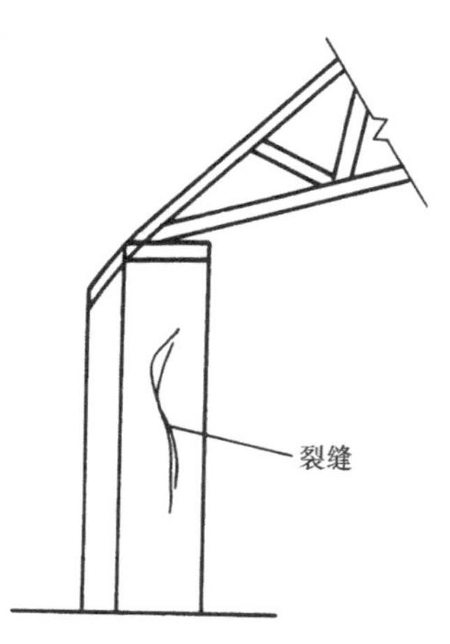

图4-13　竖向裂缝

（四）裂缝预防

1. 防止裂缝的基本原则

防止裂缝的基本原则归结起来有以下几点：

1）工程设计前需了解建筑场地范围的工程地质情况，对建筑物场地进行周详的勘察，弄清地质条件。在施工过程中若发现不良填土等应妥善处理。

2）房屋的体形应力求简单，尽量避免平面凹凸曲折，立面高低起伏。房屋分段长度与高度比值应尽可能减少。

3）结构布置应尽量使各部分荷载较均匀传递到基础上，避免部分受力过分集中。

4）基础设计应遵守设计规范的有关规定，基础形式选择要适当，应作必要的沉降量计算。

5）在施工时，应先建较重的部分，后建较轻的部分，对于沉降速度较慢的软土地基，需辅以其他措施，如打砂桩、顶压等加速沉降。

6）保证施工质量，遵守施工操作规程，严格按图施工，加强材料配置方面的管理。

7）采取防裂措施时，应明确各房屋不同的要求，具体情况具体分析，防止片面性。

2. 防止裂缝的建筑措施

为了防止砖混结构的房屋裂缝，在房屋总体布置方面应作以下考虑：

1）在宽度 10～15m 的多层房屋总体布置或群体建筑中插建时，高大房屋与低小房屋的距离宜控制在 10～12m。当此距离不能满足时，应辅以其他措施。

2）高大房屋与低小房屋相距较近时，低小房屋的长边宜平行于高大房屋的相邻边。

3）低小房屋与高大房屋相距较近，刚度又较差，同时在施工时又不能很好地安排，而且其长边与高大房屋相邻边垂直，应将低小房屋作分段处理。

3. 在结构措施方面应考虑的因素

1）在下列情况下应设置沉降缝：

① 房屋高低差别较大或荷载差别较大时，应设沉降缝，将高度或荷载不同部分分开。

② 房屋平面形状比较复杂时，不论高低都要分开。

③ 地基不均匀时，结构类型不同时，地基处理方法不同时，房屋的一部分有地下室、其余部分无地下室，分期建造时应分开。

2）在有高低差别或荷载差别大的单元组合房屋中，若需设置地下室时，地下室则宜设置在较高或较重单元下，这样可减少高低或轻重单元之间的差异沉降。

3）在单元或分段单元内，合理布置承重墙，尽量使纵墙拉直、拉通并贯穿房屋全长，避免中断、转折。横墙间距宜不超过房屋宽度的 1.5 倍或 20m。

4）在砖墙中设置钢筋混凝土圈梁。圈梁高应不小于 180mm，配置的纵向钢筋应不小于 4Φ10，必要时梁高和钢筋还需加强。

5）圈梁布置应沿房屋外墙四周封闭，内纵墙上亦应有圈梁拉通，有关间距应按有关规范设置。

6）开窗面积应适当控制。墙身局部开孔削弱过大时，应采用钢筋混凝土框、梁等构造补强。

7）对防裂要求较高的房屋，不宜采用中间设置柱子、四周为承重砖墙的内框架结构形式。

8）用油毡将屋面板与墙顶分割开，做成滑动面。为了保证滑动面平整，铺油毡前用砂浆严格找平，油毡以铺两皮为宜。

9）为了减少平面房屋顶层两端“八”字形裂缝，必要时可在顶层裂缝敏感区的墙两侧加钢筋网片。

10）平屋面隔热层宜做在屋面结构层上面。

11）温度伸缩缝和沉降缝的宽度，一般不得小于 5cm，缝内需保持通畅，不得填塞。

12）屋面保温层与整浇层及女儿墙侧面脱开。

13）为了防止底层窗台上出现裂缝，可在底层窗台墙中配置通长的细钢筋，或把窗台线做成小型钢筋混凝土过梁，或在窗台墙下做反拱。

14）大梁搁置在墙上时，在大梁支座下应设置钢筋混凝土梁垫。

（五）处理砌体裂缝的常用方法

处理砌体裂缝的常用方法有：

1）表面修补，如填缝封闭、加筋嵌缝等。

2）校正变形。

3）加大砌体截面。

4）灌浆封闭或补强。

5）增设卸荷结构。

6）改变结构方案，如增加横墙，将弹性方案改为刚性方案；柱承重改为墙承重；砌体结构改为混凝土结构等。

7）砌体外包钢丝网水泥，或钢筋混凝土和钢结构。

8）加强整体性，如增设构造柱、钢拉杆等。

9）表面覆盖，对建筑物正常使用无明显影响的裂缝，为了美观的目的，可以采用表面覆盖装饰材料，而不封堵裂缝。

10）将裂缝转为伸缩缝：在外墙出现随环境温度而周期性变化且较宽的裂缝时，封堵效果往往不佳，有时可将裂缝边缘修直后，作为伸缩缝处理。

11）其他方法：若因梁下未设混凝土垫块，导致砌体局部承压强度不足而裂缝，可采用后加垫块方法处理。对裂缝较严重的砌体有时还可采用局部拆除重砌等。

二、墙体渗漏水事故

1. 事故特征

墙体渗漏水事故特征主要表现为：外墙或窗框周边遇风雨天气出现渗水、漏水，使室内墙面潮湿、污损，损坏装饰面层或家具；悬挑阳台根部渗水；砌体上各种埋件锚脚缝隙渗水，污染外墙面。以上现象都影响建筑物的正常使用。

2. 原因分析

墙体渗漏水事故的原因可归纳如下：

1）墙体砌筑不规范，灰缝砂浆不饱满，留有空隙。

2）穿墙孔洞如脚手架眼未封堵密实。

3）窗框周边与墙体接触面的缝隙没有填嵌密实或因砂浆干缩产生裂缝。

4）悬挑阳台下表面向内倾斜，雨水易沿斜面流淌到墙的根部，污染墙面。

5）铁爬梯及其他预埋铁件与墙体连接处封堵不严而渗水，致使铁锈污水污染外墙面。

3. 预防措施

墙体施工时应加强管理，瓦工需先经培训学习“三一”砌砖法后再上岗，及时封堵墙面的一切孔洞；嵌堵窗框缝隙时应先清洗接触面，然后在砂浆中加入一定量的胶体将缝隙嵌堵密实，窗套外口应做滴水槽，宽10mm，深10mm；对悬挑板应注意在底部抹灰时做好滴水槽，滴水槽距外边线20mm，槽深10mm，宽10mm，斜挑部分的外口和根部都要做滴水槽；所有预埋铁件在预埋前均应除锈，外露部分要涂刷优质防锈漆，预埋件周围待砂浆硬化后填嵌柔性防水密封胶，预埋件在砂浆没有硬化前，严禁碰撞和敲动。

三、砌体局部倒塌

1. 事故特征

砌体局部倒塌最多的部位是柱、墙工程。

2. 原因分析

柱、墙结构破坏倒塌的原因主要有以下几种。

1）设计构造方案欠佳或计算错误。例如单层房屋长度虽不大，但一端无横墙时仍按刚性方案计算，必导致倒塌；又如跨度较大的大梁搁置在窗间墙上，大梁和梁垫现浇成整体，墙梁连接节点仍按铰接方案设计计算，也可导致倒塌；再如单坡梁支承在砖墙或柱上，构造或计算方案不当，在水平分力作用下倒塌等。

2）设计强度不足。不少柱、墙倒塌是由于未设计计算而造成的。有许多套用图样应用时未经校核或校核不准，如再遇上施工质量不佳，常常会引起房屋倒塌。事后验算，其强度都达不到设计规范的规定。此外计算错误也时有发生。

3）稳定性不足。有些设计人员只注意了墙体承载力的计算，忽视了墙体高厚比和局部承压计算。高厚比过大的墙体过于单薄，容易引起失稳破坏。大梁下的砖柱、窗间墙的局部承压强度不足，如不设计梁垫或梁垫尺寸过小，则会引起局部砌体被压碎，造成整个墙体的倒塌。任意削减砌体截面尺寸，导致承载力不足或高厚比超过规范规定而失稳倒塌。

4）施工期间失稳。例如灰砂砖含水率过高，砂浆太稀，砌筑中失稳垮塌；毛石墙砌筑工艺不当，又无足够的拉结力，砌筑中也易垮塌。一些较高墙的墙顶构件没有安装时，形成一端自由，易在大风等水平荷载作用下倒塌。

5）材料质量差。砖墙强度不足或用断砖砌筑，砂浆实际强度低等原因均可能引起倒塌。

6）施工工艺错误或施工质量低劣。例如现浇梁、板拆模过早，这部分荷载传递至砌筑不久的砌体上，因砌体强度不足而倒塌；墙轴线错位后处理不当；砌体变形后用撬棍校直；配筋砌体中漏放钢筋；冬期采用冻结法施工，解冻期无适当措施等，均可导致砌体倒塌。

7）旧房加层。不经论证就在原有建筑上加层，导致墙柱破坏而倒塌。

3. 预防措施

从施工的角度考虑，要预防局部倒塌事故的发生，必须严格按施工工艺要求进行。一般民用建筑如：住宅由于有较密的横墙，横墙对纵墙有支撑作用，纵横墙的自由高度均较小，不会发生因墙体自由高度过大而失稳的破坏；对横墙较少层高较大的一些建筑，尤其是工业建筑中没有横墙的厂房、仓库等，山墙的自由高度较大，施工时应引起足够的重视，尚未安装楼（屋）面板的墙、柱应适当加设支撑，控制其自由高度，防止遇大风而将墙体吹倒。仅因施工错误而造成的局部倒塌事故，一般采用按原设计重建方法处理。但是多数倒塌事故均与设计和施工两方面的原因有关，这类事故均需重新设计后，严格按照施工规范的要求重建。

任务三　冬期施工质量事故分析与处理

当室外日平均气温连续 5d 稳定低于 5°C 时，砌体工程应采取冬期施工措施。冬期施工措施不当会给工程质量埋下很多隐患，甚至产生严重后果。冬期施工经常出现的质量问题有以下几方面。

一、盲目使用掺盐砂浆

1. 事故特征

采用掺盐砂浆具有施工方法简单、造价低、货源易于解决等优点，因而在冬期施工中被广泛应用。由于该种砂浆吸湿性大，保温性能下降，并有析盐现象等，所以不是全部工程都能使用。若盲目使用到配筋砌体、变电所、发电站以及热工要求高或湿度大于60%的建筑工程中，会有后遗症而影响使用功能，规范规定：配筋砌体不得采用掺盐砂浆法砌筑。

2. 原因分析

1）施工管理不善，误认为冬期施工采用掺盐砂浆就可砌筑一切工程的墙体。

2）技术交底不清，没有明确掺盐砂浆的配制要求和适用范围。

3. 处理方法

1）必须检查下列工程，如发现使用掺盐砂浆，要立即停止使用。

① 装饰有特殊要求的工程。

② 高压电线路的建筑物（如变电所、发电站等）。

③ 热工要求高的工程。

④ 房屋使用时，湿度大于60%的建筑物。

⑤ 经常受40℃以上高温影响的建筑物。

⑥ 经常处于地下水变化范围及水下未设防水层的结构。

⑦ 配有钢筋、铁埋件未作防腐处理的砌体。

2）已经使用掺盐砂浆砌好的墙体，须经常用水浇淋，然后再抹灰。

4. 预防措施

1）在砂浆中掺入一定量的盐类，能使砂浆抗冻，提高早期强度，而且强度还能继续增长，并与砖石有一定黏结力，除禁止使用的工程范围以外，一般工程均可采用掺盐砂浆砌筑。

2）施工人员应按不同负温界限控制砂浆中的掺盐量。当砂浆中氯盐掺量过少时，砂浆的溶液会出现大量的冰结晶体，使水泥的水化反应极其缓慢，甚至停止，降低早期强度，达不到预期效果；如氯盐掺量过多，砂浆后期强度会显著下降，同时导致砌体析盐量过多，增大吸湿性，降低保温性能，影响室外装饰的质量和效果。

二、抗冻砂浆不抗冻

1. 事故特征

抗冻砂浆不抗冻的事故特征表现为：按冬期施工要求配制的抗冻砂浆，使用后砌体不抗冻，造成返工和不必要的损失。

2. 原因分析

1）配制的抗冻砂浆原材料不合格。

2）抗冻砂浆的配合比达不到抗冻规定的负温度，砂浆搅拌不计量使砂浆不抗冻。

3）抗冻砂浆拌好后停留的时间过长，使砂浆已初凝、冻结。

3. 处理方法

1）当发现抗冻砂浆不抗冻时，施工人员要停止使用，查明原因及时纠正。更换外加剂，调整配合比，认真计量等。

2）当不抗冻的砂浆已用于砌体时，施工人员要具体研究并处理；影响工程质量的必须

拆除，更换合格的抗冻砂浆重砌。

4. 预防措施

1）检查配制抗冻砂浆的原材料，必须全部符合规范要求，应用普通硅酸盐水泥，必须事先弄清外加剂的化学成分、性能，而且明确掺量。

2）抗冻砂浆配合比必须由试验室经过试验确定，应满足下列要求：

① 经过标准养护28d，硬化后应达到设计规定的强度。

② 满足砌筑要求的流动性。

③ 砂浆在运输和使用时不得产生泌水、分层、离析等现象，要保证砂浆组分的均匀性。

④ 满足抗冻性、防腐性方面的要求。

3）砌筑砂浆强度等级：冬期施工砂浆强度等级一般不应低于M2.5，重要部位和结构处不应低于M5。必要时可按设计规定提高一级砂浆强度等级。

4）砂浆拌制应严格按配合比计量搅拌。砂中不得含有冰块；根据环境温度确定拌和用水的温度；搅拌机棚要保暖，运输车要保暖、防冻；外加剂要严格按气温要求确定掺量。

5）冬期施工时，砌筑砂浆使用时的温度不应低于5℃。

三、砖砌体早期受冻

1. 事故特征

用普通砂浆砌筑的砖砌体，在寒流袭来时没有采取保温措施，砖砌体受冻后砂浆酥松无强度。

2. 原因分析

1）施工管理不善，对冬期施工的重视不够，防冻、抗冻技术措施不力，没有做好冬期施工技术交底工作、冬期施工计划工作和防冻的物资准备工作。

2）有的施工管理人员不重视冬期施工技术，不熟悉规范和操作规程中的有关规定，没有满足砖砌体的保温要求。

3. 处理方法

检查受冻的砖砌体，拆除早期受冻墙顶的一皮砖，刮除受冻的砂浆，扫刷干净，用掺抗冻剂砂浆重砌；等开冻后，刮除灰缝表面受冻酥松的砂浆层，在抹灰时用高强度砂浆刮平嵌实。

4. 预防措施

1）加强施工管理，充分做好冬期施工的防冻工作；准备好防冻的物资和材料，加强冬期施工的技术措施，收听气象预报，掌握施工环境气温的变化。

2）加强砌筑砂浆的管理，确保搅拌砌筑砂浆的温度、稠度、抗冻性能；-5～-10℃时使用的砂浆强度必须满足规定。

3）控制砌筑质量：砌砖墙必须采取“三一”砌砖法，使砂浆与砖的接触面能充分结合，提高砌体的抗压、抗剪强度。严格控制砌砖的水平缝厚度和竖缝的宽度不大于10mm。

4）每到收工时，施工人员应将砌体表面和侧面覆盖好草帘等，上面再压一皮砖以防吹掉。

任务四　砌体的加固方法

当砌体的裂缝是因强度不足而引起的，或已有倒塌先兆时，必须采取加固措施。常用的加固方法见表4-1。

表 4-1　砌体加固方法与适用条件

序　号	加 固 方 法	适 用 条 件
1	水泥灌浆法	砌体裂缝后补强
2	扩大砌体截面法	适用于砌体承载力不足，但砌体尚未压裂，或仅有轻微裂缝，而且要求扩大截面面积不太大的情况
3	钢筋水泥夹板墙	墙承载能力不足
4	外包钢筋混凝土	砖柱或窗间墙承载力不足
5	增设或扩大扶壁柱	用于提高砌体承载力和稳定性
6	外包钢	砖柱或窗间墙承载力不足
7	托梁加垫	梁下砌体局部承压能力不足
8	托梁换柱或加柱	砌体承载力严重不足，砌体碎裂严重、可能倒塌的情况
9	增加预应力撑杆	大梁下砌体承载力严重不足
10	增设钢拉杆	纵横墙连接不良，墙稳定性不足
11	增加横墙或砖柱承重改为墙承重	弹性方案改为刚性方案；砖柱承载力不足改为砖墙，成为小开间建筑

一、水泥灌浆法

水泥灌浆主要用于砌体裂缝的补强加固，常用的灌浆方法有重力灌浆和压力灌浆两种。

1. 重力灌浆法

重力灌浆法是利用浆液自重灌入砌体裂缝中达到补强的目的。重力灌浆法施工要点如下。

1）裂缝：形成灌浆通路。

2）面封缝：用1∶2水泥砂浆（内加促凝剂）将墙面裂缝封闭，形成灌浆空间。

3）设置灌浆口：在灌浆入口处凿去半块砖，埋设灌浆口（图4-14）。

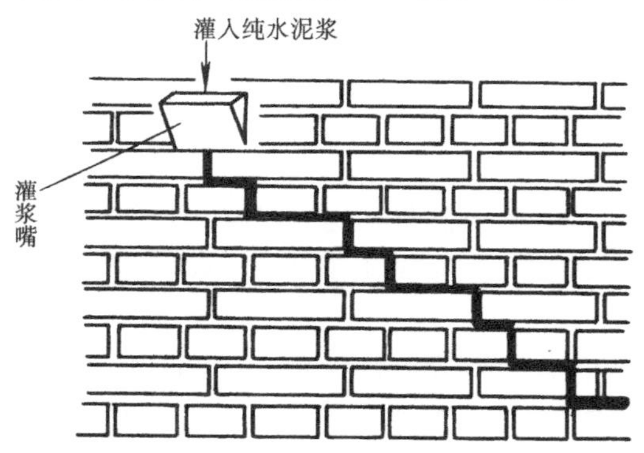

图 4-14　重力灌浆示意图

4）冲洗裂缝：用灰水比为1∶10的纯水泥浆冲洗并检查裂缝内浆液流动情况。

5）灌浆：在灌浆口灌入灰水比为3∶7或2∶8的纯水泥浆，灌满并养护一定时间后，拆除灌浆口再继续对补强处局部养护。

2. 压力灌浆法

压力灌浆法是应用灰浆泵把浆液压入裂缝中达到补强的目的。这种方法在北京、天津、上海等地使用过，并做过试验，证明修补效果良好。压力灌浆法施工要点如下。

1）裂缝清理：清理的目的在于形成灌浆通道。

2）浆口（嘴）留设：水泥压力灌浆可通过预留的灌浆口或灌浆嘴进行。灌浆口预留的方法是先用电钻在墙上钻孔，孔直径30～40mm，孔深10～20mm，冲洗干净；再用长40mm

的1/2in钢管做芯子，放入孔中；然后用1:2或1:2.5水泥砂浆封堵压实抹平，待砂浆初凝后，拔除钢管芯即成灌浆口。灌浆嘴的做法与灌浆口相似，不同的是钢管直径常用5～10mm，管子预埋后不拔除，即成灌浆嘴。

3）灌浆口布置：在裂缝端部及交叉处均应留灌浆口，其余灌浆口的间距见表4-2。墙厚≥370mm时，应在墙两面都设灌浆口。

表4-2 灌浆口间距参考表

裂缝宽度/mm	<1	≥1且≤5	>5
灌浆口间距/mm	200～300	300～400	400～500

4）封缝：清除裂缝附近的抹灰层，冲洗干净后，用1:2或1:2.5水泥砂浆封堵裂缝表面，形成灌浆空间。

5）灌水湿润：在封缝砂浆达到一定强度后，用灰浆泵将水压入灌浆口，压力为0.2～0.3MPa（也可将自来水直接注入灌浆口），使灌浆通道畅通。

6）浆液配制：灌浆浆液可参考表4-3选用。

表4-3 裂缝宽度和浆液种类选用参考表

裂缝宽度/mm	0.3～1.0	1.0～5.0	5.0
浆液种类	纯水泥稀浆	纯水泥稠浆	水泥混合砂浆

水泥灌浆浆液中需掺入悬浮型外加剂，常用的有108胶和水玻璃等。

7）设备组装：常用灰浆泵或自制灌浆设备。

8）压力灌浆：灌浆顺序自下而上地进行，压力为0.2～0.25MPa，当附近灌浆口流出浆液或被灌口停止进浆后，方可停灌。当墙面局部漏浆时，可停灌15min或用快硬水泥砂浆封堵后再灌。在靠近基础或空心板处灌入大量浆液后仍未灌满时，应增大浆液浓度或停1～2h再灌。

9）二次补灌：全部灌完后，停30min再进行二次补灌，提高灌浆密实度。

10）表面处理：封堵灌浆口或拆除（切断）灌浆嘴，表面清理抹平。

二、扩大砌体截面法

扩大砌体截面法主要适用于砌体承载能力不足，但砌体尚未压裂，或仅有轻微裂缝，而且要求扩大截面面积不太大的情况。一般的独立砖柱、砖壁柱、窗间墙和其他承重墙的承载能力不足时，均可采用此法加固。

1. 加固要求

（1）材料要求：砌体扩大部分的砖强度等级与原砌体的相同，砂浆强度比原用的提高一级，且不低于M2.5。

（2）连接构造：扩大砌体截面加固法通常考虑新旧砌体共同承受荷载，因此，加固效果取决于两者之间的连接状况，常用的连接构造有下述两种。

1）砖槎连接：原有砌体每隔4皮砖高，剔凿出一个深为120mm的槽，扩大部分砌体与此预留槽仔细连接，新旧砌体形成锯齿形连接（图4-15）。

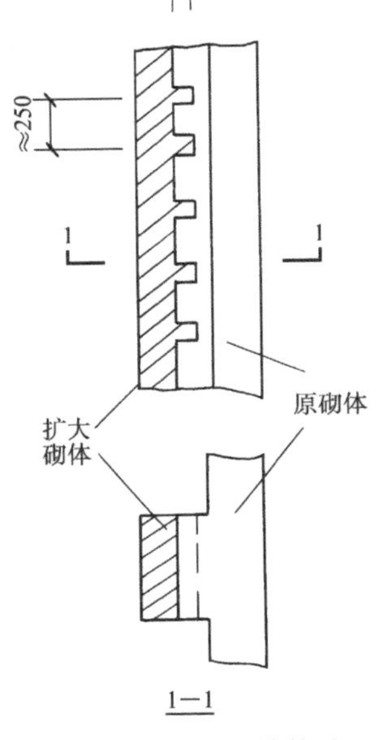

图4-15 砖槎连接构造

2）钢筋连接：原有砌体每隔6皮砖高钻洞或凿开一块砖，用

M5 砂浆锚固Φ6 钢筋，将新旧砌体连接在一起（图 4-16）。

2. 施工注意事项

（1）结构卸荷和临时支撑：采用这种加固方法，原载体承载能力已不足，加固时又要部分折减或剔凿，使有效截面减小，因此加固宜在结构卸荷后进行。如卸荷困难，应在上部结构可靠支承后再施工。

（2）原砌体准备：原有砌体剔凿后，要认真清理干净，浇水并保持充分湿润。

（3）扩大砌体砌筑：新砌体含水率应在 10% ~15%。砌筑砂浆要有良好的和易性，砌筑时应保证新旧砌体接缝严密，水平及垂直灰缝饱满度都要达到 90% 以上。

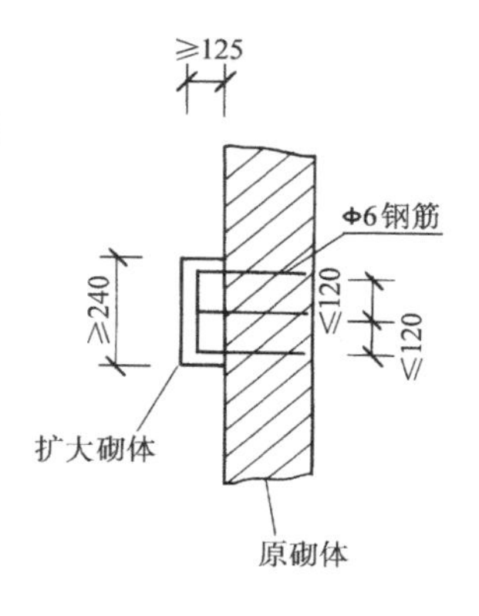

图 4-16 钢筋连接构造

三、钢筋水泥夹板墙

钢筋水泥夹板墙主要用于墙承载能力不足的加固。承载能力严重不足的窗间墙或楼梯踏步承重墙采用此法加固时，往往在墙的四角外包角钢，以增加承载能力。钢筋网水泥浆法加固砖墙，是指把需加固的砖墙表面除去粉刷层后，两面附设Φ4 ~Φ8 的钢筋网片，然后喷射砂浆（或细石混凝土）的加固方法（图 4-17）。由于通常对墙体作双面加固，所以加固后的墙俗称为夹板墙。夹板墙可以较大幅度地提高砖墙的承载力、抗侧刚度以及墙体延性。目前钢筋网水泥浆法常用于下列情况的加固：

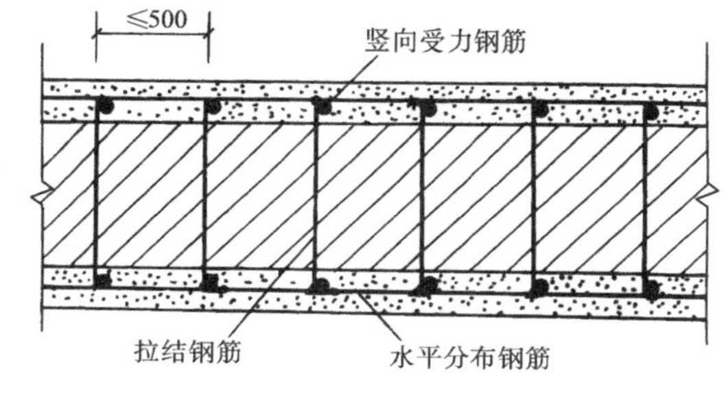

图 4-17 钢筋网水泥加固墙体

（1）因施工质量差，而使砖墙承载力普遍达不到设计要求。

（2）窗间墙等局部墙体达不到设计要求（图 4-18）。

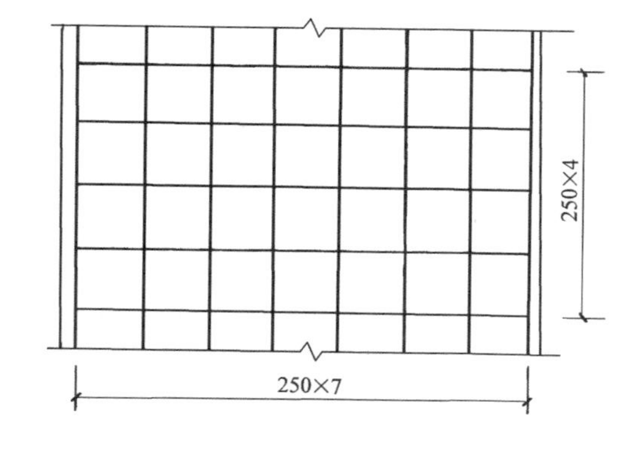

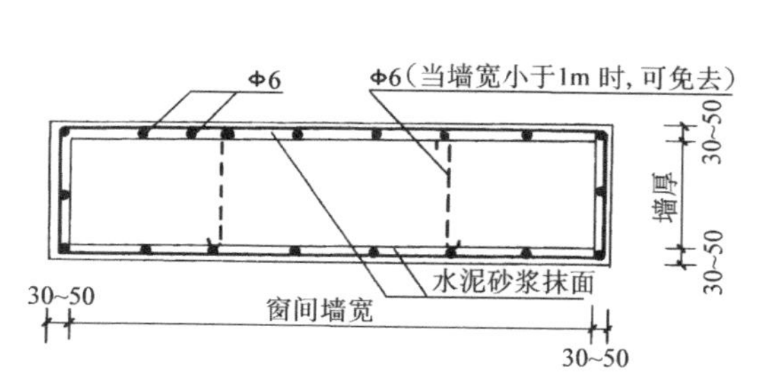

图 4-18 钢筋网水泥砂浆加固窗间墙

（3）因房屋加层或超载而引起砖墙承载力的不足。

（4）因火灾或地震而使整片墙承载力或刚度不足等。

下述情况不宜采用钢筋网水泥浆法进行加固：

孔径大于 15mm 的空心砖墙及 240mm 厚的空斗砖墙；砌筑砂浆强度等级小于 M0.4 的墙

体；因墙体严重酥碱，或油污不易消除，不能保证抹面砂浆黏结质量的墙体。

1. 夹板墙构造要求

加固层应满足下列构造要求：

1）采用水泥砂浆面层加固时，厚度宜为20～30mm；采用钢筋网水泥砂浆面层加固时，厚度宜为30～45mm；当面层厚度大于45mm时，其面层宜采用细石混凝土。

2）面层水泥砂浆强度等级宜为M7.5～M15。面层混凝土强度等级宜采用C15或C20。

3）钢筋网需用Φ4～Φ6穿墙“S”筋与墙体固定。“S”筋间距不应大于500mm，对于单面加固的墙体，其钢筋网可用Φ4“U”形筋钉入墙内（代替“S”筋），与墙体固定。为加强钢筋网与墙体的固定，必要时在中间还可以增设Φ4的“U”形筋或用铁钉钉入墙体砖缝内。

4）受力钢筋的保护层厚度，不应小于表4-4中的数值，受力钢筋距砌体表面的距离，不应小于5mm。

表4-4　受力钢筋的保护层厚度　（单位：mm）

构件类别	环境条件	
	室内正常环境	露天或室内潮湿环境
墙	15	25
柱	25	35

5）受力钢筋宜采用Ⅰ级钢筋，对于混凝土面层，亦可采用Ⅱ级钢筋。受压钢筋一侧的配筋率，对砂浆面层，不宜小于0.1%；对混凝土面层，不宜小于0.2%。受拉钢筋的配筋率，不应小于0.1%。受力钢筋的直径不应小于8mm。

6）箍筋（横向筋）按构造配置，间距不应大于20倍受压钢筋的直径及500mm，并不应小于120mm。

7）钢筋网的横向钢筋遇到门窗洞口时，宜将钢筋沿洞边弯成90°的直钩加以锚固。

8）墙面穿墙“S”筋的孔洞必须用机械钻成。

2. 夹板墙的施工注意事项

为保证加固层与原墙面可靠黏结，施工应注意如下事项：

1）做好原墙面清理工作，对于原墙面损坏或酥碱部位，应拆除修补。

2）对黏结不牢、强度低的粉刷层应铲除，并刷洗干净。

3）抹水泥砂浆前，应先湿润墙面。

4）水泥砂浆须分层抹，每层厚度不大于15mm。

5）水泥砂浆应在环境温度为5℃以上时进行施工，并认真做好养护。

四、外包钢筋混凝土

外包钢筋混凝土主要用于砖柱承载能力不足的加固。外包混凝土加固砖柱包括单侧、两侧外包混凝土层加固（简称侧面加固）和四周外包混凝土加固两种情况，如图4-19所示。

1. 侧面外包钢筋混凝土加固

当砖柱承受的弯矩较大时，往往采用仅在受压面增设混凝土层的加固方法（图4-19a）或双面增设混凝土层的方法（图4-19b）予以加固。采用侧面加固时，新旧柱的连接接合非常重要。为此，双面加固时应采用连通的箍筋；单面加固时应在原砖柱上打入混凝土钉或膨

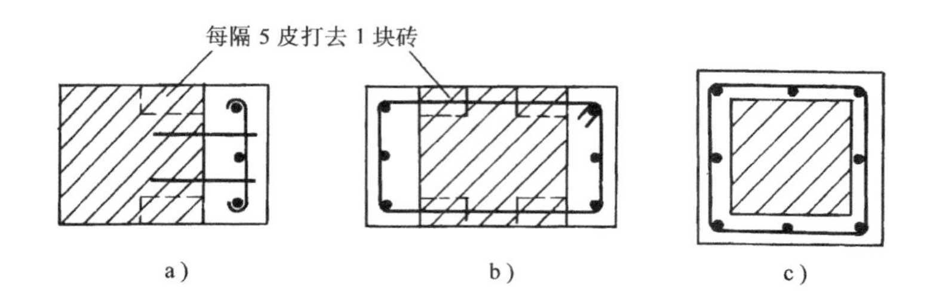

图4-19　外包混凝土加固砖柱
a) 侧面外包　b) 双面外包　c) 四周外包

胀螺栓等。此外，无论单面加固还是双面加固，当高度大于37cm时，应对原砖柱的角砖，每隔5皮打掉一块，使新混凝土与原砖柱能很好地咬合（图4-19a、b）。施工时，各角部被打掉的角砖应上下错开，并应施加预应力顶撑，以保证安全。新浇混凝土的强度等级宜用C15或C20，受力钢筋距砖柱的距离不应小于50mm，受压钢筋的配筋率不宜小于0.2%，直径不应小于8mm。

2. *四周外包混凝土加固砖柱*

四周外包混凝土加固砖柱的效果较好，对于轴心受压砖柱及小偏心受压砖柱，其承载力的提高效果尤为显著。当外包层较薄时，外包层亦可用砂浆，砂浆等级不得低于M7.5。外包层应设置Φ4～Φ6的封闭箍筋，间距不宜超过150mm。由于封闭箍筋的作用，使砖柱的侧向变形受到约束，受力类似于网状配筋砖砌体。

五、增设或扩大扶壁柱

扶壁柱有砖砌和钢筋混凝土两种，主要用于提高砌体承载能力和稳定性。

1. *砖扶壁柱加固*

常用的砖扶壁柱加固形式如图4-20所示，其中图4-20a、b表示单面增设的砖扶壁柱，图4-20c、d表示双面增设的砖扶壁柱。增设的砖扶壁柱与原砖墙的连接，可采用插筋法和挖镶法。

（1）插筋法：插筋法的连接情况如图4-20a、b、c所示。具体做法如下：

1）将新旧砌体间的粉刷层剥去，并冲洗干净。

2）在砖墙的灰缝中打入Φ^b4或Φ^b6的连接插筋，如果打入插筋有困难，可用电钻钻孔，然后将插筋打入。插筋的水平间距应小于120mm（图4-20a），竖向间距以240～300mm为宜（图4-20c）。

3）在开口边绑扎Φ^b3的封口筋（图4-20c）。

4）用M5～M10的混合砂浆、MU7.5级以上的砖砌筑扶壁柱，宽度不应小于240mm，厚度不应小于125mm。当砌至楼板底或梁底时，应采用膨胀水泥砂浆补塞最后5层水平灰缝，以保证补强砌体有效地发挥作用。

（2）挖镶法：挖镶法的连接情况如图4-20d所示。具体做法是：先将墙上的顶砖挖去，然后在砌两侧新壁柱时，将“镶砖”镶入。在旧墙内镶砖时的灰浆最好掺入适量膨胀水泥，以保证镶砖与旧墙之间上下顶紧。砖扶壁柱的间距及数量，由计算确定。

2. *混凝土扶壁柱加固*

混凝土扶壁柱的形式如图4-21所示，它可以帮助原砖墙承担较多的荷载。

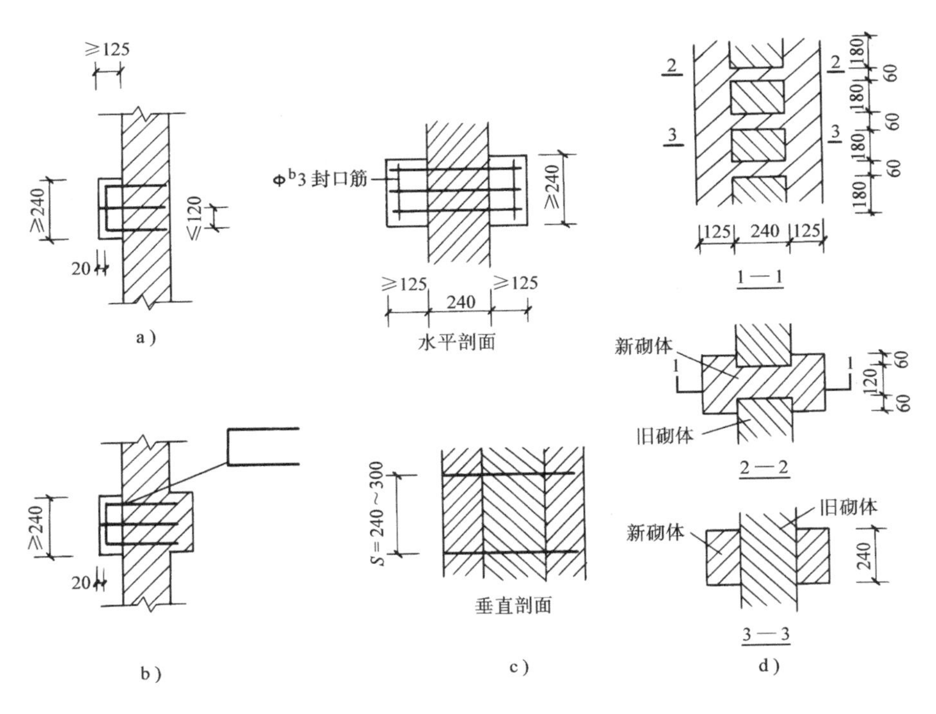

图 4-20　常用的砖扶壁柱加固形式

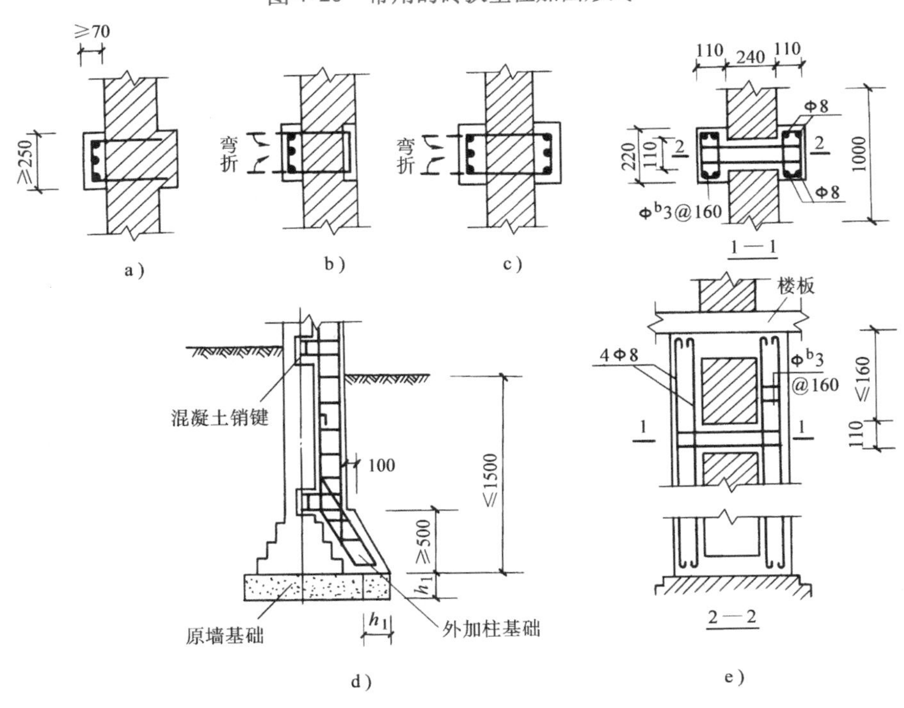

图 4-21　混凝土扶壁柱的形式

混凝土扶壁柱与原墙的连接是十分重要的。对于原带有壁柱的墙，新旧柱间可采用图 4-21a所示的连接方法，它与砖扶壁柱基本相同。当原墙厚度小于 240mm 时，U 形连接筋应穿透墙体并进行弯折。图 4-21c、e 的加固形式能较多地提高原墙体的承载力。图 4-21a、 b、c 中的 U 形箍筋的竖向间距不应大于 240mm，纵筋直径不宜小于 12mm。图 4-21d、e 所示为销键连接法。销键的纵向间距不应大于 1m。混凝土扶壁柱用 C15～C20 级混凝土，截面宽度不宜小于 250mm，厚度不宜小于 70mm。

用混凝土加固原砖墙扶壁柱的方法如图 4-22 所示，补浇的混凝土最好采用喷射法施工。为了减少现场工作量，对图 4-22a 所示的原砖墙扶壁柱的加固，可采用 2 个开口箍和 1 个闭口箍间隔放置的办法。开口箍应插入原砖墙缝内，深度不小于 120mm，闭口箍在穿过墙体后再行弯折。当插入箍筋有困难时，可先用电钻钻孔，再将箍筋插入。纵筋的直径不得小于 8mm。

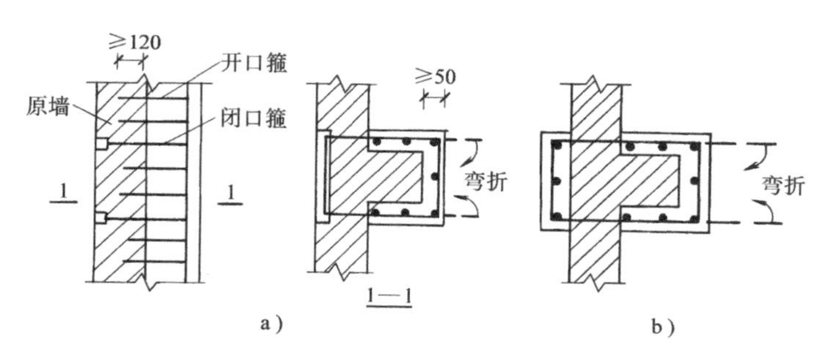

图 4-22　用混凝土加固原砖墙扶壁柱的方法

六、外包钢

外包钢主要用于砖柱或窗间墙承载能力不足的加固。外包钢加固法的优点是：在基本不增加砌体尺寸的情况下，可较多地提高其承载力，大幅度地增加其抗侧力和延性。据试验，抗侧力甚至可提高 10 倍以上，因而它本质上改变了砌体脆性破坏的特征。外包钢加固法主要用来加固砖柱（图 4-23）和窗间墙（图 4-24）。

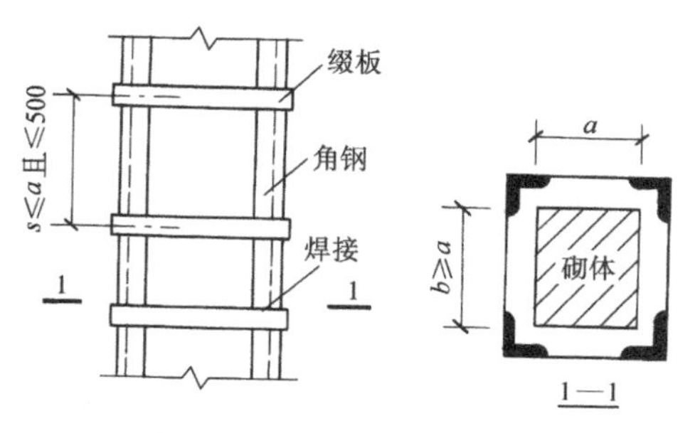

图 4-23　外包钢加固法

外包角钢加固砖柱的一般做法是：用水泥砂浆将角钢粘贴于受荷砖柱的四角，并用卡具夹紧，用缀板将角钢连成整体，随后去掉卡具，抹水泥砂浆以保护角钢。角钢应可靠地锚入基础，在顶部应有良好的锚固措施，以保证其有效地参与工作。由于窗间墙的宽度比厚度大得多，因而如果仅采用四角外包角钢的方法加固，则不能有效地约束墙的中部，起不到应有的作用。因此，当墙的高厚比大于 2.5 时，宜在窗间墙中部两面竖向各增设一根扁钢，并用螺栓将它们拉结。加固结束后，抹以砂浆保护层，以防止角钢生锈。外包的角钢不宜小于 50mm×5mm，扁铁和缀板可采用 35mm×5mm 或 60mm×6mm。

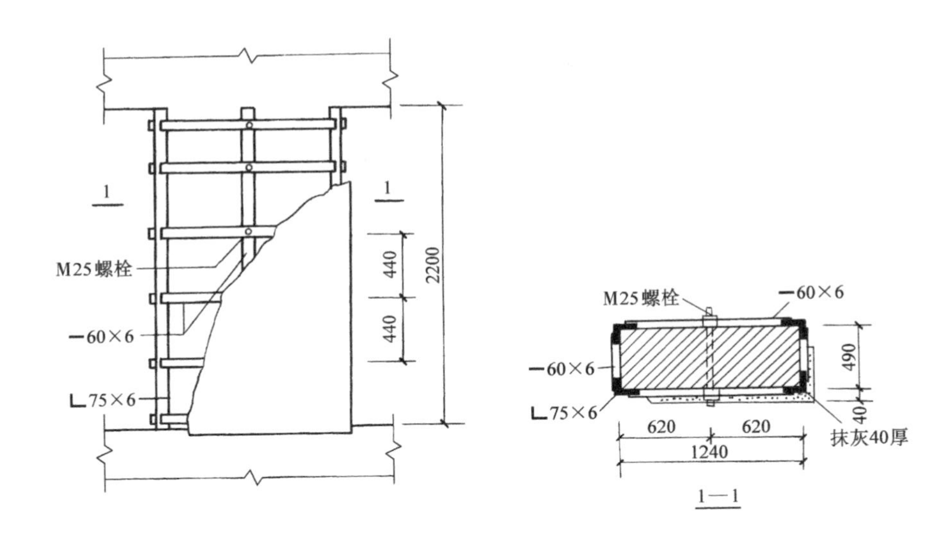

图 4-24　外包钢加固窗间墙

七、托梁加垫

托梁加垫主要用于梁下砌体局部承压能力不足时的加固，梁垫有预制和现浇两种。

1. 加预制梁垫法（图 4-25）

（1）梁下加支撑：通过计算确定梁下应加的支撑种类、数量和截面尺寸，梁上荷载由临时支撑承受。

（2）部分拆除重砌：将梁下被压裂、压碎的砖砌体拆除，用同强度砖和强度高一级的砂浆重新砌筑，并留出梁垫位置。

（3）安装梁垫：当砂浆达到一定强度后（一般不低于原设计强度 70%），新砌砖墙浇水润湿，铺 1:2 水泥砂浆再安装预制梁垫，并适当加压，使梁垫与砖砌体接触紧密。

（4）楔紧和填实梁与梁垫之间的空隙：梁垫上表面与梁底面间留 10mm 左右空隙，用数量不少于 4 个的钢楔子挤紧，然后用较干的 1:2 水泥砂浆将空隙填塞严实。

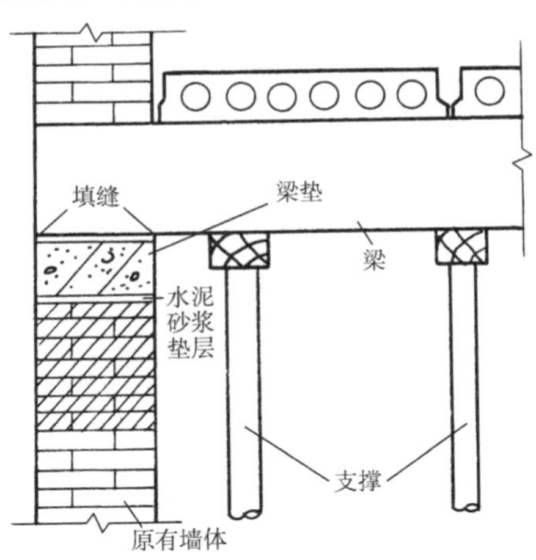

图 4-25　加预制梁垫法

（5）拆除支撑：待填缝砂浆强度达 5MPa 和砌筑砂浆达到原设计强度时，将支撑拆除。

2. 加现浇梁垫方法

（1）、（2）同前述。

（3）现浇梁垫：支模浇筑 C20 混凝土梁垫，其高度应超出梁底 50mm（图4-26）。

（4）拆除支撑：在现浇梁垫混凝土强度达到 14MPa 后拆除支撑。

八、托梁换柱或加柱

托梁换柱或加柱主要用于砌体承载能力严重不足，砌体碎裂严重可能倒塌的情况。

1. 托梁换柱

托梁换柱主要用于独立砖柱承载力严重不足时。先加设临时支撑，卸除砖柱荷载，然后根据计算确定新砌砖柱的材料强度和截面尺寸，并在柱顶梁下增加梁垫，施工方法参见本节第七点。

2. 托梁加柱

托梁加柱主要用于大梁下的窗间墙承载能力严重不足时。首先设临时支撑，然后根据规范的规定，并考虑全部荷载均由新加的钢筋混凝土柱承担的原则，计算确定所加柱的截面和配筋。部分拆除原有砖墙，接槎口呈锯齿形（图4-27），然后绑扎钢筋、支模和浇混凝土。此外，还应注意验算地基基础的承载力，如不足还应扩大基础。

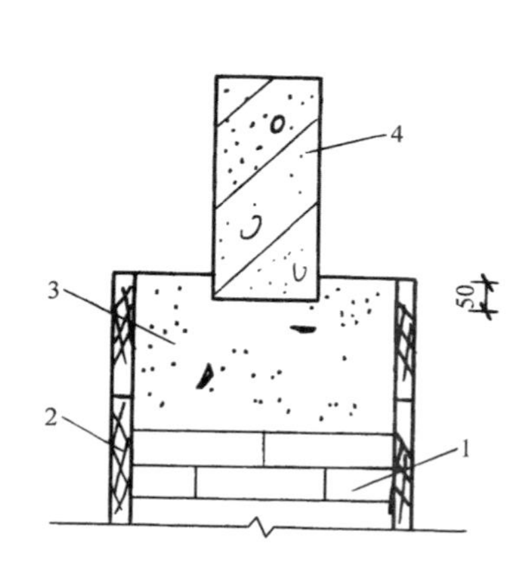

图4-26 加现浇梁垫补强

1—砖柱 2—模板 3—现浇梁垫 4—钢筋混凝土梁

图4-27 砖墙部分拆除加柱

九、增设钢拉杆

增设钢拉杆主要用于纵横墙接槎不好，墙稳定性不足的加固。采用方法有钢拉杆局部拉结加固法（图4-28）和通长拉杆加固法（图4-29）。一般均采用通长拉结法加固。当每一开间均加一道拉杆时，拉杆钢筋直径参考表4-5。沿墙长方向设几道拉杆，应根据实际情况而定。纵横墙接槎处裂缝严重时，一般每米墙高设一道拉杆。

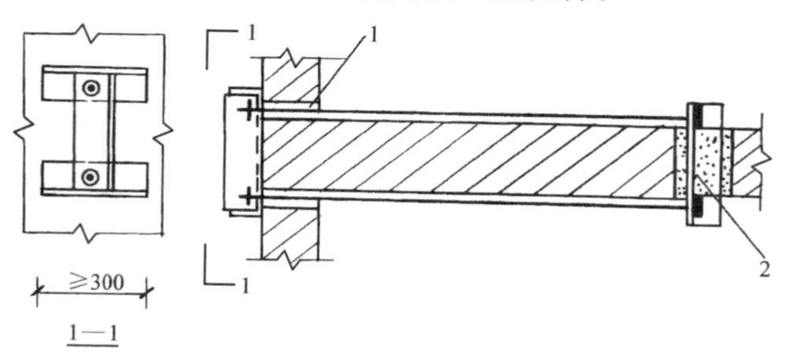

图4-28 钢拉杆局部拉结加固

1—墙钻孔穿拉杆后用1:1水泥砂浆堵塞 2—C20细石混凝土

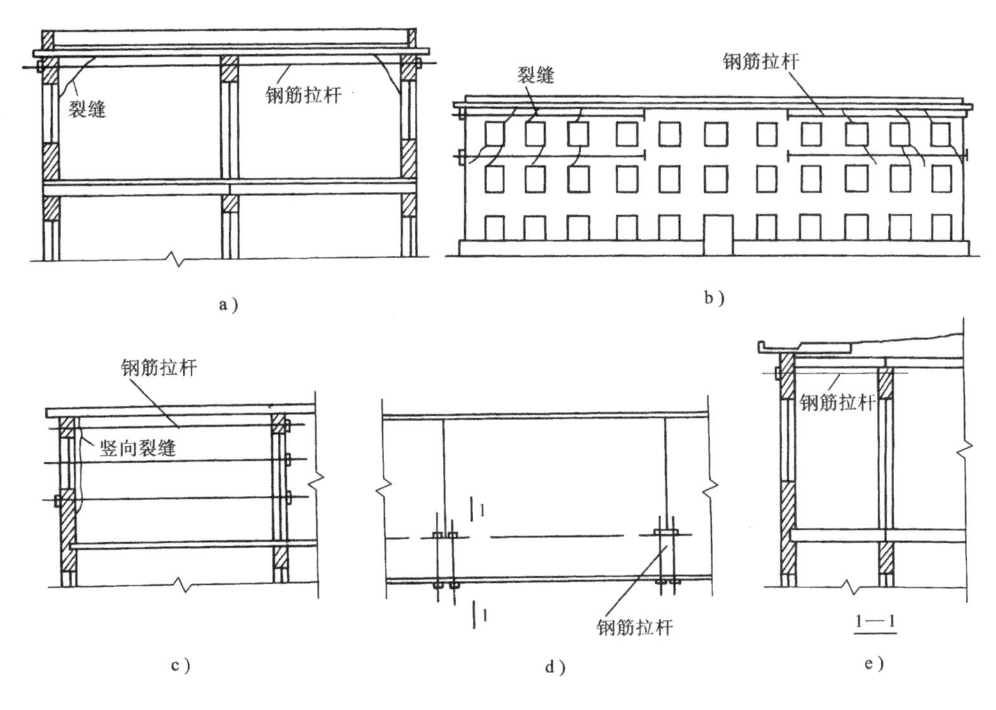

图 4-29 通长拉杆加固法

表 4-5 钢拉杆与房间进深关系

房间进深/m	5～7	8～10	11～14
钢拉杆	2⌀16	2⌀18	2⌀20

十、改变结构方案

1. 增加横墙

对于空旷房屋需增加足够刚度的横墙，其间距不超过规范规定，将房屋的静力计算方案从弹性改为刚性。

2. 砖柱承重改为砖墙承重

原为砖柱承重的仓库、厂房或大房间，因砖柱承载能力严重不足而改为砖墙承重，成为小开间建筑。

箴言故事园

砌体结构住宅因其容易就地取材，墙体具有良好的耐火性和较好的耐久性，能够隔热和保温等显著的优点，在我国广大农村地区大为普及。《黄帝内经》云：“宅者，人之本，人以宅为家，居若安则家代昌吉，人因宅而立，宅因人得存，人宅相扶，感通天地”，揭示了建筑与人密不可分的关系。住宅历来是人们稳定生活的最基本条件，在安土重迁的民族意识中，建筑作为历史的记录者，不仅是遮风挡雨的物质居所，更是人与自然和谐相处的精神家园。家是最小国，国是最大家，村落民居建筑孕育着中国人的家国情怀。顺应自然，利用自然，振兴乡村，留住乡愁，将生态文明思维与建筑融为一体，将中国农耕文明的物质载体传统建筑保护和发展融为一体，学好砌体结构知识，把握砌体结构建筑主体、构件、装饰等各部位的关键所在，服务乡村振兴战略，为建设生态宜居的美丽乡村贡献自己的力量。

模块小结

本模块主要讲述了砌体结构常见的温度裂缝、地基变形裂缝及荷载裂缝的特征、成因以及加固措施。温度裂缝一般不影响结构安全；沉降裂缝绝大多数不会严重恶化危及结构安全；荷载裂缝是因结构承载能力或稳定性不足而危及结构安全的裂缝，应引起足够的重视。

裂缝加固处理的方法：对于温度裂缝，在经过一段时间观测，待裂缝变化稳定时，采用封闭保护或局部修复方法进行处理；对于沉降裂缝，待地基沉降基本稳定后，作局部修复或封闭堵塞处理，如地基变形长期不稳定，影响建筑物正常使用时，应先加固地基，再作处理；对于荷载裂缝，应及时采取卸载或加固补强等方法处理。

思考题

4-1　砖砌体施工中有哪些较典型的质量问题？
4-2　砌筑砂浆易产生哪些质量问题？
4-3　如何预防砌块质量问题引起的工程事故？
4-4　砌体砌筑过程中常见的质量问题有哪些？
4-5　加气混凝土砌块砌体施工时应注意哪些问题？
4-6　小型混凝土空心砌块墙体施工应注意哪些问题？
4-7　砌体工程中墙体局部损坏的主要表现是什么？
4-8　砌体结构的裂缝对建筑物的影响有哪些？
4-9　常见的墙体裂缝有哪些？产生墙体裂缝的因素主要有哪些？
4-10　柱、墙结构破坏倒塌的原因有哪些？如何预防此类工程事故的发生？
4-11　冬期施工经常出现的质量问题有哪些？
4-12　砌体的加固方法主要有哪些？

实践训练园

模块五　钢结构工程质量事故分析与处理

学习要点： 掌握钢结构工程中常见的构件制作质量事故、安装工程质量事故的重要特征、预防措施以及钢结构工程的一般加固方法。

钢结构以其重量轻、截面小、强度高、受力可靠、施工方便等优点被广泛用于工业厂房的承重结构、大跨度建筑物的屋盖结构、多层及高层结构、大跨度桥梁、钢井架、轻型结构等领域。在长期应用过程中，人们在钢结构的材料性能、设计方法、制作安装工艺、防腐处理和维护加固等方面积累了丰富的经验；同时，由于设计、制作、施工过程中可能产生的各种缺陷和其他一些外部原因的作用，钢结构也有可能遭受各种破坏，从而导致各种质量事故。

案例解析园

案例一　焊接缺陷造成的事故

1. 事故概况

2010 年 12 月 15 日凌晨，内蒙古自治区鄂尔多斯国际那达慕运动场的赛马场西区发生主体钢结构坍塌事故。坍塌跨度约为 150m。坍塌处已是废墟，断裂的钢材和钢筋混凝土四处铺陈。坍塌现场图片如图 5-1 所示。

图 5-1　坍塌现场图片

2. 原因分析

事故发生后，中国钢结构协会专家委员会对事故进行了现场勘察鉴定。专家组认定，这是一起施工质量事故。

（1）西看台罩棚焊缝存在严重质量缺陷，个别杆件接料不规范，这是导致事故发生的主要原因。

（2）2010年12月5日钢罩棚工程完工后现场全面停工进入冬歇期，用于罩棚钢结构焊接的24个支撑柱开始卸载，由于西侧（西区）看台钢结构罩棚部分焊缝存在严重质量缺陷，遇到骤冷的天气（事发当天气温从零下十几度骤降到了－24℃），材料的韧性和拉力衰减，导致钢材的脆性增大，钢结构罩棚出现较大伸缩而发生塌落。

（3）工程管理混乱。设计方对该工程的整体设计方案未完善，设计方案到事故发生前都未通过政府有关部门的会审，是典型的边设计、边施工工程；施工过程中，相关质量监管缺失，整个工程中有近十个单位参与各类项目，工程动工后一直没有进行过相关验收，主体钢结构虽然竣工，也并没有单独对这一项目进行验收（已经使用中），这是违规的——按照标准程序，每一个独立项目完成之后都要进行验收。

（4）抢工建设，违背工程建筑的基本规律。这个钢材消耗规模接近奥运场馆“鸟巢”的工程，从设计、采购、加工，到制作、运输、安装，整个环节工期仅为105天。工程建设有三项指标：质量、造价和工期，工期短会加大安全风险，很多工程由于赶工期、做献礼等，造成工程存在质量隐患。一个建筑工期是经过合理严格的测算的，加速不可能不影响到工程质量。

案例二 设计错误引发的事故

1. 事故概况

太原某通信楼工程网架为焊接空心球节点棋盘形四角锥网架，支承方式为上弦周边支承，如图5-2所示。杆件及空心球节点的材料均采用Ⅰ级钢（Q235）。网架钢管上弦为$\phi73\times4$、下弦为$\phi89\times4.5$、腹杆为$\phi38\times3$，空心球节点规格为$\phi200\times6$。图样注明网架杆件与节点的连接焊缝为贴角焊缝，焊缝厚度7.5mm，焊条规格为T42型。

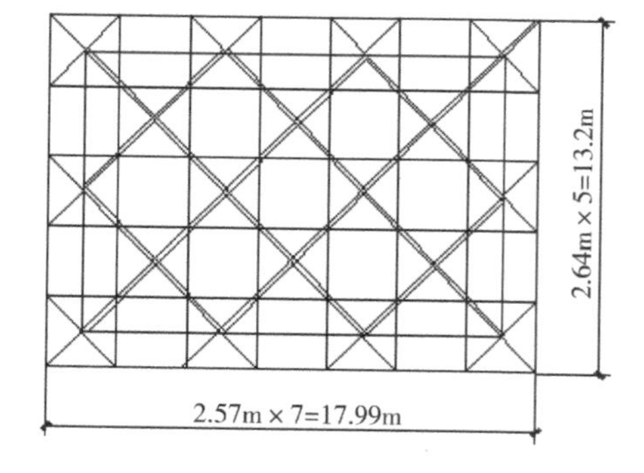

图5-2 网架平面图

网架制作于5月，历时15天；同月27日用塔吊整体吊装平移就位；同年9月铺设钢筋混凝土屋面板（共35块）。在铺完29块后，因中部6块板尺寸有误，需重新预制，故铺屋面板工程拖至次年4月15日完成。6月2—4日进行屋面保温层、找平层施工，同时网架下弦架设吊顶龙骨，6月5—7日连续中雨、大雨，7日凌晨网架塌落，伴有巨响，网架由短跨一端塌下，另端尚挂在圈梁上。

从破坏现场来看，网架上下弦变形不凸出，但因腹杆弯折，上下弦叠合在一起，腹杆大量出现S形弯曲；杆件与空心球节点连接焊缝破坏形式是在焊缝热影响区钢管被拉断，或因焊缝未焊透、母材未熔合使钢管由焊缝中拔出。

2. 原因分析

（1）设计原因。网架的计算有误，整个网架的全部杆件包括上弦、下弦和腹杆的截面

面积均不足。致使在网架屋面施工过程中，实际荷载仅为设计荷载的2/3时，网架就遭到破坏。网架的塌落由于受压腹杆失稳造成，当受压腹杆失稳退出工作后，整个网架迅速失稳而塌落。

（2）施工原因

1）网架焊缝存在质量问题。从破坏现场发现，钢管与空心球的连接焊缝破坏有多处是未焊透或母材未熔合，使钢管由焊缝中拔出。这种焊缝本应是对接焊缝，呈V形坡口焊接。虽然施工图中不正确地选用了贴角焊缝，但是，对贴角焊缝母材未熔也是不能允许的。

2）网架上弦节点上为形成排水坡度而设置的小立柱，本是中间高两边低。而施工中竟做成两边高中间低，致使屋面积水，发现问题后，不返工重做，反而将中间保温层加厚用以形成排水坡，既浪费材料又加大了厂房屋面荷载。

3）网架支柱的预埋件不按图样设计位置做。预埋钢板下的锚固钢筋竟错误地置于圈梁保护层内，塌落时锚固钢筋自保护层中剥落。

盲目认为网架是高次超静定空间结构，安全度高，忽视其受力的复杂性，甚至不问设计条件盲目套用其他网架是导致网架质量事故的思想根源。另外网架结构的焊接质量要求较高，一般建筑施工队伍中的焊工，应进行专业培训持合格证后方能参加网架的焊接工作。

案例三　设计不合理造成的事故

1. 事故概况

深圳某国际展览中心工程由展厅、会议中心和一座16层的酒店组成，总的建筑面积约为42000m²，其中展厅面积为7200m²，共有5个展厅。其平面示意图如图5-3所示。

9月深圳地区受台风影响，普降大暴雨，总降雨量为130.44mm，尤其是7日5—6时，降雨量达60mm/h。7时左右，4号展厅网架倒塌。经过现场调查发现，网架全部塌落，东边屋面构件大面积散落于地面，其余部分虽仍支承于柱上，但是仍可发现纵向下弦杆及部分腹杆压屈；在倒塌现场发现大量的高强螺栓被拉断或折断，部分杆件有明显的压屈，大量的套筒因受弯而呈屈服现象；从可观察到的杆件上没有发现杆件拉断及明显的颈缩现象，也未发现杆件与锥头焊缝拉开；轴支座附近斜腹杆被压屈，且该支座的支承柱向东有较大倾斜。在事故调查中，根据有关人员反映，4号展厅网架建成后，曾多次发现积水现象，事故现场两个排水口表面均有堵塞。

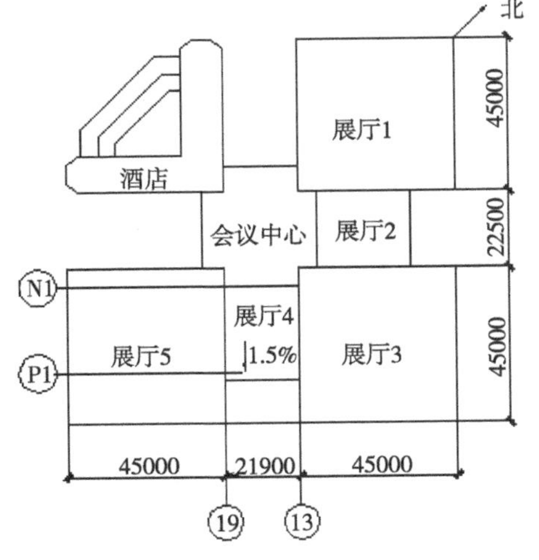

图5-3　某国际展览中心平面示意图

2. 原因分析

根据屋面排水系统设计计算复核，4号展厅除承担本身雨水外，还要承担由会议中心屋面溢流而来的雨水，而4号展厅屋面本身并未设置溢流口，且雨水斗设置不合理，不能有效地排除屋面上的雨水，导致网架积水、超载。根据原设计荷载，对该展厅网架结构进行了复算，在原设计荷载下，网架结构可以满足设计要求。

按实际情况，考虑到1.5%的找坡以及排水天沟的影响，以三角形分布荷载及天沟的积水荷载进行了结构分析，当屋面最深处积水达35cm时，轴支座节点附近受压腹杆内力接近于压杆压屈的临界荷载，该处支座拉杆的拉力已超过高强螺栓M27的允许承载力。当屋面最深处积水达45cm时，上述两处支座的$\phi 88 \times 3.6$腹杆的压力已超过其压屈的临界荷载，该处的斜腹杆拉力已超过了M27高强螺栓的极限承载力。所以当屋面有35～45cm积水时，该网架轴支座反力大于原设计荷载时的反力值。支座附近的腹杆压屈，拉杆的高强螺栓拉断，导致网架倒塌。但此时网架拉杆均仍在弹性范围内，而高强螺栓已超过其极限承载力被拉断，从而得出高强螺栓的安全度低于杆件的安全度。从计算分析得出的结论与现场的情况是吻合的。

3. 注意事项

（1）对于有积水可能的屋面，尤其是点支承网架，活荷载（积水荷载）的分布应按实际情况考虑，简单地按均布荷载处理是欠妥的。

（2）一定要注意网架上屋面排水系统的设计与维护，这在我国南方暴雨地区尤为重要，本工程的屋面排水设计存在着不合理之处。

（3）高强螺栓一定要有足够的安全度，在倒塌事故现场尚未发现拉杆拉断及颈缩现象，而高强螺栓被拉断，说明高强螺栓的安全度低于杆件的安全度。在这一事故中对于某些高强螺栓的破坏机理及原因尚不作进一步的检验和探讨，但这样低的安全度是网架破坏的主要原因之一。

提升施工方案编制水平，防范化解重大安全风险

任务一　构件制作质量事故分析与处理

钢材的质量主要取决于冶炼、浇铸和轧制过程中的质量控制。如果某个环节出现问题，将会使钢材质量下降并含有这样那样的缺陷。钢结构的加工制作全过程是由一系列工序组成的，钢结构的缺陷除去钢材本身的缺陷外还可能产生于各工种的加工工艺中。

现从以下几个方面分析构件制作中经常出现的事故：钢材质量、加工制作、焊接质量、钢材锈蚀等。

一、材料质量及加工中的事故

1. 事故特征

1）使用的钢材质量低劣，达不到设计要求，影响建筑的安全度。

2）材料本身存在一些变形或因场地不平、组装方法不正确引起变形。

3）放样尺寸有偏差。

4）构件的冷加工引起的钢材硬化和微裂纹。

2. 预防措施

1）钢材应根据设计要求选用，并应具有质量证明书。当对钢材的质量有怀疑时，应按国家现行有关标准的规定进行抽样检验。

2）钢材必须符合现行国家标准。

3）钢材在下料前和拼接后的变形，超过技术规定的范围时，均须进行矫正，合格后方可进行施工。

4）放样和下料前必须先矫正原材料的偏差、弯曲和扭曲，合格后方可使用。

5）放样、下料时，要放足收缩余量。梁、桁架等受弯构件在放样和下料时，要考虑起

拱量。

6）组装前，零件、部件应经检查合格；连接接触面和沿焊缝边缘 30～50mm 范围内的铁锈、毛刺、污垢、冰雪等，应清除干净；板材、型材的拼接应在组装前进行；构件的组装应在部件组装、焊接、矫正后进行。

7）要放足尺寸大样，杆件组装后，在拼装时要先检验杆件的外形尺寸是否符合标准，对照足尺大样组装后再安装。

二、焊接质量事故

1. 事故特征

1）焊接材料质量与设计要求不符。

2）焊缝有气孔、夹渣、不均匀。

3）焊缝长度、宽度、高度等不满足构造要求。

4）焊接变形（包括纵向、横向、角变形，弯曲、扭转和波浪等变形）。焊接工艺不当，如焊接电流大、焊条的直径粗、焊接速度慢等，会引起较大的焊接变形。焊接次序不当，如还未焊接好分部件就总拼焊接，容易产生较大的焊接变形。装配不当，如装配得不直或强制装配，装配定位焊少，容易引起焊后变形。对焊的焊缝高、焊缝大，收缩变形亦大。构件的纵向变形，主要取决于横截面面积和弦杆截面的尺寸。构件的弯曲变形，主要取决于截面的抗弯刚度。

5）焊接带来的残余应力和残余应变、应力集中等。

6）热影响区母材的塑性、韧性降低，钢材硬化、变脆和开裂。

2. 预防措施

1）根据设计图样要求，核对钢材、焊接材料的质量，必须使其满足设计规定，其技术条件应分别符合现行国家标准的规定。

2）施工单位对其首次采用的钢材、焊接材料、焊接方法、焊后热处理等，应按规定进行评定，根据评定报告确定焊接工艺。

3）施焊前，应复检焊件接头质量和焊区的处理情况，当不符合要求时，应经修整合格后方可施焊。

4）多层焊接宜连续施焊，每一层焊道焊完后应及时清理检查，消除缺陷后再焊。

5）在保证结构安全的前提下，焊缝尺寸不应过大。宜对称设置焊缝，尽量减少交叉焊缝和密集焊缝。受力不大或不受力构件，可采用间断焊缝。

6）设计要求全焊透的一、二级焊缝应采用超声波进行内部缺陷的检验，超声波探伤不能对缺陷作出判断时，应采用射线探伤，其内部缺陷分级及探伤方法应符合现行国家标准《钢焊缝手工超声波探伤方法和探伤结果分级》（GB/T 11345—2013）或《金属熔化焊焊接接头射线照相》（GB/T 3323—2005）的规定。

三、钢材锈蚀

1. 事故特征

钢材锈蚀带来钢构件的截面减损，逐步削弱结构的承载力和可靠度。当腐蚀变成锈坑时，则促使钢结构产生脆性破坏，抗冷脆性能下降。锈蚀会导致构件过早损坏或需要频繁维修。

2. 预防措施

1）钢材表面的质量除应符合国家现行有关标准的规定外，尚应符合下列规定：当钢材表面有锈蚀、麻点或划痕等缺陷时，其深度不得大于该钢材厚度负偏差值的1/2。钢材表面锈蚀等级应符合现行国家标准。

2）施工前对钢材表面认真进行除锈工作，除锈后应保持干燥，及时进行防锈涂刷，即涂刷防锈底漆。

3）构件表面除锈时，手工除锈的表面处理必须达到规定要求。一般采用中度喷砂来除去绝大部分氧化皮、浮锈及油污垢等异物，再用钢丝板刷、压缩空气进行表面清理。处理后构件表面呈金属灰色。

4）涂层使用的年限，除了受表面处理的影响外，很大程度与涂层结构是否合理有关。在设计涂层上要按10~15年的周期来考虑。必须有底涂、腻子、二道底涂和面涂组成。第一层底涂是保证可靠的黏结和起防锈、防腐、防水的作用；第二层刮腻子起平整表面的作用；第三层二道底涂层起填补细孔和加强牢固程度的作用，能增加使用年限；第四层面涂层是保护底涂层，并使表面获得要求的色泽，起装饰作用；第五层罩光面层涂层是在面涂层外再涂一层罩光清漆和面漆，起增加光泽和耐腐蚀等作用。

施工时当天使用的涂料应在当天配制，不得随意添加稀释剂。涂装时的环境温度和相对湿度应符合涂料产品说明书的要求；当无要求时，环境温度宜在5~18℃，相对湿度不应大于85%。构件表面有结露时不得涂装。涂装后4h内不得淋雨。涂装表面应均匀，无明显起皱、流挂，附着应良好。

任务二　安装质量事故分析与处理

1. 事故特征

1）运输过程中引起结构或构件产生的较大变形和损伤。

2）吊装过程中引起结构或其构件的较大变形和局部失稳。

3）安装过程中没有足够的临时支撑或锚固，导致结构或其构件产生较大的变形、丧失稳定性，甚至倾覆等。

4）施工连接（焊缝、螺栓连接）的质量不满足设计要求。

5）铆钉或螺栓孔引起构件截面削弱。

6）铆合质量差或螺栓连接在长期动荷载作用下，铆钉和螺栓松动。

7）板件间紧密程度不够。

8）高强度螺栓连接预拉力松弛引起滑移变形。

9）使用期间由于地基不均匀沉降等原因造成结构损坏。

10）没有定期维护使结构出现较重腐蚀，影响结构的可靠性。

2. 预防措施

1）长细比较大的钢柱在吊装就位后，即加设临时支撑和固定支撑，防止出现偏差。采取加设支撑、剪刀撑来纠正偏差。

2）已拼装好的钢构件需拉线检查，发现没有起拱或起拱偏小，须及时纠正或返工重焊。

3）已安装的钢构件，如起拱偏小，可以不纠正。如有下垂现象，必须返工纠正后重装。

4）吊装前必须全面检查拼装好的构件，量具必须经校验合格后方可使用。经校验有误差时要先纠正后安装。

5）装配顺序是，小型构件可一次组装，用定位焊固定后，以合适的焊接顺序一次完成；大型结构如大型桁架和吊车梁等，尽可能先用小件组装，再进行总装配和焊接。

6）螺栓孔超过允许偏差时，不得采用钢块填塞，可采用与母材材质相匹配的焊条补焊后，重新扩孔安装。

任务三　钢结构一般加固方法

一、钢结构的一般加固方法

1. 增大构件截面面积

增大构件截面面积的形式具有一定的灵活性，可根据加固要求、现有钢材种类、施工方便等因素选定。新增的截面大小应通过计算确定，以满足强度和稳定性的要求。增大截面的钢材与原有结构的连接，可根据具体情况采用焊接、铆接、螺栓连接等。

2. 增设附着式桁架

在原结构上增设附着式桁架，形成原结构与桁架联合体系。它常用于受弯构件的加固。加固时可将原构件视作桁架上（下）弦，而增设下（上）弦及腹杆。

3. 增设跨中支座或增加支撑

对受弯构件增设中间支座以减小计算跨度；对于受压构件增设支撑以减小计算长度、增大承载力和稳定性。另外，亦可考虑新增梁、柱以分担荷载。

4. 改为劲性钢筋混凝土结构

在钢结构（或构件）四周注入混凝土，使钢柱变为劲性钢筋混凝土梁柱。这种加固由于构件自重加大，故必须通过结构计算方能采用，它常适用于露天、侵蚀性较强及高温条件下钢结构的加固。

二、确定钢结构加固方案时应注意的问题

确定钢结构加固方案时，应以方便施工、不影响生产或少影响生产和加固效果良好为前提，为此应注意以下问题：

1）钢结构加固主要采用焊接方式，但应避免仰焊。

2）若不能采用焊接或施焊有特殊困难时，可用高强螺栓或铆钉加固（不得已时可用精制螺栓代替），不得采用粗制螺栓。

3）结构加固应在原位置上，利用原有结构在承载状态下或卸载及局部卸载情况下进行，不得已时才将原有结构拆除卸下进行，加固后再起吊安装。当原结构加固量太大时，亦可将原结构改造后用于他处，而另以新结构代替。

4）当用焊接加固时，应在0℃以上（最好不低于10℃）温度条件下施焊。若在承载状态下加固，则应尽量减轻或卸掉活荷载以减少其应力，并应避免设备振动的影响。加固时原有构件（或连接）的应力不宜大于容许应力的60%，最多不得超过80%，但此时必须制定安全可靠的施工方案，以免发生事故。

5）当用铆钉或螺栓在承载状态下加固时，原有构件（或连接）因加固而削弱后的截面应力不超过规范规定的容许应力。

6）对轻钢结构杆件，因其截面过小，在承载状态下，不得采用焊接加固。

三、钢结构加固施工中应注意的问题

1）加固时，必须保证结构的稳定，应事先检查各连接点是否牢固，必要时可先加固连接点或增设临时支撑，待加固完毕后拆除。

2）原结构在加固前必须清除表面、刮除锈迹，以利施工。加固完毕后，再涂刷油漆。

3）对结构上的缺陷损伤（包括位移、翘曲等）一般应首先予以修复，然后进行加固。加固时，应先装配好全部加固零件，按先两端后中间的顺序用定位焊固定。

4）在荷载下用焊接加固时，应慎重选择焊接工艺（如电流、电压、焊条直径、焊接速度等），使被加固构件不致由于过度灼热而丧失承载力。

5）在承载状态下加固时，确定施工焊接程序应遵循下列原则：

① 应让焊接应力（焊缝和钢材冷却时收缩应力）尽量减少，并能促使构件卸载。为此，在实腹梁中宜先加固下翼缘；在桁架结构中先加固下弦后加固上弦。

② 先加固最薄弱的部位和应力较高的杆件。

③ 凡立即能起到补强作用，并对原断面强度影响较小的部位应先施焊。如加固腹杆时，应先焊好两端的节点部位，然后焊中段的焊缝，并且先在悬出肢（应力较小处）上施焊；如加厚焊缝时，必须从原焊缝受力较低的部位开始，节点板上腹杆焊缝的加固应首先考虑补焊端焊缝等。

箴言故事园

由于钢结构建筑建设周期短、抗震性能好、承载强度大以及便于工厂化大规模加工生产等优点，深受建筑设计师、结构工程师以及业主的青睐，广泛用于机场、车站等大跨度、大面积、高净空及超高建筑。被誉为“第四代体育馆”的伟大建筑——国家体育馆（“鸟巢”）是近年来钢结构建筑的典范，用树枝般的钢网把一个可容10万人的体育场编织成一个温馨的“鸟巢”，其加工、制作、安装要求十分精细，尤其是最微小的无缝焊接，一块块各形各样的钢架在几十米的高空对接，各种位置的焊接，技术人员悬空作业，仰面电气焊，火花四溅，一个个小小的缝隙，在他们像绣花一样的精湛技术下完美焊绣……这便是很多业内人士称“鸟巢”为“焊绣鸟巢”的原因。

“行谨则能坚其志，言谨则能崇其德”（宋·胡宏《胡子知言·文王》），建筑工程技术人员对一切事情都要有认真、负责的态度，一丝不苟、精益求精，于细微之处见精神，于细微之处见境界，于细微之处见水平。把做好每件事情的着力点放在每一个环节、每一个步骤上，不心浮气躁，不好高骛远，特别注重把自己岗位上的、自己手中的事情做精做细，做得出彩。细致考虑事情的点点滴滴，克服重重困难，才会完成像“鸟巢”一样如此复杂的工艺，完成中华民族的梦想，打开了一扇让世界了解中国的大门。

模块小结

本模块主要讲述了钢结构工程中常见的构件制作质量事故和安装工程质量事故的重要特征、预防措施以及钢结构工程的一般加固方法。构件制作质量事故的原因主要有钢材质量、加工制作、焊接质量不合格和钢筋锈蚀等；钢结构安装质量事故的主要原因有未设置临时支撑和锚固、构件连接质量不合格、装配顺序有误、螺栓孔超过允许偏差等多方面。对钢结构工程事故处理除应遵循一般原则外，还应考虑合适的构件连接方式。

思　考　题

5-1　钢结构中容易产生哪些质量缺陷？

5-2　钢结构构件制作中常出现的事故有哪些？

5-3　钢结构加工的质量事故特征是什么？如何预防？

5-4　钢结构的焊接质量事故有哪些？主要预防措施是什么？

5-5　如何预防钢结构中钢材锈蚀的工程事故？

5-6　钢结构在用高强度螺栓连接的过程中，可能发生的缺陷是什么？

5-7　单层钢结构厂房安装施工质量验收如何划分检验批？

5-8　单层钢结构厂房柱安装验收的检查数量及方法是什么？

5-9　单层钢结构厂房屋（托）架安装验收的检查数量及方法是什么？

5-10　钢结构的加固方法有哪些？

5-11　钢结构加固施工中应注意的问题有哪些？

实践训练园

模块六　建筑装修工程质量事故分析与处理

学习要点： 掌握装修工程质量检查的看、摸、照、靠、吊、量、套、敲八种方法。

随着人们生活质量的进一步提高，人们不但要美化自己，同时还要美化生活环境和工作环境。因此，现代建筑在满足使用功能的前提下，还要追求建筑的艺术效果。而建筑的艺术效果在很大程度上取决于装修效果。因此，建筑装修在建筑工程中的地位也日趋重要。

装修工程的质量检查主要是看、摸、照、靠、吊、量、套、敲八种方法。同时，检查员的实践经验也在其中起着很重要的作用。所以，质量检查人员要有足够的施工经验和审美观。

案例解析园

案例一　花岗岩铺设空鼓和表面不平整引起的事故

1. 事故概况

某市美食娱乐城一楼地面是用天然花岗岩铺设的。在交工验收时发现了较为严重的空鼓和表面不平整等质量问题。验收时敲击多处有明显的空鼓声音，个别板块松动，有的出现裂纹。多处相邻板块之间有高差；板块之间缝隙不均匀。

2. 原因分析

（1）基层清理不干净，浇水湿润不够，有的板块下面的水泥素浆结合层涂刷的不均匀。

（2）垫层砂浆加水过多或一次铺得太厚，不易砸实，造成面层空鼓。

（3）板块背面浮灰没有清除干净。

（4）基底和垫层处理不平。

（5）板块本身厚薄不匀，挑选搭配不严。

（6）地面铺设后，成品保护不好。

3. 处理措施

（1）将松动的板块搬起后，把底板砂浆和基层表面清理干净，用水湿润后，再刷浆重新铺设。

（2）对有裂纹的板块和边角有损坏的板块进行更换。

案例二　框架楼层地面脱壳、裂缝引起的事故

1. 事故概况

某厂房车间多层框架结构，2 层楼面面积为 1450m^2，楼层地面在完工后两个月进行检查，发现已有 80% 脱壳和裂缝。经现场调查发现：

（1）查材料质量：水泥为矿渣水泥，碎石子，粒径为 15mm 以内，用中细砂，含泥量

达5%。

（2）该楼面结构层为预制槽型板，板面找平层为50mm厚，双向$\Phi 6$钢筋网片，强度等级为C20的细石混凝土，面层为20mm厚的水泥砂浆。

（3）混凝土和砂浆为现场搅拌，按配合比计量，搅拌后浇筑。

（4）对脱壳的面层凿开检查，发现面层砂浆底和基层面都有一层泥灰粉层状物质的隔离层。

2. 原因分析

（1）基层面没有认真刮除石灰疙瘩，没有扫刷冲洗干净，干燥的结构层面浇水湿润不够，没有按规定先刷水泥浆，也没有设置分格缝。

（2）粗、细骨料中的泥灰，水泥中的游离物质，如粉煤灰、未熟化的粉尘，浮结在找平层面上和散落在找平层面上的灰尘等有害物质，形成泥灰粉尘的隔离层，是造成脱壳的原因。

3. 处理措施

（1）全部铲除原地面面层、刮除泥灰，用水冲并用钢丝板刷洗刷干净。洗刷后必须由工长、质监员共同检查合格后方可施工下一道工序。

（2）严格把好材料质量关：选用普通水泥，强度等级为42.5；选用洁净的中砂，含泥量不大于2%。搅拌砂浆要严格按配合比计量，砂浆必须搅拌均匀，随拌随用，拌好的砂浆不准超过3h。

（3）设置分格缝：凡是预制板端头都要留分格缝，纵向缝留在预制板平行缝中，间距控制在6m左右，缝宽为20mm。

（4）在铺浆前1h，在基层面涂刷纯水泥浆一遍。

（5）每一板块铺设中，要一次铺足搅拌均匀的水泥砂浆（水泥∶砂＝1∶2），砂浆强度等级不应小于M15，稠度不应大于35mm。用长刮尺来回刮平拍实，设专人负责沿分格缝边拍平拍实。收水后用木抹子由边向中间搓平，再由内向外，用力均匀，后退操作，将砂眼、脚印等消除后，再用靠尺检查平整度。初凝后，即用钢抹子抹压出浆并抹平。把洼坑、砂眼抹平抹实。终凝前，进行第三遍压光，全面抹平抹光，成为无抹痕的光滑表面。轻轻起出分格条，缝内灌注沥青砂浆。

（6）养护：面层压光后隔24h，喷、洒水湿养护7天，最好铺锯末覆盖，保持湿润，防止踩踏和过早堆放重物。

案例三　房心土回填不合适引起的事故

1. 事故概况

某厂房混凝土地面上垫200mm×200mm方木作楞木，楞木上面堆放重物，随着上部的荷载加大，地面在外荷载的作用下破裂，200mm高的楞木沉到地面以下。经过现场调查发现该建筑的房心土是虚土，施工单位仅将虚土表面平整后，就在上面铺碎石垫层100mm，用平板振动器振实后，就在上面浇60mm厚的C15的混凝土地面。在外荷载的作用下，地面板块破裂沉降，不能使用。

2. 原因分析

（1）设计对房心土没有提出挖除软弱土层、更换合格的填土并分层回填夯实的要求。

（2）施工单位违章作业，没有按规范规定，挖除房心虚土并换合格土分层夯填密实。

3. 处理措施

经研究决定返工重做。挖除房心1m左右深的软弱土层，用含水率在20%左右的黏土，每层虚铺厚度为250mm，用蛙式打夯机打3～4遍。分4层填平夯实，取样测试合格后，铺150mm的碎石垫层夯实，浇水湿润。每一分块内的混凝土必须一次铺足，不留施工缝，用长刮尺刮平、用平板振动器振实。靠分格缝板边、柱边、墙边的地面都有专人负责拍平拍实再用和混凝土同标号、同品种的水泥拌制水泥砂浆加浆刮平。初凝前抹光，表面收水转白时，用木抹子由边向中间搓平，用钢抹子收压抹光；终凝前抹压第二遍，抹子抹上去没有抹子纹时，用力全面压光。这是确保地面质量的关键。严禁在上面踩踏和堆放材料。隔天浇水，湿养护不少于7天，保护成品不少于28天，然后方可使用。

案例四　陶瓷地面砖起鼓爆裂引起的事故

1. 事故概况

某市每年在寒冷的冬季经常有居民投诉，地面砖有轧轧响声，随后地面砖爆裂和起鼓。经现场调查发现居民住宅楼中铺贴的地砖面爆裂，并且因铺贴的陶瓷地砖面爆裂和隆起的投诉有多起。经回访调研发现，有的卧室或起居室的地砖面爆裂和隆起，一般都是用水泥浆作结合层，陶瓷地砖面由房间的中间爆裂和隆起。脱壳隆起的陶瓷地砖背面无黏结水泥浆的痕迹。

2. 原因分析

（1）从多起事故的调研中发现，地面砖的爆裂和隆起的实例中其共同点如下：

1）结合层都是用纯水泥浆铺贴地砖和擦缝的，结合层厚度都在30mm左右。

2）地砖都是用陶瓷地砖，规格为10mm×300mm×300mm，且多是紧密铺贴的，砖缝小于1mm。

3）爆裂时间一般都是使用2年以后，环境气温低于－2℃以下。

4）基本是多层楼房的2层以上的，底层地面没有发现有爆裂事故。

（2）选材不当，如陶瓷地砖质量达不到现行的产品标准，或选用低劣水泥，标号低、收缩值大。

（3）施工不规范，如基层质量不合格，没有认真清扫和冲洗；结合层都是用纯水泥浆铺设，其干缩和温差收缩都大于1:2.5水泥砂浆的70%以上；铺砖前的陶瓷地砖没有按规定浸水和晾干。有的一边浸水一面铺贴，砖背面的明水没有晾干或擦干，也是导致地砖脱壳的一个原因。

（4）大面积的地面工程没有设置防裂的伸缩缝和周边分格缝。

（5）钢筋混凝土结构层、纯水泥浆结合层、陶瓷地砖的干缩变形、温差变形、结构变形的差异较大，在长期的变形作用下，当收缩应力大于地砖的应变时，就会导致爆裂和隆起。

3. 处理措施

参照水泥地面中地面砖裂缝的处理方法处理后，隆起和裂缝现象没有再发生。

案例五　彩色弹涂出现色点、起粉、掉色引起的事故

1. 事故概况

北京市大兴区某公司承建外墙装饰采用奶油色涂料的弹涂做法。待交工验收时，甲方发现，正面外立面的两侧彩色弹涂均出现色点、起粉、掉色、发白现象。

2. 原因分析

(1) 基层太干燥。彩色色浆弹上后，水分被基层吸收，基层在吸水时，色浆与基层之间水缓缓移动，色浆和基层黏结不牢。色浆中的水被基层过快吸收后，水泥水化时缺乏足够的水，所以影响强度的发展。

(2) 水泥中加的颜料太多，颜料颗粒很细。由于颜料过多，缺乏足够厚的水泥浆薄膜包裹颜料颗粒，影响水泥色浆的强度，易出现起粉、掉色等弊病。

(3) 弹涂的色点未干，用聚乙烯醇丁醛或甲基硅树脂喷涂于表面，作饰面的保护层，如喷涂时弹涂的色浆未全部干透，就急于罩面，将湿气封闭在内，诱发水泥水化时析出白色的氢氧化钙，即析白。而析白又是不规则的，所以，彩色弹涂的局部会变色发白。

3. 处理措施

将松动的板块搬起后，把底板砂浆和基层表面清理干净，用水湿润后，再刷浆重新铺设。对有裂纹的板块和边角有损坏的板块予以更换。

案例六 外墙面砖泛碱引起的事故

1. 事故概况

某高层建筑，建筑面积为24000m^2，该工程竣工后发现外墙大面积泛碱现象。

2. 原因分析

(1) 为赶工期，基层潮湿、勾缝过早，饰面砖镶贴完成后水分遇热蒸发，将基层水泥中的盐渗透至饰面砖表面，待饰面砖表面水分蒸发干燥后，盐留置在饰面砖表面。

(2) 饰面砖粘贴完成后在短时间内下雨或天气潮湿泛碱，雨水中的酸性溶液通过砖缝流入饰面砖立面与水泥发生反应生成的盐类，经水的动力将盐带到饰面砖的表面，待水干后，这些盐则以结晶的形式出现在饰面砖表面。

(3) 勾缝不密实，雨水通过砖缝渗入内部，与水泥发生反应，生成新的结晶体，经水的动力将盐带到饰面砖的表面，待水干后，这些盐则以结晶的形式出现在饰面砖表面。

(4) 外墙饰面砖镶贴完成后用酸性产品清洗，草酸、盐酸等酸性产品与水泥发生反应，生成新的结晶体，待外墙表面干后产生泛碱现象。

3. 处理措施

(1) 在外墙饰面砖工程施工前，施工人员应对各种材料进行复验。

(2) 外墙饰面砖应具有出厂检验报告及产品合格证。

(3) 粘贴外墙饰面砖所用的水泥、砂、胶粘剂等材料均应进行复验，合格后方可使用。

(4) 外墙饰面砖施工前，施工人员应对找平层、结合层、黏结层及勾缝、嵌缝所用的材料进行试配，经检验合格后方可使用。

(5) 外墙饰面砖工程施工前应做出样板，经建设、设计和监理等单位根据有关标准认可后方可施工。

(6) 粘贴面层时基层含水率宜为15%～25%。

(7) 饰面砖在粘贴完成后，如在短时间内遇下雨天气，施工人员应将粘贴完成的饰面砖及时覆盖。

(8) 勾缝必须密实、无开裂、无空鼓现象。

(9) 外墙饰面砖粘贴完成后禁止用草酸、盐酸等酸性产品清洗墙面。

案例七　外墙装饰面砖坠落引起的事故

1. 事故概况

某高层建筑发生15层围护结构约3m² 外墙装饰面砖坠落事故，并造成人员伤亡。该高层建筑为框架结构，建筑面积17000m²，地面以上为15层，其中从14层开始外挑2.1m。经检查发现：

（1）外墙饰面砖从大厦的15层西立面靠西北角处坠落，其脱落位置在14层窗的过梁与15层的边梁斜坡面之间，坠落面积约3m²（长3m，高1m）；坠落到地面的外墙饰面砖仍成型，在14层至15层的外墙面及扶壁柱外边也存在面砖空鼓、裂缝和脱落现象。

（2）在饰面砖脱落处相应的房间室内检查发现，外围护结构墙体内表面渗水（检查时为雨夹雪天气），室内墙体存在严重泛碱现象，14层以上其他房间室内也有类似情况。

（3）查阅该工程的建筑施工图，屋面保温层选用1∶10现浇水泥膨胀珍珠岩保温层。外围护结构墙体原设计图注明为加气混凝土砌块填充墙；实际做法是240mm厚炉渣混凝土砌块，但未见设计变更。查阅施工质量保证资料，炉渣混凝土空心砌块是从三个厂家购进，有部分检验报告，未见出厂合格证。

（4）检测人员在现场从屋面剩余的炉渣混凝土小型空心砌块中取样带回后，委托建筑材料、建筑构件产品质量监督检验站对两个规格的炉渣混凝土空心砌块样品进行了烧失量检测，其检测结果不符合当时执行的地方标准。根据砌块中炉渣的比例，其原材料中炉渣的烧失量还应大于上述砌块的检测数据。经检验判定，该炉渣混凝土空心砌块属于不合格产品。

2. 原因分析

（1）围护结构外墙炉渣混凝土小型空心砌块240mm厚的保温效果较差，存在“热桥”现象，致使其吸水率上升，在冬季采暖期“热桥”的作用下，外墙的内表面结露，水汽大量浸入墙体，使得墙体含水率不断上升。有关试验表明，保温材料中含水率每增大1%，则热导率约增加5%，墙体的保温性能及含水率形成恶性循环。而炉渣混凝土小型空心砌块的原材料中有害指标烧失量严重超标准，极易产生风化，影响砌块材料的耐久性。经过5个年度的冻融循环，炉渣混凝土小型空心砌块的强度损失较多，首先遭到破坏。

（2）屋面保温采用1∶10现浇水泥膨胀珍珠岩保温层，其在施工过程中需加大量的水来进行拌和，这时含水量高达120%～150%，严重超过规范规定的采用无机胶结材料时含水率不得大于20%的要求。根据全国各地情况调查，采用现浇水泥膨胀珍珠岩保温层的屋面，由于保温层中的水分没有排出，其含水率过大，也会导致保温层的热导率增加，从而使屋面的保温效果大大降低。

（3）施工时围护结构外墙黏结装饰面砖的水泥砂浆基层厚度为30～40mm，已超出《外墙饰面砖工程施工及验收规程》（JGJ 126—2015）的要求，规程规定找平层厚度不应大于20mm，若超出此值必须采取加固措施。

（4）外墙装饰面砖的空鼓、裂缝及坠落，与北方严寒地区的冬冷夏热，建筑围护结构装饰材料的表面温差所产生的温度应力和收缩变形有关。

（5）该高层建筑管理方面存在检查维修工作不到位，未能发现外墙装饰面砖的空鼓和裂缝，而及时采取必要防范措施。

3. 处理措施

（1）返修面积约为3m²，计算用料数量，备足合格水泥、中砂、108胶和同规格色泽的

面砖，与原有面层用料相同。

（2）铺刮黏结层时，施工人员要先刮墙面、后刮面砖背面，随即将砖贴上，要保持面砖的横缝和竖缝与原有面砖相同、相平，经检查合格后勾缝。

任务一　室内装修工程质量事故分析与处理

一、内墙抹灰工程

内墙普通抹灰，量大面广，而且对人们使用影响极大，但因其工程量大、单价低、费劳力，大多承包给乡镇建筑队，因此质量难以保证，通病时有发生，主要有：墙体与门窗框交接处抹灰层空鼓；内墙抹灰层空鼓、裂缝；墙面起泡、开花或有抹纹；墙面抹灰层析白及墙裙、轻质隔墙抹灰层空鼓、裂缝；抹灰面不平、阴阳角不方正、不垂直等。

（一）墙体与门窗框交接处抹灰层空鼓

1. 原因分析

（1）基层处理不合适。

（2）操作不合适；预埋木砖的位置不合理，数量不够。

（3）砂浆品种选择不合适。

（4）门窗框周边没有用水泥砂浆填嵌密实，造成门窗在开启时振动，使周边的抹灰层出现裂缝和脱落等现象。

2. 预防措施

（1）不同基层材料交汇处宜铺钉钢筋网，每边搭接长度应大于100mm。

（2）门洞每侧墙体内预埋木砖不少于三块，预埋位置正确，木砖尺寸应与标准砖相同，并经过防腐处理。

（3）门窗框塞缝宜采用混合砂浆，砂浆不宜太稀，塞缝前先浇水湿润，缝隙过大时应分层多次填塞。

（4）加气混凝土砌块墙与门窗框连接时，应先在墙体内钻深约100mm的孔，直径40mm左右，再以相同尺寸的圆木沾上108胶水后打入孔内。每侧不少于四处。

（二）内墙抹灰层空鼓、裂缝

1. 原因分析

（1）基层面没有清扫冲洗干净，对光滑面层未作毛化处理而空鼓。

（2）一次抹灰厚度超过15mm，出现坠裂或收缩不匀裂缝。

（3）抹灰砂浆配合比计量不准确，导致有的抹灰砂浆和易性和保水性差，硬化时收缩性大，黏结强度低。有的混合砂浆、水泥砂浆在搅拌后停放时间超过3h以上，引起砂浆强度下降，失去黏结性能。

（4）配电箱、消防箱等背面的抹灰层薄，又没有防裂措施。

2. 处理方法

（1）完工的抹灰层有空鼓、脱落，须查清范围和面积，沿周边割开或凿开，铲除空鼓部分，用钢丝板刷刷干净基体面的灰尘，用水冲洗和湿润。用原抹灰砂浆的配合比计量搅拌砂浆，分层抹灰，靠周边处要细致压实压密，抹面层的平整度、颜色都要与周边相一致，并用排笔蘸水沿周边涂刷、抹平。

（2）有裂缝但不脱壳时，先将缝中灰尘扫刷干净，喷水湿润，用聚合物水泥浆（108胶∶水∶水泥或白水泥＝1∶4∶12）涂刮塞密裂缝。

3. 预防措施

（1）加强施工管理，处理好基体面层。

（2）混凝土光滑面要用10%的火碱水溶液洗刷面层的油污和隔离剂，随后用清水冲洗干净。再进行毛化处理，如凿毛、喷毛或洒毛，用聚合物水泥砂浆（108胶∶水∶水泥∶砂＝1∶4∶10∶10）喷或洒毛后，湿养护7d。

（3）抹刷必须分层施工。头遍砂浆的稠度要大一点，厚度控制在6mm左右。施工人员要用力刮，使砂浆嵌入灰缝中，等干硬后再抹中层灰，要求平整、垂直；厚度宜在7～8mm，面层根据规定必须抹平、抹光，并进行喷水养护，以防止早期脱水而开裂、脱落。

（4）配电箱、消防箱的背面无砌体时，应钉钢丝网。每边放大100mm，再做抹灰层。

（三）墙面起泡、开花或有抹纹

1. 原因分析

（1）抹完罩面灰后，砂浆没有收水就开始压光，从而产生起泡现象。

（2）底子灰过分干燥，抹罩面灰后水分很快被底层吸收，压光时易出现抹子纹。

（3）石灰膏熟化不透，过火灰没有滤净，抹灰后没有完全熟化的石灰颗粒继续熟化，体积膨胀，造成表面麻点和开花。

2. 预防措施

（1）待抹灰砂浆收水后终凝前进行压光，抹纸筋石灰罩面时，须待底子灰五六成干后再进行。

（2）石灰膏熟化时间不少于30d，淋灰时用小于3mm×3mm筛子过滤，采用磨细生石灰粉时，最好也提前2～3d化成石灰膏。

（3）对已开花的墙面，一般待未熟化的石灰颗粒完成熟化后再处理，处理方法为挖去开花处松散表面，重新用腻子刮平后喷浆。

（4）底层过干应浇水湿润，再薄薄地刷一层纯水泥浆后进行罩面。罩面压光时如面层灰太干不易压光时，应洒水后再压光以防止抹纹现象。

（四）墙面抹灰层析白

1. 原因分析

水泥在水化过程中产生氢氧化钙，受水浸泡渗到抹灰面与空气中二氧化碳化合成白色碳酸钙出现在墙面。在气温低或水灰比大的砂浆抹灰时，析白现象更严重。此外，如选用了不适当的外加剂时，也会加重析白现象。

2. 预防措施

（1）在保持砂浆流动性的条件下掺减水剂来减少砂浆用水量，减少砂浆中的游离水，则减轻了氢氧化钙的游离渗至表面。

（2）加分散剂，使氢氧化钙分散均匀，不会成片出现析白现象。

（3）在低温季节，由于水化过程较慢，泌水现象普遍，应适当考虑加入促凝剂以加快硬化速度。

（4）选择适宜的外加剂品种。

（五）轻质隔墙抹灰层空鼓、裂缝

1. 原因分析

（1）在轻质隔墙面上抹灰时，没有掌握这些板材的特性，从而造成抹灰层空鼓和裂缝

的产生。

（2）板缝没有处理好，板的胀缩性能不一致，因收缩或膨胀使缝隙的抹灰层产生纵向裂缝。

（3）墙体刚度差，受外力振动时会导致横向裂缝和空鼓现象的产生。

（4）基层面处理方法不当。

2. 处理方法

（1）空鼓和脱壳的处理方法是：铲除脱壳部分，洗刷干净基层面。在抹灰前1d用聚合物溶液（108胶:水=1:9）喷涂一遍，随即用混合砂浆（水泥:纸筋石灰膏:粉煤灰:砂=1:3:4:5）薄薄刮一层，厚度控制在4~5mm，用木抹子搓平，面层砂浆要同原有面层砂浆相同，修补刮平，用软毛刷蘸水沿周边刷一遍，然后用铁抹子压实抹平，以无接槎痕为宜。

（2）由于条板易收缩裂缝，因此宜做成“V”字形缝，缝中填塞同抹灰颜色相同的柔性密封胶密封。

（3）如因条板刚度不足和受外力作用过强而致空鼓，应先对条板补强，然后再修补抹灰层。

3. 预防措施

（1）防止空鼓的关键是处理好基层。施工人员将基层面的酥松层和灰尘清除并冲刷干净，板缝刷108胶水溶液（108胶:水=1:4），随即用混合砂浆（水泥:石灰膏:粉煤灰:砂=1:1:3:3）堵塞板缝；必须勾嵌密实。

（2）用聚合物水泥浆涂刷一遍，随即用混合砂浆（配合比同上）薄薄刮一层，厚度控制在5mm左右，用木抹子搓平。

（3）抹面层灰前，应检查底层灰的质量，不得有空鼓和脱壳部分。

（六）抹灰面不平，阴阳角不方正、不垂直

1. 原因分析

（1）违章作业，没有按规范《建筑装饰装修工程质量验收标准》（GB 50210—2018）要求进行阳角找方，设置标筋、分层赶平、修整，表面压光处理。

（2）施工过程中交底不够详细、检查不严、管理不善。

（3）操作工艺水平低，不懂抹灰的操作技巧。

（4）工具不齐全，缺乏直尺、刮尺等必要的工具进行检查。

2. 处理方法

（1）详细检查墙面的平整度和垂直度，剔除突出部分，补平凹洼处。

（2）用吊线检查阳角垂直度，用阴角器检查阴角方正和偏差。

3. 预防措施

（1）施工人员认真检查基层，施工中做好标志块及标筋，吊直阳角，套方阴角，在阴角两侧100mm处做好标筋。

（2）底层灰要薄、紧，同时要搓毛，中层灰要达到平整度和垂直度要求。

（3）施工人员应及时用靠尺、长刮尺、方尺检查，发现问题，及时纠正。

（4）准备好工具和量具是做好抹灰的关键之一。靠尺要直，不变形；方尺要方，要标准。

二、顶棚抹灰

（一）混凝土顶棚抹灰空鼓、裂缝

1. 原因分析

（1）板底没有清理干净，或养护时间不足。

（2）砂浆配合比不当，和易性及保水性差。

（3）施工方法不标准，板底一次抹灰层太厚。

2. 处理方法

（1）施工人员应铲除空鼓脱壳处的抹灰层，用10%的火碱水溶液洗刷板底的隔离剂和油污，再用清水冲洗，然后喷涂一遍聚合物溶液（108胶∶水＝1∶9）。

（2）底层灰养护2d后，如有空鼓、裂缝，必须返工处理后方可抹中层灰。抹灰层的厚度不大于7mm。

（3）施工人员用混合砂浆（水泥∶纸筋石灰膏∶砂＝1∶0.5∶2.5）（体积比）修补凹陷处；抹底层灰时，用力薄薄刮一层，厚度控制在3mm左右，使砂浆嵌入孔隙。表面用木抹子抹平。

（4）抹面层灰的用料及配合比要与原来抹灰面层砂浆相同。抹平后用排笔蘸水沿接槎处刷一遍，然后用铁抹子抹压平整。

3. 预防措施

（1）加强施工管理。

（2）施工人员用10%的火碱水溶液洗刷板底的油污和隔离剂等污物，随后用清水冲洗干净，用钢丝板刷刷除溶液和浮浆。在抹灰前先喷涂一遍108胶溶液（108胶∶水＝1∶9）。

（3）施工人员抹头遍灰时，用搅拌均匀的混合砂浆（水泥∶纸筋石灰膏∶砂＝1∶0.5∶2.5）（体积比）修补凹陷处，然后薄薄刮一层底层灰。使砂浆嵌入孔隙，用木抹子拉成小毛。

混凝土楼板顶棚抹灰，应待上层地面做完后进行。

（二）装饰线条裂缝、空鼓

1. 原因分析

（1）基层没有冲洗干净。

（2）底层面上没有抹涂黏结剂；或抹灰层用的砂浆配合比不适当；或没有掺适当的麻刀或纸筋。

（3）没有及时养护，砂浆失水过快，保水性差。

（4）操作不当，一次抹灰层太厚。

2. 处理方法

（1）有空鼓又有裂缝时，施工人员应铲除空鼓层，扫刷冲洗干净。在混合砂浆（水泥∶石灰膏∶砂＝1∶1∶1）中掺点麻刀等纤维，薄薄抹一层，加强湿养护。

（2）有裂缝但不脱壳时，采用涂料腻子批嵌，刮平整。

3. 预防措施

（1）施工人员应认真清理基层面的浮灰及污物。

（2）施工人员应提前一天浇水湿润，要浇匀浇透，抹灰时再洒水湿润，最好喷洒一遍108胶溶液（108胶∶水＝1∶9）。

（3）线条抹灰要分层分遍进行，反复拉模压实抹平，不能一次或二次成活。

（4）底面薄薄刮一层水泥石灰砂浆掺少量麻刀的黏结层（水泥∶石灰膏∶砂＝1∶1∶1），再抹头遍黏结层灰，即用水泥石灰混合砂浆（水泥∶石灰膏∶砂＝1∶1∶4）分三道成活；面层用1∶2石灰砂浆薄薄地抹一层，形成灰线，棱角、线条要基本整齐。

（5）抹灰后应加强洒水养护。

（三）装饰线条不匀称

1. 原因分析

（1）表面不平整，影响拉模抹灰线质量。

（2）操作不平稳，用力不均匀，或脚没有站稳而晃动。

（3）砂浆搅拌不均匀。

2. 处理方法

浇水湿润，将局部凸出处进行处理。第一遍用普通纸筋灰抹，第二遍用细纸筋灰扯光、抹匀，使线条清晰美观为好。

3. 预防措施

（1）靠尺固定要平直、牢固，不允许出现松动，与线条紧密吻合。

（2）抹装饰线条的操作工要技艺熟练、手法正确，双脚站稳，用力要均匀。

三、吊顶工程

（一）木龙骨安装拱度不匀

1. 原因分析

（1）木龙骨材质不好，不顺直，有硬弯，变形大，施工中无法调直；或木材含水率过大，在施工中或完工后产生收缩翘曲变形。

（2）吊龙骨时，不按规程操作，在四周墙面上没有弹水平线或水平线不平，中间不按水平线起拱，造成拱度不匀。

（3）吊杆或吊筋间距过大，拱度不易调匀。同时，受力后易产生挠度，造成凹凸不平。

（4）吊顶接头装钉不平或接头硬弯，直接影响吊顶的平整。

（5）受力节点结合不严，受力后易产生变形。

2. 处理方法

（1）木龙骨不平整时，先纠正沿墙四周，使其水平，再纠正拱度。

（2）吊杆或吊筋间距过大，必须加设吊筋，以达到平整牢固的要求。

（3）吊筋的螺帽上没有大的垫圈时，应补齐。

（4）各受力节点必须装钉严密、牢固，符合质量要求及规范要求。

3. 预防措施

（1）吊杆、龙骨要选用比较干燥的松木、杉木等软质木材，要防止受潮或烈日曝晒。

（2）安装吊顶龙骨前，应按设计标高根据室内基准线，在四周墙上弹线找平，四周以平线为准，中间按平线起拱，中间起拱为房间短向跨度的1/200，纵横拱度均应吊均匀。

（3）吊杆和龙骨的接头，必须用松木、杉木等软质木材制作，选用合适的圆钉；如装钉时劈裂，必须立即更换和纠正。

（4）各受力节点必须装钉严密、牢固。

（二）铝合金吊顶龙骨不对称

1. 原因分析

（1）主龙骨、次龙骨受力扭折，虽经整修但仍不平直。

（2）挂铅线或镀锌铁丝的位置不准确，龙骨拉力不均匀。

（3）没有拉通线全面调整主龙骨、次龙骨的高低位置，造成表面不平整。

（4）测吊顶的水平线误差超差，中间起拱度不符合规定要求。

2. 处理方法

（1）更换扭折的主龙骨或次龙骨。

（2）纠正拉力不均匀的龙骨。

（3）全面拉水平线纠正龙骨的高低差和起拱度。

3. 预防措施

（1）凡是受扭折的龙骨一律不宜采用。

（2）根据龙骨的位置，每隔1.2m吊一点。

（3）一定要拉通线，逐条调整龙骨的高低位置和线条平直。

（三）人造板吊顶面层变形

1. 原因分析

（1）人造板在使用时，吸收空气中的水分，造成部分吸湿程度差异大，易产生凹凸变形；若安装板块时，接头未留空隙，吸湿膨胀后没有伸胀余地，会使变形程度更为严重。

（2）板块较大，安装时没有能使板块与龙骨全部贴紧。

（3）从四角或四周向中心排钉，板块内储存有应力，致使板块凹凸变形。

（4）吊顶龙骨分格过大，板块易产生挠度变形。

2. 处理方法

（1）变形较大的板块必须拆除，龙骨间距过大，则要纠正、补强，增加小龙骨。

（2）纤维板要先浸水；纵横拼缝时要留3～6mm的缝隙。

3. 预防措施

（1）宜选用优质板材，可以防止板块变形，保证吊顶质量。

（2）纤维板宜进行浸水湿处理。一般将纤维板放在水池中浸泡15～20min；一般硬质纤维板用冷水，掺有树脂胶的纤维板要用45℃左右的热水。板从水中取出后毛面向上，堆放在一起，24h后打开垛，使板面处在10℃以上的大气中，与大气湿度平衡，一般放置5～7d后才可安装。

（3）胶合板不得浸水和受潮，安装前两面均涂刷油漆，以提高抵抗吸湿变形的能力。

（4）用纤维板、胶合板吊顶时，龙骨间距不宜超过450mm，否则中间应加一根25mm×40mm小格栅，以防板块中间下挠。

（四）铝合金扣板面层拼缝与接缝明显

1. 原因分析

（1）板材裁剪口不方正，不整齐。

（2）铝合金等板材在装运过程中易造成接口处变形，安装时没有校正。

（3）板条接长部位的接缝明显。

2. 处理方法

要纠正局部扣板的拼缝，无法纠正的拼缝要更换合格的扣板重装，同时纠正接缝。板条切割时，除了控制好切割的角度外，对切口部位再用锉刀将其修平。

3. 预防措施

（1）做好下料工作。板材裁剪口必须方正、整齐，切口部位应将毛边及不妥处修整好。

（2）铝合金等扣板接口处如有变形，安装前必须先纠正，确保接口处紧密。

（3）扣板的色泽应一致，拼接与接缝应平顺，扣接要到位。

（4）用相同色彩的胶粘剂对接口部位进行修补。

（五）扣板变形、脱落和挠度大

1. 原因分析

（1）扣板的材料质量不符合标准。

（2）扣板搭接长度不足，或扣板搭接构造不合理、固定不牢。

2. 处理方法

对变形和脱落的扣板，可用合格扣板重新安装；对扣板搭接长度不足的，用硅胶黏结以增加搭接牢度。

3. 预防措施

（1）选用的扣板材料质量要达到标准，运输及存放都要有人负责，防止变形。

（2）扣板接缝要保持不小于30mm的长度，使其搭接牢固。

（3）扣板吊顶跨度不宜过大。

（六）吊顶与设备衔接不妥

1. 原因分析

（1）安装设备工与吊顶安装工配合欠妥，导致施工安装不好。

（2）施工顺序不合理。

2. 处理方法

设备口收头不标准处，必须返修。可用同颜色的硅胶封嵌，也可用铝合金边框封罩；孔洞较大处要加设吊杆。

3. 预防措施

（1）如果孔洞较大，其孔洞位置应先确定准确，吊顶面板在其部位断开；也可先安装设备，然后再吊顶封口。

（2）对小型孔洞，宜在顶部开洞，这样可使吊顶顺利施工，同时也能保证孔洞位置准确。开洞前先拉通长中心线，确定位置后再开洞安装。

（3）孔洞比较大时，吊杆、龙骨应作特殊处理，洞口周围要加固。

四、楼地面工程

（一）水泥和混凝土地面工程

1. 底层地面裂缝

（1）原因分析

1）基层土没有按规范《建筑地面工程施工质量验收规范》（GB 50209—2010）中的规定分层夯填密实。一般建筑工程的基坑、基槽深度都大于2m，回填土前没有先排干基坑、槽底的积水和清除淤泥，就将现场周围多余的杂质土、虚土一次填满基坑，仅在表面平整后夯二遍，下部根本没有夯实。

2）房心的松软土层，没有按规定挖除后换土回填夯实。由于基土含有有机杂质，不易密实，不均匀，在外力作用下易造成刚性混凝土地面破坏和裂缝。

3）垫层质量差。用于垫层的碎石、炉渣等质量低劣，有的用低强度混凝土作垫层，混凝土直接铺在基土上；混凝土与基土之间结合差，如垫层靠墙边、柱边没有认真夯压密实。

4）大面积地面没有按规定留伸缩缝。

（2）处理方法

1）对破损严重的地面，先要查明造成裂缝的原因，返工重做：挖除松软的腐殖土、淤泥，换用含水量为19%～23%的黏土，或含水量为9%～15%的砂质黏土做填土料，分层回填夯实，用环刀法测试合格后，方可铺夯垫层，确保表面平整后，方可按设计要求做好面层。

2）对局部破损处先查清破损范围，在地面上弹好破损周围线，用混凝土切割机沿线割断，凿除面层和垫层，挖除局部松软土层，重新换合格的填土分层夯填密实，要求和周围一样平整。

3）裂缝不多且宽度不大时，将缝隙清扫干净，用水冲洗湿润晾干，用聚合物水泥浆（108胶:水:P·O 42.5水泥=1:4:8）搅拌均匀沿缝隙灌注，灌满缝隙为好，初凝后压实抹平。

（3）预防措施

1）土的质量应符合现行国家标准的有关规定，如淤泥、腐殖土、冻土、耕植土和有机物含量大于8%的土，均不得用作填土。填土块的粒径不应大于50mm。必须分层填铺，分层的厚度、夯压遍数见表6-1。

表6-1　回填土虚铺厚度、夯压遍数

机具种类	虚铺厚度/mm	夯压遍数
木夯	≤200	3～4遍
蛙式打夯机	200～250	3～4遍
碾压机	200～300	6～8遍

2）填土料宜控制在最佳含水量的情况下施工。填土的最佳含水量和最大干密度见表6-2。

表6-2　填土的最佳含水量和最大干密度

土的种类	变动范围	
	最佳含水量（质量比）	最大干密度/（g/cm^3）
砂土	8%～12%	1.80～1.88
黏土	19%～23%	1.58～1.70
粉质黏土	12%～15%	1.85～1.95
粉土	16%～22%	1.61～1.80

2. 地面不规则裂缝

（1）原因分析

1）基层面的灰疙瘩没有清除干净；或预埋管线高于基层表面等，造成水泥砂浆面层的厚薄差别大，因而产生收缩不均匀而裂缝。

2）在大面积地面浇筑时没有设置伸缩缝，在干缩和温差的作用下，产生不规则裂缝。

3）材料使用不当，如水泥的安定性差；或细砂含泥量大于5%；或在搅拌砂浆时无配合比，或有配合比却又计量不准确，拌制的砂浆强度差，收缩性大；或使用停放超过3h的初凝的砂浆；或成品养护和保护时间不够，尚未达到硬化时，就在地面上操作，随意堆放砖块等重物，在干缩、收缩时产生不规则裂缝。

（2）处理方法

1）当不规则裂缝的宽度小于0.5mm时，施工人员应先扫刷、冲洗、晾干，随即用搅拌均匀的水泥浆浇在裂缝的地面上，用铁抹子刮塞缝中，待初凝后再刮平抹实。

2）当不规则裂缝的宽度大于0.5mm时，须查明脱壳的范围，划好外围线，用混凝土切割机沿线切割开地面面层，凿除起壳裂缝部分。如有分格的板块，可凿除有裂缝的一个板块中的地面，扫刷冲洗干净，晾干，先刷纯水泥浆一遍，随用与原地面面层用料相同的水泥砂浆（按配合比计量准确和搅拌均匀的砂浆）一次铺满，并刮平拍实，初凝收水后拍实抹平，沿旧地面周边细致拍实抹平，控制平整度；终凝前拍平抹光；湿养护不少于7d；并做好成品保护，防止踩踏和振动。

3）有的地面裂缝少，宽度大于1mm，经检查不脱壳。此时扫刷缝隙中的灰尘，可先用水冲洗缝隙，无积水后，灌入搅拌均匀的水泥浆，待初凝后用抹子刮平，湿养护7d后使用。

（3）预防措施

1）控制材料质量标准。水泥须选用硅酸盐水泥和普通硅酸盐水泥，其强度不低于42.5MPa，并严禁混用不同品种、不同强度等级的水泥。采用中粗砂，其含泥量应小于3%。

2）水泥砂浆（体积比为水泥:砂＝1:2）强度等级不小于M15，稠度（以标准圆锥体沉入度计）不应大于35mm。

3）施工人员应刮除基层面的灰疙瘩，扫刷冲洗干净，晾干，用纯水泥浆满刷一遍；随铺搅拌均匀的水泥砂浆，刮平、拍实、搓平。初凝收水后，拍平抹光，终凝前抹平压光，以无抹痕为好。

4）面层压光24h后用锯末覆盖，洒水养护7～10d。

3. 散水坡、明沟、台阶裂缝

（1）原因分析：沿外墙的沟槽没有进行分层回填夯实；没有按规定铺夯垫层；靠外墙面，沿长度方向和转角处没有留分隔缝和伸缩缝；混凝土浇筑振捣拍实不当等原因造成。

（2）处理方法

1）当散水坡、明沟已开裂，且基土已经下沉；或散水坡、明沟已吊空，或已随之断裂下沉者，宜返工重做。按规定铺夯填层，再重浇混凝土散水坡、明沟等。在靠外墙面留一条15～20mm宽的隔离缝；沿长度方向不超过12m设一条伸缩缝，转角处设对角缝，缝内填嵌柔性防水材料，如沥青砂浆等。

2）虽有裂缝、断裂，但没有吊空和下沉，可用切割机将缝隙割开，保持缝宽度为15～20mm。扫刷缝隙的两侧，缝中填嵌柔性防水材料。其余裂缝可采取扫刷干净，用水冲洗湿润后，当缝隙小于2mm时，用纯水泥浆灌筑，初凝后压实抹平；当缝宽大于2mm时，用水泥砂浆（水泥:砂＝1:1.5）填嵌密实、刮平，湿养护7d。

3）局部破损，采取局部返工重浇混凝土。在新、旧混凝土接头处，设分格缝隔开。

（3）预防措施：坚持过程控制的原则，施工前应向操作人员进行认真交底，施工中应经常检查，发现问题及时解决。尤其是变形缝应按规范要求合理留置，缝隙填塞前必须将缝内的杂物清理干净，并在缝槽干燥的状态下进行填灌，保证填缝材料与混凝土缝壁紧密结合，灌缝饱满且不突出路面。

4. 地面空鼓

（1）原因分析

1）因上部抹灰的灰砂散落在基层面凝结，或基层积灰，或搅拌灰浆等灰泥没有扫刷和冲洗干净，形成基层与面层的隔离层而导致脱壳。

2）基层过分干燥，即面层施工前没有浇水湿润或仅在基层面洒点水，造成空鼓脱壳；或边做面层边浇水，造成基层面积水，也是造成空鼓脱壳的原因。

3）基层质量低劣，表面起粉、起砂，或混凝土面有水泥中的游离质薄膜没有刮除，也是造成起鼓的原因。

（2）处理方法

1）用小锤敲击检查空鼓脱壳的范围，用粉笔划清界线，用切割机沿线割开，并掌握切割深度；凿除空鼓层，从凿开的空鼓处检查分析空鼓原因，刮除基层面的积灰层或基层面的酥松层，扫刷、冲洗、晾干。在面层施工前，先涂刷一遍水泥浆，随即用搅拌均匀的同原面层相同的砂浆或混凝土，一次铺足，用刮尺来回刮平。如为混凝土面层，须用平板振动器振平振实。新、旧面层接合处细致拍实抹平，在收水后抹光，初凝时压抹第二次，终凝前以全面压光无抹痕为标准。隔24h喷洒水养护7d，或在终凝压光后喷涂养护液养护。

2）大面积起鼓和脱壳，应全面凿除，按施工方法重做面层并达到规定要求。

（3）预防措施：参照本章案例二中预防措施的有关要求。

5. 地面起砂和麻面

（1）原因分析

1）使用的材料低劣、不符合要求。

2）施工不合理：压实抹光的时间不当，如抹压时间过早或过迟，造成抹压不实或导致面层酥松；或在表面撒干水泥引起脱皮；或不养护失水而酥松；或成品不保护，过早使用，如任意踩踏和放重物等，使未凝固的面层强度下降而起砂、脱皮和露砂。

3）使用不当，在已完工的地面上进行搅拌砂浆，或把做粉刷用的砂浆直接倒在地面上，再转铲给抹灰工使用，使光洁的地面造成麻面和起砂。

4）冬期水泥砂浆地面施工时保温不当，造成地面早期受冻，使地面面层脱皮、起砂、酥松；或水泥砂浆地面抹光后，气温下降，常将门窗关闭，室内设临时煤炉生火保温防冻，则二氧化碳和水泥中的硅酸盐和铝酸钙等作用，使表面酥松而起砂。

（2）处理方法

1）表面局部脱皮、露砂、酥松的处理方法是，施工人员用钢丝板刷刷除地面酥松层，扫刷干净灰砂，用水冲洗，保持清洁湿润，当起砂层厚度小于2mm时，用聚合物水泥浆（108胶:水:水泥=1:4:8）满涂一遍，然后水泥砂浆（水泥:细砂=1:1）铺满刮平，收水后用木抹子拍实搓平。初凝后用木抹子用力均匀地抹平，终凝前用钢抹子抹光，并养护28d后方可使用。

2）使用劣质水泥等造成大面积酥松，必须返工，铲除后扫刷干净，用水冲洗湿润。

（3）预防措施：严格材料质量标准、配合比及施工方法，参照案例二中预防措施施工。

6. 地面返潮

（1）原因分析

1）地面下未设隔断垫层，地面下的基土潮湿，因毛细作用，使水分上升而返潮。

2）垫层材料中含泥量大，如碎石、炉渣等材料中夹有大量的泥土，有的大于30%。则该垫层不能起到隔水防潮作用。

3）有的建筑物做砖砌体时没有按规定做防潮层，也有的防潮层失效，则沿墙边返潮。

4）有的地面标高低于周围的地面，地表水渗入地面而潮湿。

（2）处理方法

1）在返潮的地面上铺设一层有保温与吸水作用的块料面层。

2）在地面上铺一层塑料薄膜，薄膜与薄膜的搭接不少于80mm，上面再浇40mm厚、强度等级大于C20细石混凝土面层，辊压密实，表面加1:2水泥砂浆，抹压平整光洁。

3）地面标高低的处理方法：可沿建筑外墙面周围挖一条沟，深度低于地面500mm以上，使积水及时排除，保持室内地面干燥。

（3）预防措施

1）控制垫层材料的质量，碎石、炉渣中的含泥量不宜大于5%，厚度不少于60mm，表面空隙应以细石子填补。用碎石垫层来隔断基土毛细作用。

2）建筑施工的墙体在±0.000以下60mm处按设计规定做好防潮层，经检查合格后，方可砌上部的墙体。

3）铺设卷材一层的防潮层，在垫层上铺刮一层1:3水泥砂浆，厚度不大于20mm，上面铺一层防水卷材，长短边搭接不少于80mm；必须用配套的黏结剂粘贴牢固，四周卷高60mm。

4）架空法。采用预制小孔板架空，可大大减弱地温对地面面层的影响，使地面的上下两个面同时接触空气，使表面温度增高，缩小与空气的温度差。架空地面必须在外墙上设置通风洞，使架空板下面的空间通风。

7. 倒泛水或积水

（1）原因分析：施工管理不善，地面50线不准，操作时没有按规定放坡度，土建施工与管道安装不协调，使地漏的标高高于地面造成积水；或排水孔的内径小，容易堵塞而积水。

（2）处理方法

1）外走廊、阳台的排水孔高于排水面而积水；或排水管的内径小，容易堵塞时，可凿除原排水管并扩孔和降低标高。更换排水管的内径要大于50mm；排水管要向外倾斜5mm，最好要接入雨水管。

2）厨房、厕所、浴室地面倒泛水时，需凿除原有地面面层，从地漏的上表面标高高出5mm拉线找规矩确保地面水都流向地漏。基层面必须扫刷冲洗干净并晾干，刷一遍水泥浆，随用搅拌均匀的水泥砂浆（水泥:砂=1:2.5）铺地面，每间要一次铺足。按标准刮平，收水后拍实抹平，初凝后用木抹子拍实搓光。隔24h后浇水养护。检查找平层、找坡层，不得有积水的凹坑、脱壳裂缝和起砂等弊端。施工中需保护好一切排水孔，防止水泥浆流入孔中堵塞管道。

（3）预防措施

1）必须在每层砌体上画好基准线，确保土建施工和设备安装的标高一致。

2）厕所、浴室地面，要先根据地漏的上表面提高5mm拉坡度线。当找坡层做好后，试水检查要合格。

3）阳台、外走廊的坡度要坡向排水孔。

（二）板块地面工程

1. 板块空鼓

（1）原因分析

1）地面基土没有夯压密实而产生不均匀沉降，导致板块空鼓。

2）基层面没有扫刷、冲洗洁净，泥浆、浮灰、积水成为隔离层。

3）板块背面黏附的泥浆、粉尘等物质没有洗刷就铺贴，黏结层不黏结而空鼓。

4）基层干燥，浇水不足，或黏结层的水泥砂浆时干、时湿，铺压不均匀，局部不密实；或面层板块铺好后，养护时间不够，过早使用，造成空鼓。

（2）处理方法

1）由于底层基土不密实，造成地面板块空鼓时，要查明软弱层的范围，进行处理。

2）局部板块松动时，将松动、空鼓的板块画好标记，由里向外逐块揭开，凿除结合层，扫刷洁净，浇水冲洗湿润，按要求逐块修补好。

（3）预防措施

1）找平层表面应粗糙、洁净，保持湿润，不得有积水；抗压强度不得小于12MPa；不得有酥松、起砂；表面平整度不得有大于5mm的凹凸处。

2）掌握刷水泥浆的质量，水泥浆的水灰比不大于0.4，并随刷随铺，不得在硬化后再铺粘结合层。水泥浆应用强度不低于42.5MPa的普通硅酸盐水泥。

3）黏结层宜用1:4水泥砂浆洒水拌均匀刮平拍实。板块的接合面应洗刷清洁，满刮水泥浆。

2. 接缝高低差大，拼缝宽窄不一

（1）原因分析

1）板块的几何尺寸误差大，预制水磨石、大理石、花岗岩等板块的表面没有磨平，凹凸与翘曲。

2）铺设板块时接缝高低差大或拼缝时宽时窄；也有黏结层不密实，受力后局部下沉，造成相邻两块板之间高低差大于1mm。

（2）处理方法

1）当已铺好的地面有局部沉降的板块，使接缝产生高低差时，可将沉降的板块掀起，凿除黏结层，扫刷干净，冲水湿润晾干。

2）已铺好的板缝宽窄不一，但数量不多，可用与面层相同颜色的水泥浆将缝隙抹平、抹密实。

3）如使用板块的几何尺寸及平整度误差超过规定的低劣产品，必须更换合格的板块。

（3）预防措施

1）严格板块材料质量标准：①大理石的技术等级、光泽度、外观等应符合要求，必须有出厂合格证和各项指标数据。②花岗石板材的技术等级、外观质量、镜面光泽度等应符合要求，必须选用硅酸盐水泥或普通硅酸盐水泥，强度不低于42.5MPa。

2）严格施工质量标准，即相邻两块板的高低差不大于0.5mm，缝宽应均匀一致。发现不符合标准的板块时，施工人员应及时纠正和调换合格的板块。

3. 地面砖空鼓和脱落

（1）原因分析

1）基层面没有按规定冲洗和刷干净并浇水湿润。

2）基层强度低于 M15，表面酥松、起砂，有的基层干燥。

3）水泥砂浆结合层搅拌计量不准确，时干时湿，铺压不密实。

4）地面砖在铺贴前，没有按规定浸水和洗净背面的灰和粉尘；或砖上的明水在铺贴前没有擦拭干净就铺贴。

5）地面铺贴后，黏结层尚未硬化，就在地面上走动、推车、堆放重物，或其他工种在地面上操作和振动，或不浇水养护等。

（2）处理方法。用小锤敲击检查，发现松动、空鼓、破碎的地面砖，画好标记，逐排逐块掀开，凿除原有结合层的砂浆，扫刷干净，用水冲洗、晾干；刷聚合物水泥浆（108胶:水:水泥 = 1:4:10），停 30min 后即可铺黏结层水泥砂浆（水泥:砂 = 1:2）。水泥砂浆应搅拌均匀，稠度控制在 30mm 左右，控制平整均匀度、厚度。将地面砖背面的灰浆刮除，洗净灰尘、晾干；再刮一遍黏结剂，压实拍平。新铺的地面砖要和周围的地面砖相平，四周的接缝要均匀。用同地面砖颜色相同的水泥色浆灌缝，待收水后擦干擦匀砖缝，用湿布擦干净地面砖上的灰浆。湿养护和成品保护至少 7d，方可应用。

（3）预防措施

1）基层的砂浆强度不得低于 M15，平整度用 2m 靠尺检查时不大于 5mm，无脱壳和酥松部分为合格。质量必须达到合格标准：每处脱皮和起砂的累计面积不得超过 0.5m^2。

2）结合层一般应采用硅酸盐水泥或普通硅酸盐水泥，水泥强度不低于 42.5MPa。水泥砂浆（水泥:砂 = 1:2）的强度等级不应低于 M15。

3）地面砖铺贴前，应对规格尺寸、外观质量、色泽等进行预选，然后清洗干净，放入清水中浸泡 2 ~ 3h 后取出晾干备用。

4. 地面砖裂缝

（1）原因分析

1）因楼面结构变形，拉裂地面砖。

2）有的地面砖接合层采用纯水泥浆，因温差收缩系数不同，常造成地面砖起鼓、爆裂。

（2）处理方法

1）因结构变形拉裂地面砖，先进行结构加固处理，然后再处理地面的裂缝。

2）因结构收缩变形和温差作用而引起地面砖起鼓和爆裂，必须将起鼓和脱壳、裂缝的地面砖铲除或掀起，沿已裂缝的找平层进行拉线，用混凝土切割机切缝；扫刷干净，缝内灌柔性密封胶，并凿除水泥浆结合层，再用水冲洗扫刷洁净、晾干。结合层用干硬性水泥砂浆（水泥:砂 = 1:2）铺刮平整铺贴地面砖，也可采用 JC 建筑装饰黏合剂。铺贴地面砖要对缝，将砖缝留在锯割的伸缩缝上，砖缝控制在 10mm 左右。确保面砖的横平竖直以及砂浆的饱满度、标高和平整度，相邻两块砖的高度差不得大于 1mm。表面平整度用 2m 直尺检查不得大于 2mm，面砖铺贴应在 24h 内进行擦缝、勾缝；擦缝和勾缝应采用同品种、同强度等级、同颜色的水泥，随做随清理砖面的水泥浆液，做好后湿养护 7d 以上，并保护成品不被随意踩踏。

（3）预防措施：参照案例三的处理方法。

5. 地面砖接缝质量差

（1）原因分析

1）地面砖质量低劣，砖的平整度和挠曲度超过规定值。

2）操作不规范，结合层的平整度差，密实度小，且不均匀。铺砖的相邻两块砖接缝高低差大于1mm，接缝宽度大于2mm；或一头宽一头窄。

（2）处理方法

1）当相邻两块砖接缝高低差大于1mm时，宜返工纠正。

2）若接缝不均匀，在不影响使用功能和观感且数量不多时，可以用与地面砖颜色相同的水泥浆擦缝。如确实影响美观，须返修。

（3）预防措施

1）控制好材料质量，要认真选砖，即选用砖的平整度、几何尺寸、色泽花纹均标准的地面砖。

2）施工中要预排好地面砖，包括色泽和花纹的调配，拉好纵向、横向和水平的控制线。拉不好控制线，就铺不好地面砖。

6. 面层不平整、积水、倒泛水

（1）原因分析

1）施工管理水平低。铺贴地面砖时，没有拉好控制线，尤其是水平线时松时紧，导致平整度差。

2）底层地面的基层回填土不密实，局部沉陷，造成地面砖面低洼而积水。

3）铺贴地面砖前，没有检查找平层的平整度和排水坡度，就盲目铺贴地面砖。

（2）处理方法。在检查中发现有倒泛水和积水的洼坑，必须返工纠正；局部破损地面砖也要返修。

（3）预防措施

1）铺砖前要先检查找平层的强度、平整度、排水坡度，分格缝中的柔性防水材料要先灌注好，地漏要安装好，使找平层上的水都能流入地漏。

2）按控制线先铺纵横定位地面砖，再按控制线铺贴其他地面砖；边拍实边用水平靠尺检查确实平整，直到达到标准为止。

7. 陶瓷锦砖地面空鼓、脱落

（1）原因分析

1）结合层砂浆在铺贴锦砖时已初凝；或使用拌和好超过3h的砂浆等，造成空鼓、脱落。

2）地面铺贴完工后，没有做好养护和成品保护工作。

3）铺贴完的锦砖，采用浇水湿纸的方法。因浇水过多，有的在揭纸时，拉动砖块，水渗入砖底使已贴好的锦砖有空鼓。

（2）处理方法

1）发现局部脱落，将脱落的锦砖揭开，用小型鏨子将黏结层凿低2~3mm。用JC建筑装饰黏结剂补贴好，养护。

2）当大面积空鼓脱落时，必须按工艺要求返工重贴。

（3）预防措施

1）检查锦砖地面铺贴的基层平整度、强度。铺抹黏结层前1h左右，先在湿润但不积

水的基层面薄刷水泥浆一遍。

2）铺抹黏结层时，要掌握好砂浆配制质量，严格按配合比计量。配合铺贴锦砖需要，做到随拌、随铺贴锦砖，贴好一段再铺一段砂浆。

3）严格按要求施工，并做好成品的养护和保护工作。

8. 锦砖地面出现斜槎

（1）原因分析

1）房间不方正。

2）操作水平低，铺贴时又不拉控制线，以致锦砖贴歪斜。

（2）处理方法

1）因房间内净尺寸不方正，已贴好的锦砖靠墙边的斜槎可用同颜色的水泥浆擦缝。

2）因施工不当，造成斜槎影响观感时，必须返工纠正。

（3）预防措施

1）施工前要认真检查铺贴锦砖地面房间的几何尺寸；弹控制线时，要排好靠墙边的尺寸。砖与砖之间，砖与结合层之间以及在墙角、镶边和靠墙处，均应紧密贴合，不得留有空隙，在靠墙处不得采用砂浆填补。

2）在砖墙面抹灰、抹踢脚线时，适当纠正偏差。

3）加强质量检查，及时纠正各道工序的偏差。

9. 锦砖面污染

（1）原因分析

1）锦砖铺贴好擦缝后，没有及时将砖面的水泥浆擦揩干净；或擦揩后没有用清水洗干净，残浆液还粘在砖面上。

2）成品没有保护好，即锦砖贴好后，因其他工种操作而污染，如水泥、石灰浆、涂料等落在砖面上没有及时擦拭干净。

（2）处理方法

1）小面积污染时用稀盐酸擦洗干净，随后用清水洗净盐酸。操作要防止灼伤皮肤和衣服。

2）黏附的涂料和油漆，可用苯溶液先湿润后擦干净，并随后用清水冲洗干净。

3）大面积水泥浆液污染时，用稀盐酸水全面涂刷一遍，然后擦洗干净，再用清水冲洗扫刷洁净。

（3）预防措施

1）当锦砖铺贴完成经检查合格后，在擦缝的同时做好面层的清理工作，擦净后还要用清水洗刷干净。

2）做好保护工作。在铺贴完成后隔 24h 铺 10mm 厚的干净木屑，并要洒水湿养护 7d 以上。木屑要保持到室内全部工序完成后再扫除。

3）加强质量保证管理制度，实施谁污染谁清洗的规定。

任务二　室外装修工程质量事故分析与处理

一、面砖工程

（一）外墙贴面砖空鼓、脱壳

1. 原因分析

（1）基层处理不当，即没有按不同基层，采用不同的处理方法，使底层灰与基层之间黏结不良。

（2）因底层灰、中层灰和面砖自重的影响，使底层灰与基层之间产生剪应力。由于基层面处理不当，或施工操作不当，或各层之间的黏结力又差，就会产生空鼓和脱壳，甚至从建筑物上脱落。

（3）使用劣质、或安定性不合格、或储存期超过3个月、或受潮结块的水泥进行搅拌。

（4）搅拌砂浆不按配合比计量，稠度没有控制好，保水性能差；或搅拌好的砂浆停放时间超过3h仍使用；或砂的含泥量超过3%以上等，在同一施工面上引起不同的收缩而开裂、空鼓。

（5）面砖没有按规定浸水2h以上，没有洗刷掉泥污就用于粘贴，或面砖黏结层不饱满，或面砖粘贴初凝后再去纠正偏差而松动。

2. 处理方法

（1）对粘贴好的面砖进行检查，发现有空鼓时，应查明脱壳和空鼓的范围，画好周边线，用手提切割机沿线（砖缝）割开，将空鼓和脱壳部分的面砖、黏结层铲除刮净，扫刷冲洗干净。

（2）根据返修面积的大小，计算用料数量，备足合格水泥、中砂、108胶和同规格色泽的面砖，与原有面层用料相同。

（3）铺刮黏结层时，要先刮墙面、后刮面砖背面，随即将砖贴上，要保持面砖的横缝和竖缝与原有面砖相同、相平，经检查合格后勾缝。

3. 预防措施

（1）在结构施工时，外墙应尽可能做到平整垂直，为饰面施工创造条件。

（2）面砖在使用前，必须清洗干净，并隔夜用水浸泡，晾干后方可使用。如使用干砖粘贴，有的面砖积灰，砂浆不易黏结；干面砖吸水性强，很快吸掉砂浆中的水分，使其与砂浆黏结力降低。若面砖浸泡后没有晾干就粘贴，因面砖表面附有明水，在粘贴时产生浮动，致使面砖空鼓和脱壳。

（3）粘贴面砖时，砂浆要饱满，但使用砂浆过多，面砖又不易贴平，如果多敲，会造成浆水集中到面砖底部或溢出，收水后形成空鼓。

（4）在面砖粘贴过程中，宜做到一次成活，不宜移动，尤其是砂浆收水后再纠偏挪动，最易引起空鼓。

（5）做好勾缝。勾缝用1:1水泥砂浆，砂过筛；分两次进行。勾成凹缝，凹进面砖深度约为3mm。相邻面砖应用同面砖相同颜色的水泥砂浆擦缝，擦缝时对面砖上的残浆必须及时清除，不留痕迹。

（二）面砖接缝不直、不平、不均匀

1. 原因分析

（1）选购的面砖几何尺寸误差大，或进场的面砖没有经选砖就镶贴。

（2）没有垫好控制水平标高的底尺，没有吊垂直线，砖又没有进行预排。

（3）平尺板安装不水平，操作技术水平低。

（4）基层抹灰面不平整。

2. 处理方法

当发现镶贴的面砖有高低误差和垂直偏差时，应及时纠正，必要时返工重贴。

3. 预防措施

（1）选砖要作为一道工序对待。面砖要根据其长、短、宽、窄的不同分别选出，分别堆放，并把翘曲、变形、裂缝、缺棱和掉角的面砖剔除。每镶贴一皮砖，要用一样高度的砖。在一条垂直线上的面砖要一样宽。

（2）先设计好面砖镶贴排列图，铺贴前要按进场面砖的实际尺寸进行预排，及时调匀砖缝。

（3）根据测好的水平线，垫好水平底尺，做好镶贴第一皮砖的基准线，安排砖的位置挂好竖直线，每镶贴好一皮砖，要及时用靠尺板靠直、靠平，及时校正横缝和竖缝的平直与均匀度。

（三）镶贴好的面砖被污染

1. 原因分析

（1）因运输及保管不善，面砖被污染，没有清除就使用。

（2）施工操作过程中没有及时清除玷污砖面的黏结剂、水泥砂浆等。

（3）面砖成品保护不善，被涂料、油漆等污染。

（4）凸出墙面的构件和线条下口没有做滴水线（槽），污水沿墙面下淌沾附在面砖上。

（5）墙上埋设的钢构件和预埋的铁件锈蚀，铁锈随雨水下淌，污染墙面。

2. 处理方法

（1）面砖面层上沾附水泥浆液等污物时，可用10%稀盐酸水溶液先湿润，再用板刷蘸溶液刷洗揩拭洁净，随后用清水冲洗掉溶液。

（2）面砖上沾附沥青、涂料时，不应用刮刀刮除，而先用苯湿润溶解，再用苯擦洗洁净，然后用清水冲洗干净。

（3）修补、返工重做滴水线或滴水槽，以不沿面砖淌水为合格。

3. 预防措施

（1）面砖在运输和储存过程中，要防止雨淋和受潮，防止包装的纸箱腐烂而污染砖面。

（2）已贴好的面砖要加强保护。屋顶防水层施工要有防污染措施。

（3）砌体上的预埋钢、铁构件，必须除锈、涂刷两遍以上的防锈优质涂料，经验查合格后方可预埋。

（4）无釉面砖在镶贴与勾缝过程中要尽量避免浆液污染砖面，一旦有污染，及时清理干净。

（四）锦砖的分格缝不匀，砖缝不平直

1. 原因分析

（1）陶瓷锦砖面层对基层抹灰层平整度的要求很高，如偏差大于3mm就会影响施工质量。

（2）没有按结构施工的实际尺寸进行排砖、分格和绘制大样图，造成误差。

（3）当锦砖镶贴揭纸后，没有及时检查砖缝，发现偏差又没有及时拨正调直。

2. 处理方法

（1）锦砖贴完一个分格块揭纸后，若发现表面不平整、砖缝不平不直时，必须及时纠正锦砖缝。

（2）先弹线确定分格缝，如发现砖不同或大小不一时，要先纠正后贴砖。

（3）在完成后检查发现局部不平整、砖缝不平不直时，做局部返修。

3. 预防措施

（1）绘制锦砖贴面施工大样图。核实结构实际情况，决定面砖铺贴厚度和排砖模数，画出施工大样图。

（2）吊垂直线、套方、找规矩是关键。吊阳角、窗角、门角、砖垛的阳角等处的垂线，必须从顶到底，用经纬仪复核。根据标准线用1:3水泥砂浆做出灰饼，一般做50mm×50mm方块的灰饼，作为中层抹灰层的面。还要防止在窗台、窗口、腰线、砖垛等部位的分格缝不均匀、阳角处的不足整砖等现象。阴角要垂直、方正。

（3）严格底层抹灰质量，必须根据不同基体采取不同的施工方法。

（4）检查中层灰的平整度、垂直度和质量，符合标准后，按大样图弹水平分格线，贴分格条，作为水平和平整度的标准。

（5）揭纸后的拨缝调正指揭纸后检查缝的大小和顺直程度，对歪斜不正的缝，用开刀和抹子逐条按要求将缝拨匀、拨正。拨缝后再用拍板拍实一遍，以增强黏结力。以达到表面平整为止。

（五）瓷砖排砖不合理、套砖不规格

1. 原因分析

（1）有的镶贴瓷砖墙面几何尺寸不方正。

（2）瓷砖在镶贴时没有统一排砖，非整砖部位的位置不当。

（3）阴角、阳角及上口封边，没有使用配套瓷砖（阴角砖、阳角砖、压顶砖等）镶贴。

2. 处理方法

（1）纠正阴角方正、阴角的垂直，必须用面砖的大面盖小面、正面盖侧面。如瓷砖不贴到顶，尽量加设压顶砖，可以防止积灰。

（2）对没有按规范套割的地方，必须返工换套割的整砖，割的孔比管子的外径大2mm。

3. 预防措施

（1）施工前检查镶贴瓷砖墙面的实际尺寸。略有出入时，可在抹底层灰和中层灰时调整，或采用适当加厚和减薄抹灰层的方法，也可采用适当放宽和缩小瓷砖砖缝的方法，一般砖缝控制在1~1.5mm。

（2）铺贴瓷砖的每一个墙面，都应分中对称铺贴，边上不宜用小于1/2的瓷砖，阴角、阳角及压顶处，可用配套专用瓷砖镶贴。

（3）凸出基层面的水管、灯具、支架等处用小块瓷砖拼贴。

（4）铺贴过程中遇有凸出的管线、灯具、卫生设备的支架等处时，应根据瓷砖排列的位置画好套割的位置，一般要比套件大2mm。

二、水刷石工程

水刷石饰面是一项传统装饰工艺，操作技术要求较高。常见的质量通病有空鼓，石子不均匀及部分脱落，阴阳角不垂直、饰面不清晰及颜色不均匀等。

（一）空鼓

1. 原因分析

（1）基层处理清扫不干净，墙面浇水不透不匀。

（2）一次抹灰太厚或各层抹灰跟得太紧。

（3）夏季抹灰砂浆失水过快或缺少必要的养护。

（4）在干燥的底灰上刮抹纯水泥浆黏结层时，底层没有浇水湿润，纯水泥浆刮抹不匀或漏刮以及刮浆后水泥石子浆罩面没跟上。

2. 预防措施

（1）做好准备，清扫干净基层表面，堵严孔眼；混凝土墙面应剔平凸块；蜂窝、凹洼、缺棱掉角和板缝处应先刷一道108胶:水=1:4的胶水溶液，再用1:3水泥砂浆修补；加气混凝土墙面缺棱掉角和板缝处，宜先刷掺加量为水泥质量20%的108胶的素水泥浆一道，再用1:1.6混合砂浆修补抹平。

（2）基层墙面应在施工前一天浇水，要浇透浇匀。抹上底子灰后，用刮杠刮平，并搓抹压实。

（3）表面较光滑的混凝土墙面和加气混凝土墙面，抹底灰前宜先涂刷一道108胶素水泥浆以增加黏结力。

（4）大面积墙面抹灰，为了不显接槎和减少抹灰层收缩开裂，宜设分格缝。

（5）夏季应避免在日光曝晒下抹灰。罩面成活后第二天应浇水养护，并不少于7d。

（6）窗台处是墙体最薄弱之处，易产生裂缝或空鼓，除设计上应考虑加强地基刚度外，抹灰时间，宜先在结构沉降稳定后进行，并加强抹灰的养护，减少砂浆收缩。

（7）加强施工管理。在抹面层水泥石子浆之前，应在底子灰上薄薄满刮一道纯水泥浆黏结层，然后抹面层水泥石子浆，随刮随抹，不能间隔，否则纯水泥浆凝固后，就起不到黏结作用而适得其反，增大面层空鼓的可能性。刮纯水泥浆应在底灰干到六七成时为宜，如底层已干燥，应适当浇水湿润。

（二）石子不均匀或脱落、饰面浑浊不清晰

1. 原因分析

（1）石子使用前没有洗净过筛。

（2）分格条粘贴操作不当。

（3）底子灰干湿程度掌握不好。

（4）喷刷操作不当。

（5）底层灰平整度、干湿程度没有掌握好。在抹压过程中石子颗粒在水泥浆中不易转动，洗刷后的面层显得不匀、不平整、不清晰。

2. 预防措施

（1）水刷石使用的石子粒径以4~6mm为宜，要求颗粒坚韧、有棱角、洁净。使用前应过筛冲洗并晾干，堆放时应防止污染。水泥石子浆要统一配料。

（2）分格条应选用优质木材，粘贴前应在水中浸透，保证起条后灰缝整齐又不掉石子。分格条两侧抹八字形纯水泥浆，以45°为宜。若抹得坡度太小，在抹水泥石子浆时，石子颗粒不易挤到边，喷刷后分格条缝处容易出现石子稀少和仅是水泥浆的情况；若抹得太陡，则抹水泥石子浆时容易将粘贴水泥浆碰掉，在横向分格条上方，水泥石子浆下坠，致使分格条弯曲变形，影响分格条平直。

起分格条时，应用铁皮尖头插入分格条上下摇动，由一端逐渐取出，避免粘贴纯水泥浆随分格条带出，造成分格条缝边缘石子脱落。

（3）掌握好底灰的干湿程序。如底层太干燥，抹上水泥石子浆后因底层吸水大，石子浆就干得快，产生假凝现象，就不易抹平和压实，在抹压过程中，石子颗粒在水泥浆中不易活动，造成较多石子的尖棱朝外，刷洗后表面石子就会显得稀散不均匀、不平整和不清晰（抹压过程应使石子大面朝外，刷洗后就会克服上述缺陷）。抹上石子水泥浆后，待其稍收水后，先用铁抹子拍平压光，然后用刷子蘸水刷去表面浮浆；拍平压光一遍，再刷再压一遍，并重复不少于三遍，达到表面石子排列紧密均匀。

（4）掌握好水刷石的关键工序——刷洗。刷洗过早或过度，造成石子颗粒露出灰浆面过多，容易脱落；刷洗过迟则灰浆冲洗不净，表面显得污浊，不清晰，不美观。控制好开始洒水刷洗时间，以用手指按上去无痕或用刷子刷时石子不掉粒为宜。刷洗应由上而下，喷头离刷洗面10~20mm，喷洗要均匀，一般洗到石子露出灰浆面1~2mm即可。遇阳角处，喷头应骑角喷洗，在一定的宽度内一喷到底，喷洗中发现局部石子颗粒不均匀时，应用铁抹子轻轻拍压，以达到表面石子颗粒均匀一致。若发现表面有干裂、风裂现象要先用抹子抹，才能喷洗，防止喷洗时水渗入石子浆内造成坍塌。最后，用小壶由上而下冲洗，不宜过快、过慢或漏冲。过快或漏冲，混水浆冲不干净，表面容易发生混浊或花斑；冲洗过慢会出现面层坠裂现象。

（5）接槎处喷洗前，应先把已完成的水刷石墙面喷湿约30cm，然后再由上往下喷洗，否则浆水容易溅污已完成的墙面，并不易清洗。刮大风天气不宜进行水刷石施工，以防混浊浆雾被风吹到已经完成并干燥的水刷石墙面上，造成大面积花斑。

（三）阴阳角不垂直、有黑边

1. 原因分析

（1）抹阳角时，操作不正确。

（2）阴角处抹罩面石子浆一次成活，没有弹垂直线找规矩。

（3）抹阳角罩面石子浆时，第一天抹完一节，第二天抹第二节时，往往把靠尺对正贴在第一天抹完的阳角上，再用抹子压，石子浆中的空隙被石子挤严而原来的石子浆面层产生收缩，水泥浆被冲洗掉以后，就比已抹完的第一节饰面略低一些，再把靠尺贴在已抹完的一面，同样又低一些。这样就出现了阳角不对直或不平直。

（4）刷洗阴阳角时，喷水角度和时间掌握不适当，石子被冲洗掉。

2. 预防措施

（1）抹阳角反贴八字靠尺时，当抹完一面起尺后，伸出的八字棱应与另一面厚度相等，使罩面石子浆接槎正交在尖角上。如高出另一面时，抹面灰时势必把伸出八字棱处的石子尖棱拍压回去，石子产生松动，待刷洗时石子极易脱落；如低于另一面的厚度，则易出现黑边。

阳角刷洗前，应先用刷子蘸水把靠近阳角面层上的灰浆刷掉，然后检查石子是否饱满、均匀和已压实，如压得不实应再压一遍，然后用喷头骑墙角由上而下顺序刷洗。要正确掌握刷洗时间。喷水时间长，易把阳角处石子冲掉；时间短，又冲不干净。阳角贴尺时，应比上节已抹完的阳角略高1~2mm，经过抹压，冲洗，各节阳角罩面方可对正平直。

（2）阴角交接处的水刷面，最好分两次完成水刷面罩面操作，先做一个平面，然后做另一个平面。在靠近阴角处，按照罩面水泥石子浆厚，在底子灰上弹上垂直线，作为阴角抹直的依据；然后在已抹完的一面，靠近阴角处弹上另一条直线，作为抹另一面的依据。分两次操作可以解决阴角不直的问题，也可以防止阴角处石子脱落、稀疏等通病。阴角刷洗时要

注意喷头的角度和喷水时间，如果角度不对，喷出的水顺阴角流量比较大，产生相互折射作用，容易把阴角旁边的石子冲洗掉；冲洗时间短，饰面石子洗不干净。

（四）颜色不均匀

1. 原因分析

（1）所用石子种类不一，或有混批，质量欠佳，特别是含杂质过高。

（2）选用的颜料质量差，或与水泥混合搅拌不匀。

（3）施工时，底灰干湿不匀；刮大风天气施工的污染。

（4）冬期施工时，选用的防冻材料析盐出现白斑，造成墙面颜色不匀。

2. 预防措施

（1）同一墙面所用的石子应为同一批石子，且颗粒坚硬均匀，色泽一致，不含杂质。使用前应过筛、冲洗、晾干，并盖好堆放，避免污染。

（2）应选用耐碱、耐光的矿物颜料，并特别注意使用前掺量与水泥拌和均匀。

（3）抹水泥石子浆前，干燥底灰面层应事先浇水湿润。

（4）避免刮大风施工，以免造成大面污染或出现花斑。

（5）冬期施工，应尽量避免掺氯化钠和氧化钙。

三、干粘石工程

干粘石饰面施工，操作简便，造价较低，饰面效果较好。在一般工程上仍然普遍采用。

（一）空鼓

1. 原因分析

（1）砖墙面挂尘太多或粘在墙面上的灰浆、沥青或泥浆等污物未清理干净。

（2）混凝土基层表面太光滑或残留的隔离剂未清理干净，混凝土基层表面有空鼓、硬皮等未做处理。

（3）加气混凝土基层表面粉尘细灰清理不干净，抹灰砂浆与加气混凝土二者收缩不一致。

（4）施工前基层不浇水或浇水不适当：浇水过多易流，浇水不足易干，浇水不均产生干缩不均，或因脱水快而干缩。

（5）冬期施工时抹灰层受冻。

2. 预防措施

（1）加强施工管理，做好基层处理。用钢模生产的混凝土制品基层较光滑并带有隔离剂，宜用10%的火碱水溶液将隔离剂清洗干净，混凝土制品表面的空鼓硬皮应敲掉刷净。

（2）施工前必须将混凝土、砖墙、加气混凝土墙等基层表面上的粉尘、泥浆等污染物清理干净。

（3）如基层面凹凸超出允许偏差，凸处剔平，凹处分层修补平整。

（4）加强基层黏结。底层与中层砂浆配合比应相同。施工前针对不同材质的基层，严格掌握浇水量和均匀度。

（5）抹面层灰之前，用108胶水（108胶∶水泥∶水＝1∶2∶4）满刷一遍，并随刷随抹面层灰。加气混凝土墙面除按上述要求操作外，还必须采取分层抹灰，灰浆强度逐层提高，减小收缩差，增加黏结强度。

（6）对较光滑的混凝土基层面，宜采用聚合水泥稀浆（水泥∶砂＝1∶1，外加水泥质量

5%～15%的108胶）满刷一遍，厚度约1mm，不可太厚，并用扫帚划毛，使表面麻糙，待晾干后抹底灰。

（二）面层滑坠

1. 原因分析

（1）水泥安定性不好，石灰质量低劣。

（2）底灰抹得不平，凹凸相差大于5mm以上时，灰层厚的地方易产生滑坠。

（3）拍打过分，产生翻浆或灰层收缩产生裂缝形成滑坠。

（4）雨季施工时雨水多，底灰含水饱和又没有晾干，或施工时底灰浇水过多未经晾干就抹面层灰。

2. 预防措施

（1）水泥必须经抽样测试合格后方可使用。

（2）底灰一定要抹平，厚度应小于5mm。

（3）根据施工季节、温度及材质的不同，严格掌握好对基层的浇水量。砖墙面吸水多，混凝土墙面吸水少，加气混凝土墙面多为封闭孔，不易浇透。按照不同材质的墙面掌握浇水量，使墙面湿度均匀为宜。

（4）防止灰层出现收缩裂缝。灰层终凝前应加强检查，发现收缩裂缝可用刷子掸点水，再用抹子按平、按实、粘牢。

（5）底灰凹处大于5mm，粘石前先用粘石灰浆修补平整，当修补灰浆晾干后，分两遍抹面层灰。一是先薄薄地刮一层，稍加晾干；随后再抹面层灰并随之粘石。

（6）打好底灰后如正赶上下雨或连阴天，底灰含水饱和墙面不再吸水，但又要继续施工时，应薄薄地满刮粘石灰浆一道，随之用干灰进行晾干处理，方能继续抹面层灰进行粘石。

（三）接槎明显

1. 原因分析

（1）面层抹灰和粘石操作衔接不及时，使石子黏结不良。

（2）分格大，一次不能连续完成一格，接槎处灰干，粘不上石子。

（3）接槎处灰浆软硬不一致难以抹平，新灰粘在接槎处石子上，将接槎处石子碰掉等都会造成接槎明显。

2. 预防措施

（1）施工前要熟悉图样，检查分格是否合理，操作有无困难，是否会带来接槎质量问题。

（2）遇有大块分格，做好工序搭接，抹面层后要“紧跟”粘石。如面层灰被晾干，可淋少量水及时粘石子，并用抹子用力拍平。

（3）脚手架高度与分块接槎要协调，避免不必要的接槎。

（4）在确保美观的条件下，按一次连续抹完一格的原则合理地安排分格。

（5）遇有较大块的分格时，要事先计划好，必须一次抹完一块，中间不留槎。

（四）棱角黑边

1. 原因分析

墙角、柱角以及门窗洞口等阳角处粘石有一条明显的无石子的灰浆线，称为棱角黑边。

阳角粘石施工时，先在大面上卡好灰尺，抹小面，粘石子压实溜平；返过灰尺卡在小面上再抹大面，粘石子。这时小面阳角处灰浆已干粘不上石子，易造成大小面交接处形成一条明显可见的无石子的黑线。

2. 预防措施

（1）干粘石在起时要轻轻拿住，先使灰尺后边离基层，使灰尺八字处轻轻向里滑进，以保持阳角边棱整齐完整平直。

（2）抹大面边角处要轻、慢，细心操作，速度要快，避免小面阳角处灰浆干燥。不要碰坏已粘好的小八字角，也不要带灰过多玷污小面八字处的边角。

（3）粘大角时宜安排技术熟练的工人操作，拍好小面石子后立即起尺，并在灰缝处再撒些小石子，用抹子拍平；若灰缝处稍干，可淋少量水，随后粘小粒石子，再拍平，即可消除棱角黑边。

（五）棱角不通顺、表面不平整

1. 原因分析

（1）饰面前对房屋大角或通直线条缺乏整体考虑，特别是墙面全部为平粘石，没有从上到下统一吊垂线、找水平线、贴标高灰饼及找直找方，而是施工时一步架子一找，必然造成棱角不直不顺，互不交圈。

（2）木制分格条湿水不够，容易把两侧灰层水分吸掉，使分格条两侧粘不上石子，造成无石子毛边；或起分格条时将两侧石子碰掉，造成缺棱短角。

2. 预防措施

（1）对建筑物立面，施工前要统一全面考虑，外墙大角或通天柱、角柱等应事先统一吊垂线，檐口、阳台等要统一找水平线，然后贴灰饼、打底找平，抹面层灰时均以此做基线。

（2）阴角粘石施工与阳角一样，也应事先吊线找规矩，施工时要用大杠子搓平，找直、找顺。阴角两个面因分先后施工，严防后抹面层灰时玷污另一面墙；同时注意不要将阴角碰坏或划出沟，以保证阴角平直。

（3）大面积的粘石要统一分格，统一找平直线，选用平直方正的分格条。施工前应用水浇透墙面，抹灰时先抹格子中间部位面层灰，最后再抹分格条四周，抹好后立即进行粘石，确保分格条两侧灰层未干时就能粘好石子，使石子饱满、均匀、黏结牢固，分格缝清晰美观。

（4）对外墙大角、通天柱、角柱按事先从上到下统一吊的垂线、平线做基线，并向外返好尺寸，做好标记，接着粘尺、抹灰及粘石。每层、每步架子都按基线尺寸为准，并随时检查。

（5）木制分格条起条不要过早。再次使用的木制分格条要清洗干净，用水浸透后方能使用。

（6）每层、每步脚手架的高度要适宜；拆架子时必须保护好产品。

（六）抹痕

1. 原因分析

在粘石表面留下鱼鳞状痕迹，凹凸不平，称为抹痕。由于粘石灰浆太稀，加上粘石子后用抹子溜抹及操作技术不熟练，表面形成鱼鳞波抹痕。

2. 预防措施

（1）根据不同墙面、施工季节，掌握好浇水量和面层灰浆的稠度。

（2）抹面层灰时一定要抹平，按晾干程度掌握好粘石的时间规律，做到随粘石子随拍平。

（3）技术较差者可采用滚子轻轻滚压至平整。

四、油漆涂料工程

（一）油漆涂料的慢干与回粘

1. 原因分析

（1）涂料质量低劣，配制时树脂用量少，则涂料干得慢。

（2）将不同类型的涂料混用，由于材料性质不相容，干燥时间不一，导致慢干，甚至产生变色、发胀等质量问题。

（3）在恶劣气候条件下施工影响漆膜的干燥。

（4）涂料的施工环境差，周围环境中含有盐、酸、碱等气体或液体；或木构件上的干性松脂没有清除，当涂刷油性涂料后，酸、碱等逐渐渗透涂膜而导致发黏。

（5）有的操作工任意多加催干剂和稀释剂，使用不当或品种不符，也会造成发黏、慢干现象。

（6）头遍漆尚未实干就涂二遍厚漆，造成外干里不干而发黏和慢干。

（7）物体表面不干净，涂漆后易产生慢干或回粘。

2. 处理方法

（1）当涂膜出现轻微慢干或回黏时，可加强通风；如温度过低可适当加温，加强保护。经观察数日，还不能干燥结膜时，则应返工重涂涂料。

（2）当涂膜多日不干或回粘严重时，要用强溶剂苯、松香水、汽油等洗掉擦净涂膜层，再重新涂刷优质涂料。

3. 预防措施

（1）宜选用优质涂料，即生产厂要有生产许可证，产品必须有出厂合格证，经抽样测试合格后方可使用。

（2）选用适当的催干剂。切忌在涂料中任意增加稀释剂或催干剂，或在底层涂料或腻子没有实干时，就涂面层涂料，造成表干里不干。

（3）选择良好的施工环境。涂料施工前，对各类基体都要将有害物质清除干净或满涂隔离层，不得在有害气体的环境中操作。

（4）一般建筑用漆干燥时间不得少于24h。

（二）涂膜层开裂或卷皮

1. 原因分析

（1）涂料质量低劣，涂料成膜后收缩脆裂。

（2）构件表面沾有油污，没有清除干净就施工，使涂膜黏结不牢而开裂。

（3）干燥剂用量过多或各种干燥剂搭配不当。

（4）底层涂层没有实干就涂刷面层，或使用油性底层涂层，致使面层涂层开裂、卷皮、脱落。

（5）墙面涂层太厚，收缩小；或底层涂层面光滑，附着力小，容易开裂。

(6) 面层油漆料中的挥发成分太多，影响成膜的结合力。

2. 处理方法

(1) 将已卷皮、开裂严重的涂膜层铲除，查明卷皮、开裂的原因。清除基层面的油污，保持基层的干燥，堵塞潮湿的水源，选用同一系列的涂料，分层涂刷，必须待底层涂膜实干后方可涂上层涂层。

(2) 局部裂缝和卷皮时，用刮刀将卷皮处刮除，用砂纸打磨裂缝和刮除处。用与原色泽相同的涂料，分层涂抹平整。

(3) 墙面因涂层太厚、太光滑而裂缝时，将有裂缝的墙面用砂纸打磨一遍，扫刷干净，用与底层同系列同色的涂料再涂刷一遍面层。

(4) 装饰涂料经使用后涂膜老化、开裂和卷皮时，应全部铲除后重涂面层涂料。

3. 预防措施

(1) 认真清理涂料基层面的油污和有害物质。

(2) 墙面涂刷涂料，要待水泥砂浆抹灰层干燥后，经检查无开裂、脱壳后方可施工。先清扫洁净基面，再刷一遍清油，并补嵌腻子、打磨平整、涂刷底漆；待底漆实干后，用细砂纸全面打磨，然后涂刷面漆。

(3) 优选质量好的涂料，稀稠要合适，涂料中要加防老化剂，以延长使用年限。

(4) 应避免施工现场的有害气体。

(5) 施工中每遍漆料不能太厚。

(6) 掌握好干燥剂的用量和干燥剂的搭配。

(三) 涂膜粉化

1. 原因分析

(1) 涂料质量低劣，黏结性不好。

(2) 直接在混凝土、水泥砂浆的面层上涂刷涂料，容易粉化。

(3) 暴露在室外的构件面上，或使用高色料醇性涂料，都会发现在涂膜上沉淀出黏结颜料的粉状物质。

(4) 在室外使用室内用油漆。

2. 处理方法

已粉化的涂膜必须用强溶剂苯、松香水等洗刷干净，清理基体。根据不同基体，选择适应性好的涂料、腻子，底涂和面涂的涂料都要是同一系列的。用细砂纸打磨光洁、扫刷洁净、满批腻子，再磨平，待实干后涂底涂层；然后打磨平整、擦拭洁净；最后涂面层和罩面涂料。

3. 预防措施

(1) 根据施涂的不同基体，选择合适的涂料。腻子、底涂、面涂料和溶剂等材料都应属同一系列，材性要匹配。涂料必须经抽样检测合格后方可应用。

(2) 涂料不能随意稀释。

(3) 基体面要认真处理，凡有缺陷的要纠正或返修后方可施工。墙面、抹灰面要先用水冲洗多次、晾干，控制干燥度；满批腻子，打磨平整，扫刷擦拭干净，方可做底涂涂层。

(4) 加强施工管理，控制基层干燥度，含水率应小于8%。满批腻子并打磨，实干后方可涂底涂层。底涂打磨好并实干后方可复补腻子，打磨平整，再次实干后，全面检查无任何缺陷，方可涂面层。

（5）正确选择油漆，注意将室内和室外用油漆分开。

（四）涂膜层表面有鼓包、针孔与气泡

1. 原因分析

（1）基层潮湿、含水率大，当涂层固化时，未逸出的水蒸气在涂膜层内形成鼓包。

（2）溶剂搭配不当。

（3）漆料中有水分，空气中有灰尘。

（4）木基层的管孔洞大，有的水泥砂浆的表面有较大的水孔、气孔。操作不细致，刮腻子时没有将孔眼填塞好，涂刷涂料后，在干燥过程中，孔眼中的空气受热膨胀，形成涂膜中的气泡。

（5）采用喷涂涂料时，压缩空气夹带入涂层中，产生气泡。

2. 处理方法

（1）涂层表面有少量气泡和针孔时，用0～1号细砂纸打磨消除气泡后，用腻子补嵌一切孔眼，干硬后，打磨平整，然后补涂颜色一致的涂料。

（2）当气泡、鼓包较多时，查明产生气泡的原因，采取针对性的处理方法。如因基层含水率大，则应干燥后再涂涂料。

3. 预防措施

（1）基层必须干燥，应将基层的一切孔隙批嵌密实磨平。做底涂层后再补刮腻子。当全部孔隙填平、磨光后，经检查合格方可做面层涂料。

（2）在潮湿的基层涂刷涂料时，不宜采用封闭性的涂料，宜采用乳胶漆。

（3）漆料施工黏度不宜过大，施工温度不宜过低。

（4）配制使用时，应防止水分混入。

（5）严格施工标准，不宜在烈日下施涂。如采用喷涂时，压缩空气要通过分离器滤去水分；浸在水中的涂料刷子取出后，要将明水处理干后方可使用。

（五）有光涂膜表面失光

1. 原因分析

（1）涂料施工时，环境湿度大于80%时，水汽和涂料混合或凝集在涂膜的表面，漆干后易产生倒光。

（2）有光涂料涂刷后，即将成膜时如遇烟气、煤气熏染，气体中有害物质使涂膜变质，干后无光泽。

（3）喷涂工具中有水分带入漆料，在漆膜上会形成倒光。

（4）底涂层尚未实干时上腻子，或腻子没有磨平形成漫反射，影响面层光泽。

（5）施涂前没有将周围环境清扫干净，大风将灰尘、粉尘吹粘在尚未硬化的涂膜上，因污染而失光。

（6）涂料质量低劣，不干性稀释剂不耐晒而变色、退光。

2. 处理方法

对已失光或粘有大量灰尘的涂层，用0～1号砂纸全面打磨，揩擦洁净。选用材性相容的优质面涂料。施工环境以温度高于5℃以上、气候干燥、相对湿度小于70%为最适宜。

3. 预防措施

涂料中加稀释剂要限制在10%以内，防止水分进入；同时加强对基层的处理。在油漆前，基层必须处理干净。涂料施工期间，避免灰尘飞扬、烟雾和水蒸气熏蒸；避免受冻和强烈日光曝晒，以保证涂膜光泽良好。

（六）涂膜面层“笑纹”收缩

1. 原因分析

（1）底层涂料内掺有煤油、柴油等不干性稀释剂，干燥后没有清除就涂刷面层涂料，就会出现“笑纹”现象。

（2）漆料黏度小，涂刷的漆膜太薄；或喷涂时混入油或水，都易产生收缩。

（3）在雨季或潮湿的地方施工，涂刷时常有水分混入，因油和水不能混合，也会产生“笑纹”现象。

（4）基体表面太光滑，打底漆太光滑。底涂层面没有打磨，使涂层附着力差，表面的张力使涂膜收缩，产生破绽和露底。

（5）溶剂选用不当，挥发太快，涂膜来不及二度流平，产生收缩“笑纹”现象。

（6）使用劣质涂料，施工时不能涂成均匀的成膜层，极易发生收缩。

2. 处理方法

（1）对已干燥的“笑纹”涂膜层，可用溶剂将涂膜洗刷干净，晾干后，用1号细砂纸打磨揩净。清除基层面的油污、蜡质、油节；满批腻子，磨平、揩擦干净，补批腻子、磨平、涂底层涂料；实干，磨平、补批腻子；再干后打磨平整，揩擦干净，涂上层涂料。

（2）当出现局部“笑纹”时，可反复理刷，即可消除。

（3）出现“笑纹”严重时，可停止施工，用汽油或松香水擦净涂层面，用布包石灰粉末拍擦物面，清扫干净，或刷1～2遍漆片封闭，即可避免。

3. 预防措施

（1）认真清理基层，彻底清除表面的油污、蜡质等，首先用洗洁精溶液、酒精等擦抹一遍，然后砂纸打磨，扫刷干净，批嵌腻子，再打磨，涂刷底涂层；最后再按操作规程的规定施工。

（2）选择挥发性较慢的溶剂，稀释的涂料黏度要适中，涂刷厚度要均匀一致。如为喷涂施工，则要在压缩空气设备上装置分离器滤去水分，方可使用。

（3）尽量不在雨季和潮湿的环境中进行施工。

（4）选用润湿性强的涂料。

（5）如果收缩现象在涂刷时发生，应立即停刷。用汽油或松香水擦净物面，用布包石灰粉末拍擦物面，再清扫干净。

（七）金属面涂膜层反锈

1. 原因分析

（1）基层除锈不净，易产生铁锈。

（2）涂刷时出现针孔等现象，易产生锈斑。

（3）涂刷的防锈涂料质量低劣，不能防锈，造成金属构件锈蚀，体积膨胀，胀裂涂膜层，使铁锈玷污涂膜层。

（4）涂膜太薄，水分或腐蚀气体透过涂膜，腐蚀金属面而产生针蚀，然后逐步扩大为锈蚀面。

2. 处理方法

对已产生锈蚀的涂膜应铲除，彻底清除构件的锈和有害物质，重涂合格的防锈底涂料；不得有漏涂和少涂。严格按《建筑装饰装修工程质量验收标准》（GB 50210—2018）规定施涂。

3. 预防措施

（1）涂刷前认真清除金属面的铁锈，对已清除达到标准的金属面，要尽快涂布防锈底涂层，防止氧化后再生锈。

（2）钢铁表面涂普通防锈漆时，漆膜要略厚一些。

（3）涂料施工前，要检查防锈底涂层的质量，不得有裂缝、脱壳和反锈现象。严格施工标准，打磨、批嵌腻子，再打磨、再批嵌，再打磨，经检查合格后方可施涂。涂料面层不得少于三遍。

（4）对已产生锈蚀的漆膜，要铲除漆膜，基层面除锈后方可重涂底漆。

五、涂料工程

（一）抹灰面涂膜层起鼓、起皮

1. 原因分析

（1）基层表面不坚实、不干净，或受油污、粉尘、浮灰等杂物污染后没有清理干净。

（2）新抹水泥砂浆基层的湿度大，碱性也大，析出结晶粉末而造成起鼓、起皮。

（3）基层表面太光滑，腻子强度低，造成涂膜起皮、脱落。

2. 处理方法

（1）少量起鼓、起皮时，须铲除脱离处，用1号砂纸磨平，再用同颜色同品种的涂料补刷一致。

（2）有大量起鼓、起皮时，须铲除并查明原因，在抹灰面打磨平整，扫干净，施涂封底涂料，待其干燥后再涂主层涂料，干燥后再施涂两遍罩面涂料。

3. 预防措施

（1）涂刷底层涂料前，应对基层缺陷进行修补平整，清除表面油污和浮灰。

（2）检查基层是否干燥，含水率应小于10%。新抹水泥砂浆的基层，夏季要养护7d以上，冬季养护14d以上。现浇混凝土墙面，夏季要养护10d以上，冬季要养护20d以上。

（3）外墙过干，施涂前可稍加湿润，然后涂抗碱底涂料或封闭底涂层。

（4）当基层表面太光滑时，要适当“毛化”处理，可用108胶配滑石粉作腻子刮平。

（二）抹灰面涂膜层有色差和掉粉

1. 原因分析

（1）施涂时没有将涂料搅拌均匀，则桶内的涂料上部稀、色料上浮、遮盖力差；下面涂料稠，填料沉淀、色淡，喷涂后易掉粉。或在涂料中加水过多，被冲稀的涂料成膜不完善而掉粉。

（2）使用劣质涂料，常产生掉粉和不耐水等缺陷。

（3）基体的混凝土或水泥砂浆、水泥混合砂浆的龄期短，含水率高，碱度大。

（4）施涂时，环境气温低，影响涂层成膜；或涂层尚未成膜就受到雨淋。

2. 处理方法

对已掉粉的饰面，须全面打磨、扫除干净，用湿毛巾揩擦一遍，选用材性相容的优质涂料，全面喷涂一遍。

3. 预防措施

（1）基层须干燥，含水率应小于10%，清理干净，并做必要的表面处理。

（2）使用涂料时，必须用手提搅拌器插入桶中搅拌均匀后方可使用。使用的涂料都必须抽样测试合格后方可使用。操作过程中不准任意加水。

（3）涂料基体的混凝土或水泥砂浆的龄期应不少于28d以上。要经常浇水冲洗，冲淡碱度。

（4）掌握涂料的施工环境温度不低于10℃。阴雨潮湿天不宜施工。

（三）涂膜层老化

1. 原因分析

（1）涂料饰面在紫外线、臭氧、水蒸气、酸性水、温差和干湿循环的作用下，经烟尘、二氧化硫等有害气体的污染，引起涂料面层光泽度下降、褪色、变色、粉化、析白、污染、发霉斑等。

（2）涂层有粉化、变色和褪色、表面光泽降低及黏附污染灰尘的现象，属轻度老化；涂层可见到裂缝、起鼓，表面有剥落和变脆现象，属中度老化；老化裂缝普遍，黏结力下降，起皮剥落，大部与基层分离，属重度老化。

2. 处理方法

（1）轻度老化时用水冲洗积灰，必要时要用板刷刷洗晾干后，再喷涂优质面层涂料。待涂膜硬化后，再喷涂一层硅溶胶溶液罩面，有利于保洁和防水。

（2）中度和重度老化时，应铲除已老化的涂层，再冲洗刷除基体面的残余涂膜，检查抹灰层的质量，如有空鼓和壳裂，要铲除；用钢丝板刷刷除酥松部分，用与原配合比相同的砂浆分层抹压密实，修补平整，养护7d以上；晾干后，选用适宜环境的优质涂料搅拌均匀后喷涂，确保色泽均匀、厚度一致。当涂层成膜固化后，表面再喷涂一层硅溶液，保护涂膜层，延长使用年限。

3. 预防措施

（1）涂料的选择。选用的涂料要有生产许可证，要选用附着力强、黏结牢固、颗粒均匀、质感细腻、色泽一致的涂料，不允许有掉粉、脱皮等缺陷。涂料用在厕所、浴室、厨房间时，尚应具备防水、防霉、防玷污、耐洗刷等性能。用于室外装饰的涂料，要求色泽均匀一致，除能经受风吹、雨淋、日晒等外，还要具备防火、耐污染、抗紫外线、耐老化、不怕冻融等耐候性、保色性、耐碱性和耐酸性。

（2）严格施涂工艺。基层要干燥，批刮腻子要均匀，接头处要磨平。喷一层封底涂料，表干后喷涂面层涂料和罩面涂料。

（四）涂膜层反碱

1. 原因分析

（1）有的砖砌体、混凝土墙体、水泥砂浆、水泥混合砂浆的抹灰层中含碱量大，当墙体受潮后碱析出，造成涂膜层局部发霉、白霜，严重的反碱会造成涂膜层脱壳、酥松，逐渐脱落。

（2）使用的涂料质量低劣，不耐碱。

2. 处理方法

（1）轻度反碱时，应用清水冲洗白霜，晾干，重涂刷涂料罩面层。

（2）中度反碱时，应用15%～20%含量（质量分数）的硫酸锌或氯化锌溶液，涂在析碱处面层上，多刷涂几遍，干燥后扫除中和析出的黏附物，也可用稀盐酸或稀醋酸溶液进行中和处理，洗刷干净后干燥，然后涂面层涂料。

（3）反碱严重时，铲除酥松层，洗刷干净，用氟硅酸锰溶液或用含锌或铝的氟硅酸盐，在基体面上重复涂刷几次。每次间隔24h，使碱性物质中和，然后彻底刷除粉质浮粒。冲洗洁净后晾干，再用与周围配合比相同的砂浆粉分皮分层抹平，干燥7d以上，再涂刷面层。

3. 预防措施

对含碱量大的墙体与基层，在刷涂料前，用15%～20%含量（质量分数）的硫酸锌或氯化锌溶液，在基层面涂刷几遍，干燥后扫除中和析出的黏附物，洗刷干净后，方可批腻子、涂涂料。

箴言故事园

建筑装饰装修工程是为保护建筑物的主体结构、完善建筑物的物理性能、使用功能和美化居住环境，是人们品味生活、品味人生的显著标志，因此建筑装修工程必须营造出人性的、崇尚自然的、具有艺术和文化水准的氛围，满足现代人对精神享受的更高追求。但在实际生活中，瓷砖脱离、墙面开裂、地面不平、接缝处不严密等一系列质量问题，给业主带来一定困扰和烦恼。究其原因是没有认真细致地对工程进行分析，做出合理的施工计划，严格管控施工过程。

宋代朱熹在《论语·学而》集注指出“言治骨角者，既切之而复磋之；治玉石者，既琢之而复磨之，治之已精，而益求其精也”。建筑人应该充分发扬工匠精神，以精益求精的工作态度，淡泊自守，始终保持清白的精神气节和道德操守，注重内在品德修养和人格追求。在装修工程的“看”“摸”“照”“靠”“吊”“量”“套”“敲”的各个环节，保证建筑装修质量过硬，做让业主省心、省钱的高品质工程。

模块小结

本模块从内墙抹灰工程、顶棚抹灰、吊顶工程、混凝土楼地面工程、面砖工程、水刷石工程、油漆涂料工程等几个方面叙述了在建筑装修工程中常见的质量通病，分析其产生的原因，提出处理方法及预防措施，并结合案例针对上述缺陷进行了详细介绍。

思考题

6-1　室内抹灰和室外抹灰的质量通病有什么区别？
6-2　一般室内抹灰工程应遵守哪些基本规定？
6-3　一般室内抹灰砂浆的品种选用哪几种？
6-4　水泥地面开裂有哪几种类型？引起开裂的原因各是什么？
6-5　在铺设板块地面时，为什么要强调试铺？
6-6　建筑外墙涂饰工程应遵守哪些基本规定？
6-7　外墙涂饰工程施工应按什么顺序进行？并应符合哪些规定？
6-8　建筑外墙涂饰工程资料验收时主要检查哪些资料？
6-9　干粘石有哪些质量通病？
6-10　现场验收时建筑涂饰工程的检验批应如何划分？
6-11　外墙平涂涂饰工程质量要求有哪几项？

实践训练园

模块七　防水工程质量事故分析与处理

学习要点： 掌握屋面、楼地面、地下防水工程的一般质量通病的现象，分析产生的原因，能够提出有效的处理措施。

建筑防水工程是保证建筑物及构筑物的结构不受水的侵袭，内部空间不受水危害的一项分部工程。它涉及屋面、地下室、厕浴间、墙体等多部位；它不仅受外界气候和环境的影响，还与地基不均匀沉降和主体结构的变形密切相关。

建筑防水工程是建筑工程的重要组成部分，它是一项系统的工程。在建筑防水工程中，“材料是基础，设计是龙头，施工是关键，管理是保证”。提高防水工程质量必须综合各方面因素，进行全方位评价。施工单位应选择符合要求的高性能防水材料，进行可靠、耐久、合理、经济的防水工程设计，认真组织、精心施工，完善维修、保养管理制度，有效地保证建筑防水工程的质量和可靠性，彻底根治防水工程质量差、过早失效的问题，从而真正满足建筑物和构筑物的防水耐用年限要求。但是，建筑防水工程就其现状来讲，渗漏问题还是很严重的，有必要将建筑防水工程的质量缺陷、事故分析与处理进行分析讨论。

案例解析园

案例一　混凝土浇筑施工缝处理不当引起的渗漏事故

1. 事故概况

台湾大厦位于贵阳市大十字街口附近，属岩溶地基，地下水丰富，根据勘察报告，枯水期地下水位1052.9m，汛期地下水位为1058.5m。而地下室底板高程为1050m，底板承受的水头最大达8.5m，最小2.9m。由于地下室长期处于地下水浸泡中，又未进行地下防渗处理，在水压力作用下，地下水沿着地下室混凝土薄弱带向室内渗漏。从工地现场看，地下室混凝土薄弱带主要为后浇带混凝土施工缝、混凝土蜂窝眼。

2. 原因分析

（1）先浇筑混凝土和后浇筑混凝土的分缝处，未埋设橡胶止水带或结合槽齿未达到防渗效果，在地下水压力作用下，该缝面成为渗水区。

（2）混凝土浇筑施工缝处理得不好。地下室底板和侧墙施工面积较大，在混凝土浇筑时，采用齿槽或凿毛的处理方法未能完全达到防渗效果，成为地下水渗入的通道。

（3）局部的蜂窝眼。地下室混凝土浇筑量大，钢筋密集，局部位置未能振捣密实，地下水沿着蜂窝眼向地下室渗漏。

3. 处理措施

由于该地区地下水丰富，地下室楼面板承受水头差较大，拟采用堵、排相结合的方法进行处理。即先对底板和侧墙渗水区进行浅孔固结灌浆，少量小缝隙时，采用化学灌浆处理，堵住地下水向施工缝渗漏的通道。施工缝用环氧砂浆嵌缝，然后在室外布置一定数量的排水孔，降低地下室底板承压水头。根据现场具体情况，沿着后浇混凝土浇筑缝和侧墙施工缝两侧，布置两排固结灌浆孔，孔距2.0m，排距1.0m，梅花形布置，孔深采用1.5~2.0m，孔径不小于38mm，钻孔垂直缝面。灌浆材料采用42.5普通硅酸盐水泥，加入UEA膨胀剂。固结灌浆采用循环式灌浆法，为防止混凝土面层和基岩石抬动，灌浆压力控制在0.1~0.2MPa。由于地下水较丰富，灌浆时掺入速凝剂。细小裂缝处局部采用化学灌浆。根据现场具体情况布置排水孔，孔径不小于89mm，将水引至室外排放。共处理了8条混凝土施工缝，35个涌水点，注入760t水泥。经过两个洪水期的检验，满足使用要求。

案例二 因变形缝填缝用材不当引起的渗漏事故

1. 事故概况

某市影剧院工程，地下室为停车库，采用自防水钢筋混凝土。该结构用作承重和防水。当主体封顶后，地下室积水深度达300mm，抽水排干，发现渗水多从底板部位和止水带下部渗出。后经过补漏处理，仍有渗漏。

2. 原因分析

（1）根据施工日志记载，施工前没有作技术交底。施工工人对变形缝的作用都不甚了解，更不懂得止水带的作用，操作马虎。止水带的接头没有进行密封黏结。

（2）变形缝的填缝用材不当，没有采用高弹性密封膏嵌填。封缝也没有采用抗拉强度、延伸率高的高分子卷材。

（3）底板部位和转角处的止水带下面，钢筋过密，振捣不实，形成空隙。

（4）使用泵送混凝土时，施工现场发生多起因泵送混凝土管道堵塞事故，临时加大用水量，水灰比过大，导致混凝土收缩加剧，出现开裂。

（5）在处理渗漏时，使用的聚合物水泥砂浆抗拉强度低。

3. 处理措施

沿裂缝凿出八字形边坡沟槽，并用水刷洗干净，将快硬水泥胶浆搓成条形，待胶浆开始凝固时，及时嵌入沟槽中，并用力将胶浆挤压密实，使水泥胶浆与槽壁黏结密实。裂缝较长的，可分段堵塞。经检验无渗漏后，用素灰和水泥砂浆将沟槽表面抹平，在有一定强度后，同其他部位再做一道防水层。并在其表面粘贴或涂刷氯丁胶片，作为第二道防线。

案例三 防水做法不规范引起的渗漏事故

1. 事故概况

北京市某高层住宅小区，屋面设计防水等级为二级，屋面设计构造做法为：100mm厚聚苯板；1:6水泥焦渣找坡2%，泛水最薄处30mm；20mm厚1:3水泥砂浆找平层一道；3mm厚高聚物改性沥青防水涂膜一道；4mm厚高聚物改性沥青防水卷材一层（表面带矿物粒料）。2012年7月北京遭遇强暴雨，雨后多栋高层住宅屋面发生渗漏，其中1号楼有8处、2号楼有5处、3号楼有5处、4号楼有16处、5号楼有5处，此时工程即将竣工。

2. 原因分析

（1）卷材泛水收头做法不符合规定，无压条及钉固措施，女儿墙泛水收头固定在外保温面层上，易自保温空腔渗水和漏水。

（2）涂料泛水收头做法不符合规定，未直接刷到女儿墙的压顶下。

（3）管根防水层收头做法不符合规定，与施工方案中大样也不一致。

（4）部分屋面烟风道防水层收头不完整，普遍有开口现象，无压条及钉固措施，压顶缺滴水线，屋面未设置排气管。

（5）雨水管周围坡度不符合规定，局部倒坡、积水；不符合强制性条文中的规定，雨水管直径偏小等。

（6）设计问题。大阳台顶无防水层、无排水坡度。小挑檐顶无防水层、无排水坡度。

（7）卷材接缝的热熔质量普遍差，接缝未溢出热熔的改性沥青，普遍未清除搭接部分的矿物粒料，卷材搭接部位未熔合为一体，无法起到防水作用。

（8）泛水部分普遍空鼓，未实现满粘的要求，不符合规范规定。

（9）防水涂料存在的施工质量问题较多，其中较为严重的有：底层防水涂料厚度不足，普遍达不到3mm。泛水部位剥开后基本未发现防水涂料层。

3. 处理措施

推迟竣工验收，重新做屋面防水层。

案例四　防水卷材质量问题引起的渗漏事故

1. 事故分析

某艺术馆是一座重要的文化建筑，对外展出各种有影响力的艺术珍品。其地上2层，地下局部2层，地下2层基础为筏板基础，地下部分深为 -9m，在 -4m 处东南两侧环绕建筑物建有景观水系（水系池底使用4500g/m^2 膨润土防水毯作为防水材料），地下室作库房，对室内空气湿度有严格的要求。地下室设计防水等级为一级，采用两道设防，钢筋混凝土结构自防水，墙外侧采用两层SBS改性沥青防水卷材组合做法，在防水层外做5cm厚聚苯乙烯泡沫塑料片材保护层。在景观水系蓄水后，地下室发生普遍性的渗漏，外墙内侧有多处明显的漏水点，部分外墙有线流，地下室多处积水。

2. 原因分析

（1）现场取样发现，该工程使用了复合胎体的假冒SBS卷材（属于禁止用于地下防水的产品），其涂盖沥青的质量低劣，自卷材搭接处剥开后，发现涂盖沥青自胎体处分离，卷材热熔部位出现大量气泡及穿孔。

海绵城市建设

（2）防水卷材的厚度低于规范规定，实测厚度一般为2mm左右。

（3）所有节点的处理不符合规范要求，所有穿墙洞口，管廊等部位未按规范要求设置附加层。

（4）热熔粘接及搭接质量不合格。该工程使用假冒劣质的SBS防水卷材，是导致防水层失效的关键因素之一。

3. 处理措施

这种情况应该先将防水层清除（找平层有问题应该重做），重新选择优质的防水材料按照规范做防水层。注意应安排技术水平高的人员进行施工，并做好成品保护。

任务一　屋面楼地面防水工程质量事故分析与处理

屋面是建筑物中经受雨水最直接、受水面积最大的部分，屋面渗漏是最常见、最突出且直接影响人们生产生活质量的缺陷。屋面防水工程的做法有卷材屋面防水、涂膜屋面防水、刚性屋面防水及瓦屋面防水。

一、卷材防水屋面常见缺陷及其处理

卷材防水屋面是目前我国钢筋混凝土屋面防水的主要做法，适合于各种防水等级的屋面防水。一般由结构层、找平层、隔汽层、保温找坡层、找平层、防水层、保护层组成。常见的缺陷有卷材屋面开裂、起鼓、节点处理不规范等。

（一）卷材防水屋面开裂

1. 原因分析

（1）有规则的裂缝。这种裂缝主要是由于温差变形使屋面结构层产生胀缩引起板端角变或地基不均匀沉降造成的；此外，还与卷材质量有关。这种裂缝多数发生在伸长率较低的沥青防水卷材中。

（2）无规则裂缝。这种裂缝主要是由水泥砂浆找平层未设置分格缝或分格缝位置不当引起找平层不规则开裂，此时找平层的裂缝与卷材开裂的位置、大小相对应。另外，如找平层强度不够、防水材料质量低劣，也会引起无规则裂缝。

2. 处理方法

对于基层未开裂的卷材屋面的无规则裂缝（老化龟裂除外），一般在开裂处补贴卷材即可。而对于有规则的裂缝，由于它在屋面完工后的若干年内正处于发生和发展阶段，只有逐年处理方能收效。处理方法如下：

（1）用盖缝条补缝。盖缝条可用卷材或镀锌薄钢板制成，如图7-1所示。补缝时按图7-2所示修补范围清理屋面，在裂缝处先嵌入防水油膏。卷材盖缝条应用相应的密封材料粘贴，周边要压实刮平。镀锌薄钢板盖缝条应用钉子钉在找平层上，间距200mm左右，两边再附贴一层宽200mm的卷材条。用盖缝条补缝，能适应屋面基层的伸缩变形，避免防水层再被拉裂，但盖缝条易被踩坏，故不适用于积灰严重、扫灰频繁的屋面。

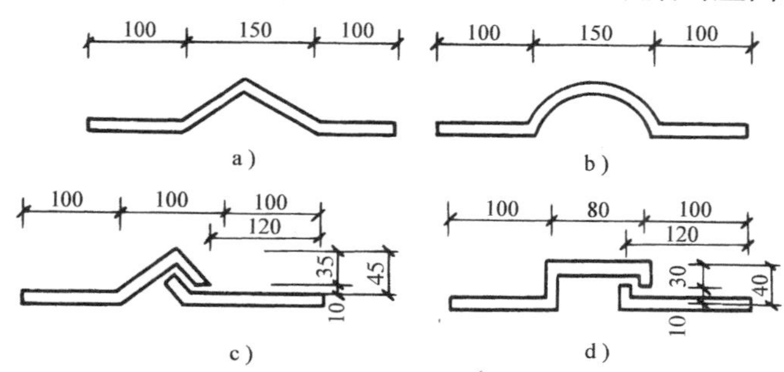

图7-1　盖缝条

a)、b）卷材盖缝条剖面　c)、d）镀锌薄钢板盖缝条剖面

（2）用防水油膏补缝。补缝用的油膏，目前采用的有聚氯乙烯胶泥和焦油麻丝两种。用聚氯乙烯胶泥时，应先切除裂缝两边宽各为50mm的卷材和找平层，保证做到深度为30mm，然后清理基层，热灌胶泥至高出屋面5mm以上。用焦油麻丝嵌缝时，先清理裂缝两边宽各为50mm，再灌上油膏即可。油膏配合比（质量比）为焦油∶麻丝∶滑石粉=100∶15∶60。

3. 预防措施

（1）有规则的裂缝

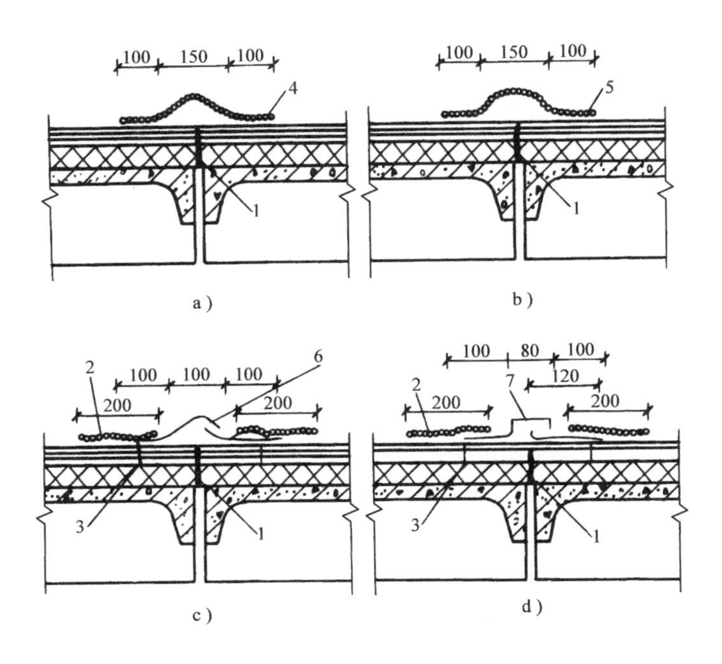

图 7-2　用盖缝条补缝

a）三角形卷材盖缝条补缝　b）圆弧形卷材盖缝条补缝

c）三角形镀锌薄钢板盖缝条补缝　d）企口形镀锌薄钢板盖缝条补缝

1—嵌油膏或灌热沥青　2—卷材盖边　3—钉子　4—三角形卷材盖缝条上做保护层

5—圆弧形盖缝条上做保护层　6—三角形镀锌薄钢板盖缝条　7—企口形镀锌薄钢板盖缝条

1）在应力集中、基层变形缝较大的部位（如屋面板拼缝处等），先干铺一层卷材条作为缓冲层，使卷材能适应基层伸缩的变化，如图 7-3 所示。

200~300

图 7-3　屋面板板端缝空铺卷材条

2）选用合格的、伸长率较大的高聚物改性沥青卷材或合成高分子防水卷材。

（2）无规则裂缝

1）确保找平层的配合比计量准确、搅拌均匀、振捣密实、压光与养护等工序的质量。

2）找平层宜留设分格缝，缝宽一般为 20mm，如为预制板，缝口设在预制板的拼缝处。采用水泥砂浆材料时，分格缝间距不宜大于6m；采用沥青砂浆材料时，不宜大于 4m。分格缝处应设附加 200～300mm 宽的卷材，单边点粘覆盖。

（二）卷材起鼓（鼓包）

1. 原因分析

（1）第一种起鼓。卷材起鼓一般在施工后不久产生（在高温季节），鼓包由小到大逐渐发展，小的直径约 10mm，大的可达 200～300mm。在卷材防水层中粘贴不实的部位，窝有水分，当其受到太阳照射或人工热源影响后，内部体积膨胀，造成起鼓，形成大小不等的鼓包。鼓包内呈蜂窝状，内部有冷凝水珠。

（2）第二种起鼓。在卷材防水层施工中，由于铺贴时压实不紧，残留的空气未全部赶出而产生起鼓现象。

（3）第三种起鼓。合成高分子防水卷材施工时，胶粘剂未充分干燥就急于铺贴卷材，溶剂残留在卷材内部，当溶剂挥发时就产生了起鼓现象。

（4）第四种起鼓。屋面保温、找坡层材料含水率过大，产生水汽引起卷材起鼓。

2. 处理方法

屋面卷材起鼓后的处理方法——根据鼓包大小分别采用下列不同的办法：

（1）100mm以下的鼓包，可采用抽气灌油办法修补，即先在鼓包的两端用铁钻钻眼，然后在鼓包中插入两个有孔眼的针管，一边抽气一边将胶粘剂注入，注满后抽出针管压平卷材（压上数块砖块，几天后移去），将针眼涂上胶粘剂封闭。

（2）100～300mm左右鼓包可采用“十字开刀法”进行修补，先按图7-4a用刀将鼓包按十字形割开，撕开卷材，放出鼓包内的气体，用喷灯把卷材内部吹干。然后按图7-4b编号1～3号的顺序把旧卷材分片重新粘贴好，再新贴一块卷材5（其边长比开刀范围大50mm以上），压入卷材4下，最后铺贴卷材4，四边以及覆盖层高起部分用铁熨斗压平。

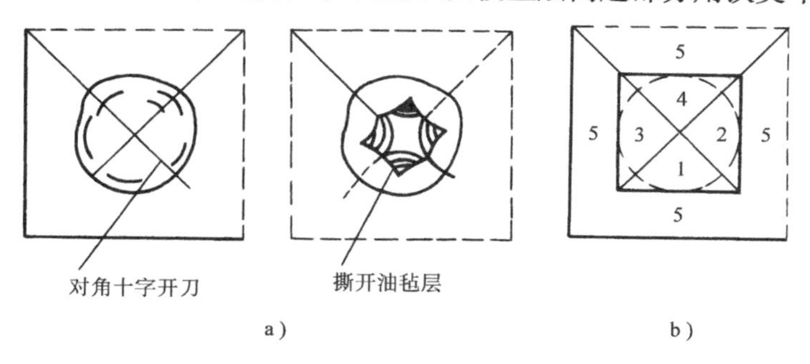

图7-4 “十字开刀法”修补鼓包示意图

a）对角十字开刀并撕开油毡层 b）粘贴新卷材修补开刀油毡层

（3）较大鼓包，则要采用割补方法，如图7-5所示。其基本原理类似“十字开刀法”，依次粘贴好旧卷材1～3，上铺一层新卷材（四周与旧卷材搭接大于50mm），然后粘贴旧卷材4，再在上面粘贴一层新卷材（其边长比第一层新卷材大100mm以上），周边用熨斗压实。

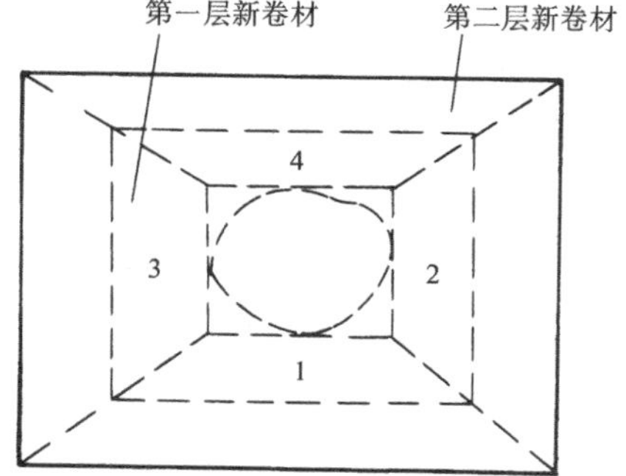

图7-5 割补法修补鼓包示意图

（4）当屋面起鼓过多，无法采用割补方法处理时，则需将卷材层全部铲除，采用新型防水材料重做防水层。

3. 预防措施

（1）第一种起鼓

1）找平层平整、清洁、干燥，基层胶粘剂应涂刷均匀，这是防止卷材起鼓的主要技术措施。

2）原材料在运输和储存过程中，应避免水分浸入，尤其要防止卷材受潮。卷材铺贴应先高后低（同一施工面上应该先低后高）、先远后近，分区段流水施工，并注意掌握天气预报，连续作业。

3）不得在雨天、大雾、大风天施工，防止基层受潮；当屋面基层干燥有困难，而又急需铺贴卷材时，可采用排汽屋面作法；但在外露单层的防水卷材中，则不宜采用。

（2）第二种起鼓

1）基层应平整。沥青防水卷材施工前，应先将卷材表面清理干净；铺贴卷材时，基层胶粘剂应涂刷均匀，并认真做好卷材压实工作，以增强卷材与基层的黏结力。

2）高聚物改性沥青防水卷材施工时，火焰加热要均匀、充分、适度；在铺贴时要趁热向前推滚，并用压辊滚压，排除卷材下面的残留空气，压好缝边。

（3）第三种起鼓。合成高分子防水卷材采用冷粘法铺贴时，涂刷胶粘剂应做到均匀一致，待胶粘剂手感（指触）不粘时，才能铺贴并压实卷材。特别要防止胶粘剂堆积过厚，干燥不足而造成卷材的起鼓。

（4）第四种起鼓。设置排汽道，在找平层分格缝交叉处做排汽管道（管道出屋面300mm，上面安防水帽），并按照出屋面管道做好节点处理。

（三）天沟、雨水口、管道出屋面处漏水

1. 原因分析

（1）天沟纵向找坡太小，甚至有倒坡现象（雨水斗高于天沟面）；天沟堵塞，排水不畅。

（2）雨水口的短管没有紧贴基层。

（3）雨水口、管道四周防水涂层及嵌缝材料施工不良、粘贴不密实密封不严，或附加防水层标准太低。

（4）由于振动等种种原因，防水层及嵌缝材料延伸性不够好，而被拉裂或拉脱。

（5）使用管理和维修不善。

2. 处理方法

（1）将天沟处卷材掀开，凿掉天沟找坡层拉线找坡，重抹1:2.5水泥砂浆找平层，按照规定要求铺贴卷材。

（2）铲除雨水口、出屋面管道的旧防水层，挖出旧嵌缝材料，清理干净后刮填嵌缝材料，表面做卷材附加层，之后做防水层。

3. 预防措施

（1）天沟应按设计要求拉线找坡，纵向坡度不得小于5‰，在水落口周围直径500mm范围内不应小于5%，并应用防水涂料或密封材料涂封，其厚度不应小于2mm。雨水口与基层接触处应留20mm×20mm凹槽，嵌填密封材料。

（2）雨水口应比天沟周围低20mm，安放时应紧贴于基层上，便于上部做附加防水层。

（3）雨水口的短管与基层接触部位，除用密封材料封严外，还应按设计要求做卷材附加层。施工后应及时加设雨水罩予以保护，防止建筑垃圾及树叶等杂物堵塞。

（4）管道四周嵌填密封材料，上部做附加防水层。

（四）檐口漏水

1. 原因分析

（1）檐口泛水处，卷材与基层黏结不牢；檐口处收头密封不严。

（2）檐口砂浆未压住卷材，封口处卷材张口、檐口处砂浆开裂以及下口滴水线未做好。

2. 处理方法

（1）清除原有的防水卷材及密封材料。

（2）重铺防水卷材，用密封材料将卷材末端收头和搭接缝封闭严密，并在末端收头用防水砂浆（金属条）进行压缝处理。

（3）重抹檐口水泥砂浆及滴水线。

3. 预防措施

（1）铺贴泛水处的卷材应采取满粘法工艺，确保卷材与基层黏结牢固。如基层潮湿而又急需施工时，则宜用喷火法烘烤，及时将基层中多余潮气予以排除。

（2）檐口（沟）处卷材密封固定的方法有：当为无组织排水檐口时，檐口800mm范围内卷材应采取满粘法，卷材收头应固定密封；当为砖砌女儿墙时，卷材收头可直接铺压在女儿墙的压顶下，压顶应做防水处理；也可在砖墙上留凹槽，卷材收头压入槽内固定密封，凹槽距基层最低高度不应小于250mm，同时凹槽的上部亦应做防水处理。另一种是混凝土女儿墙，此时卷材收头可用金属压条钉压，并用密封材料封固。

（五）卷材防水层材料失效或大面积渗漏

1. 原因分析

（1）材料质量低劣。

（2）找平层强度不够或起砂现象严重，致使防水层与找平层剥离引起渗漏。

（3）施工人员素质低，未按施工规范要求进行施工，造成防水层质量低劣引起渗漏。

（4）成品保护不好，使防水层多处破损并未处理或处理得不到位，引起渗漏。

2. 处理方法

这种情况应该将防水层清除（找平层有问题应该重做），重新选材按照规范做防水层。

3. 预防措施

（1）选择优质的防水材料。

（2）保证找平层的强度、平整度且无起砂现象，按要求留设分隔缝。

（3）使用素质高的人员进行施工，并做好成品保护。

二、涂膜防水屋面常见缺陷及其处理

涂膜防水是指在基层上抹压或涂铺具有防水能力的常温下呈流态或半流态的高分子合成材料，经过溶剂、水分蒸发固化或化学反应，形成具有一定弹性和一定厚度的无接缝的完整薄膜，使基层表面与水隔绝，起到防水密封作用，主要产品有沥青基防水涂料、高聚物改性沥青防水涂料、PVC胶泥、合成高分子防水涂料等。

涂膜防水常见的缺陷有屋面渗漏，黏结不牢，防水层出现裂缝、脱皮、鼓包，保护层脱落等缺陷。涂膜防水是新型防水材料，品种多，操作方法和使用条件各不相同，要谨慎使用，并不断总结施工经验，确保涂膜防水质量。

三、刚性防水屋面常见缺陷及其处理

与卷材防水和涂膜防水屋面相比，刚性防水屋面具有造价低、耐久性好、维修方便等优点，但自重大、施工周期长、对变形敏感，所以它的裂渗程度较前二者严重，现在较少使用。刚性防水屋面有防水砂浆、防水混凝土、粉状憎水材料防水屋面等。它常见的缺陷有屋面开裂、构造节点处理不当而引起的屋面渗漏。在这里主要介绍混凝土刚性防水屋面。

（一）屋面开裂引起渗漏

1. 原因分析

（1）结构裂缝。此种裂缝通常发生在屋面板的接缝或大梁的位置上，一般宽度较大，并穿过防水层而上下贯通。它一般因结构变形、基础不均匀沉降、混凝土收缩徐变等引起。

（2）温度裂缝。温度裂缝一般都是有规则的、通长的，裂缝分布与间距比较均匀。温度裂缝是由于大气温度、太阳辐射、雨、雪以及车间热源作用等的影响，在施工中温度分隔缝设置不合理或处理不当，都会产生温度裂缝。

（3）施工裂缝。施工裂缝通常是一些不规则的、长度不等的断续裂缝。混凝土配合比设计不当，浇筑时振捣不密实，压光不好以及早期干燥脱水、后期养护不当等，都会产生施工裂缝；也有一些是因水泥收缩而产生的龟裂。

2. 处理方法

对于稳定裂缝，可用环氧胶粘剂、胶泥、砂浆进行修补，也可用预热熔化的聚氯乙烯油膏或薄质石油沥青涂料覆盖修补，裂缝较大时加贴玻璃丝布。对于不稳定裂缝，可沿裂缝涂刷石灰乳化沥青涂料。裂缝较大时，须将裂缝口凿成 V 字形，刷冷底子油，用沥青胶结材料做一布二油。

3. 预防措施

（1）结构裂缝

1）细石混凝土刚性防水屋面应用于刚度较好、稳定的结构层上，不得用于有高温或有振动的建筑，也不适用于基础有较大不均匀下沉的建筑。

2）为减少结构变形对防水层的不利影响，在防水层下必须设置隔离层，可选用石灰黏土砂浆、石灰砂浆、纸筋麻刀灰或干铺细砂、干铺卷材等材料。

（2）温度裂缝

1）防水层必须设置分隔缝。分隔缝应设在装配式结构的板端、现浇整体结构的支座处、屋面转折（屋脊）处、混凝土施工缝及突出屋面构件交接部位。分隔缝纵横间距不宜大于 6m。

2）混凝土防水层厚度不宜小于 40mm，内配 $\Phi 4@100 \sim 200$mm 的双向钢筋网片。钢筋网片宜放置在防水层的偏上部位，并应在分隔缝处断开。

（3）施工裂缝

1）防水层混凝土水泥用量不应少于 330kg/m^3，最好采用强度等级 42.5 以上的普通硅酸盐水泥，水灰比不应大于 0.55，坍落度不宜大于 50mm，粗骨料最大粒径不应大于防水层厚度的 1/3，细骨料应用中砂或粗砂，灰砂比应为 1∶1 ~ 1∶2.5。

2）混凝土防水层的厚度应均匀一致，混凝土应采用机械搅拌、机械振捣，并认真做好压实、抹平工作，收水后应及时进行二次压光。

3）应积极采用补偿收缩混凝土材料，但要准确控制膨胀剂掺量，确保各项施工技术要求。

（二）节点处理不当引起渗漏

1. 原因分析

（1）女儿墙、天沟、雨水口、烟囱及各种凸出屋面的接缝，因接缝混凝土（或砂浆）嵌填不严，形成缝隙而渗漏。

（2）连接处所嵌填密封材料与混凝土黏结不良、嵌填不密实或密封材料质量较差，尤其是黏结性、延伸性与抗老化能力等性能，达不到规定指标。

2. 处理方法

节点处理不当引起渗漏时，施工人员应将节点连接处的附加层及密封材料清除干净，重新嵌填密封材料，再做附加层。

3. 预防措施

（1）女儿墙、天沟、水落口、烟囱及各种凸出屋面的接缝或施工缝部位，除了做好接缝处理以外，还应在泛水处增加防水处理。泛水处增加防水的高度，迎水面一般不宜小于250mm，背水面不宜小于200mm，烟囱或通气管处不宜小于250mm。

（2）进入工地的密封材料，应进行抽样检验，发现不合格的产品，坚决剔除不用。嵌填密封材料的连接处，无混凝土或灰浆残渣及垃圾等杂物，确保密封材料嵌填密实，伸缩自如，不渗不漏。

（三）防水层起砂起皮

防水砂浆、防水混凝土因配比不适、振捣或碾压不密实，特别是不注意压实、压光和养护不良，引起起皮、起砂的现象。其处理方法是：将表面凿毛，扫去浮灰杂质，刷素灰胶浆，然后加抹厚10mm左右的1:1.5～2水泥砂浆（掺加5%的108胶），并采用覆盖养护。

四、厕浴厨房间防水工程常见缺陷及其处理

厕浴厨房间设备多、管道多、阴阳转角多、施工工作面小，是用水最频繁的地方，同时也是最易出现渗漏的地方。经调查和施工现场观察，发现厕浴厨房间的渗漏主要发生在房间的四周、地漏周围、管道周围及部分房间中部。究其原因主要是：设计考虑不周，材料选择不佳，施工时结构层（找平层）处理得不好或防水层做得不到位，管理使用得不当。现将其常见的质量缺陷及处理做如下介绍。

（一）地面汇水倒坡

1. 原因分析

地漏偏高，地面不平有积水，无排水坡度甚至倒流。

2. 处理方法

凿除面层，修复防水层，铺设面层（按照要求进行地面找坡），重新安装地漏，地漏接口处嵌填密封材料。

3. 防治措施

（1）地面坡度要求距排水点最远距离点处控制在2%，且不大于30mm，坡向要准确。

（2）严格控制地漏标高，且应低于地面标高5mm；厕浴厨房间地面应比走廊及其他室内地面低20mm。

（3）地漏处的汇水口应呈喇叭口形，要求排水通畅。禁止地面有倒坡或积水现象。

（二）墙身返潮和地面渗漏

1. 原因分析

（1）墙面防水层设计高度偏低。

（2）地漏、墙角、管道、门口等处结合不严密，造成渗漏。

2. 处理方法

（1）墙身返潮，应将损坏部位凿除并清理干净，用1:2.5防水砂浆修补。

（2）如果墙身和地面渗漏严重，需将面层及防水层全部凿除，重新做找平层、防水层、

面层。

（3）如有开裂现象，则应对裂缝进行增强防水处理。①贴缝法，即对微小的发丝裂缝，可刷防水涂料并加贴纤维材料或布条，做防水处理。②填缝法，若较明显的裂缝，要进行扩缝处理，将缝扩展成 15mm×15mm 左右的 V 形槽，在清理干净后，刮填防水涂料或嵌缝材料。③用填缝加贴缝法，除采用填缝法处理外，在裂缝表面再涂刷防水涂料，并粘贴纤维材料处理，亦可不拆除饰面，直接在其表面刮涂透明或彩色聚氨酯防水涂料。

3. 预防措施

（1）墙面上设有用水器具时，其防水高度为 1500mm；淋浴处墙面防水高度应大于 1800mm。

（2）墙体根部与地面的转角处找平层应做成钝角。

（3）预留洞口、孔洞、埋设的预埋件位置必须准确、可靠。地漏、洞口、预埋件周边必须设有防渗漏的附加层防水措施。

（4）防水层施工时，应保持基层干净、干燥，确保涂膜防水层与基层黏结牢固。

（5）进场黏土砖应严格检查，保证砖的质量。

（三）地漏周边渗漏

1. 原因分析

承口杯与基体及排水管接口结合不严密，防水处理过于简陋，密封不严。

2. 处理方法

（1）地漏口局部偏高，可剔除高出部分，重新做地漏，并注意和原防水层搭接好，地漏和翻口外沿嵌填密封材料并封闭严实。

（2）地漏损坏，应重做地漏。

（3）地漏周边与基体结合不严渗漏，在其周边剔凿出宽度和深度均不小于 20mm 的沟槽，清理干净，槽内嵌填密封材料，其上涂刷 2 遍合成高分子防水涂料。

3. 防治措施

（1）安装地漏时，应严格控制标高，不可超高。

（2）要以地漏为中心，向四周辐射找好坡度，坡向要准确，确保地面排水迅速、畅通。

（3）安装地漏时，按照设计及施工规范进行施工，节点防水处理得当。

（四）立管四周渗漏

1. 原因分析

（1）立管与套管之间未嵌入防水密封材料，且套管与地面相平，导致立管四周渗漏。

（2）施工人员不认真，或防水、密封材料质量差。

2. 处理方法

（1）套管损坏应及时更换并封口，所设套管要高出地面 50mm，并进行密封处理。

（2）如果管道根部积水渗漏，应沿管根部剔凿出宽度和深度均不小于 20mm 的沟槽，清理干净，槽内嵌填密封材料，并在管道与地面交接部位涂刷管道高度及地面水平宽度不小于 100mm、厚度不小于 1mm 无色或同原色的合成高分子防水涂料。

（3）管道与楼地面间裂缝小于 1mm 时，应将裂缝部位清理干净，绕管道及根部涂刷 2 遍合成高分子防水涂料，其涂刷高度和宽度不小于 100mm、厚度不小于 1mm。

3. 预防措施

（1）穿楼板的立管应按规定预埋套管。

（2）立管与套管之间的环隙应用密封材料填塞密实。

（3）套管高度应比设计地面高出50mm以上；套管与管道之间的缝隙采用防水封闭材料嵌填。

五、瓦屋面防水常见缺陷及其处理

（一）瓦屋面渗漏

1. 原因分析

（1）屋面坡度不够，瓦屋面的坡度一般不得小于20%。

（2）瓦片的材质差，缺角、翘曲、欠火、砂眼多、裂缝宽等。

（3）基层材料刚度不足，瓦铺设不平整。

（4）瓦缝没有避开当地暴雨或雨季时的主导风向。

（5）挂瓦时坐浆不满，盖缝不严密，细部处理不到位。

2. 防治措施

（1）施工时屋面的坡度必须符合设计要求。

（2）必须选用合格的瓦片，瓦片应棱角整齐，无缺角、翘曲、欠火、砂眼、裂缝等缺陷。

（3）基层应有足够的强度，表面平整。

（4）铺设瓦片时，瓦的接缝应避开当地暴雨或雨季时的主导风向。

（5）檐口瓦和防水卷材必须要盖过封檐板，防止雨水渗流到檐口内部，同时应注意做好天沟、檐沟及突出屋面结构交接处的泛水。

（二）瓦片脱落

1. 原因分析

（1）瓦的搭接长度不足，脊瓦之间的接头及脊瓦的下部未按规定坐浆，瓦楞之间的连接不紧密，坐灰不牢固。

（2）檐口的盖瓦没有按规定抬高。

（3）坡度较大的屋面或风力较大的地区瓦片未与挂瓦条绑扎牢固。

2. 防治措施

（1）瓦片的铺贴顺序一般由下而上进行，相邻的瓦片要搭接，脊瓦底部要垫塞平稳，坐浆饱满。

（2）青瓦屋面檐口瓦的盖瓦应抬高，以防止下滑。

（3）坡度较大的屋面或风力较大的地区，瓦片应与挂瓦条用镀锌铅丝进行绑扎。

任务二　地下防水工程质量事故分析与处理

工业与民用全地下室或半地下室的建筑工程、防护工程、隧道工程、人防工程、地铁工程、水库、水池等一切有可能受到地下水影响的建筑物、构筑物都属于地下工程防水的范围。近几年来随着我国在交通、能源、水利、城市建设日益向地下空间纵深发展，地下工程渗漏问题及其危害性也越来越引起人们的注意。许多工程留下渗漏隐患，有的成为“地下

水牢”，有的地下室室内潮湿、墙壁发霉变质，恶化了工作和生活环境，缩短了建筑物、构筑物的使用寿命。为了根治地下工程渗漏现象，住房和城乡建设部（原建设部）有关部门制订并颁发了《地下工程防水技术规范》（GB 50108—2008）、《人民防空地下室设计规范》（GB 50038—2005）、《地下防水工程质量验收规范》（GB 50208—2011）等。为了更好地治理地下防水工程渗漏问题，有必要将其质量缺陷及处理方法进行分析讨论。

地下防水工程渗漏按照渗水量和渗水速率大小可分为慢渗、快渗、急流和高压急流四种情况；按照漏水形式可分为点渗漏、线渗漏和面渗漏三种。因此在地下防水工程渗漏处理时，施工人员要根据具体现象找出渗漏的位置、原因、程度，制订出有针对性的处理方案、方法。

一、渗漏检查的方法

（1）观察法。对于急流和高压急流现象，可直接观察到渗漏部位。

（2）撒干水泥法。对于慢渗的大面积渗漏，将渗漏处擦干，立即撒上一层薄干水泥，若出现湿点或湿线，即为渗漏部位。

（3）综合法。如果撒干水泥法不易发现渗漏时，用水泥胶浆（水泥∶水玻璃 = 1∶1）在渗漏处均匀涂刷一薄层后，即在表面均匀撒一层干水泥，若出现湿点或湿线，即为渗漏部位。

二、确定渗漏处理方案、方法

施工人员在确定渗漏处理方案、方法时，可参照以下步骤进行：

（1）找出渗漏在结构方面（构件强度、刚度、裂缝稳定情况，地基沉降等）、材料方面（防水材料的质量）、施工方面（混凝土的浇捣、养护、施工缝的留设位置等）以及环境方面（地下水位升降）的原因，为确定处理渗漏方案提供依据。

（2）查找出并切断水源，尽量使处理渗漏施工在无水状态下进行。

（3）按照现场实地勘察结果，选择合适的防水堵漏材料，确定采用堵、注、涂、抹等施工方法，达到治漏和防水的综合功能。

（4）堵漏时本着大漏变小漏，线漏变点漏，片漏变孔漏使水汇集一点或数点，最后集中堵塞漏水点的原则。堵漏程序应先大后小，先高后低，先顶板及墙面后底板的做法，灌注浆堵漏应由下而上进行。

三、地下防水工程常见的缺陷及其处理方法

（一）防水混凝土自身缺陷渗漏水

1. 原因分析

（1）混凝土和易性好与差，直接影响混凝土的密实性。若混凝土和易性不好，将导致混凝土松散，黏结性不良，并在浇筑过程中分层离析；若拌合物的黏聚力过大、成团，则不易浇筑。

（2）模板接缝拼装不严、钢筋过密、混凝土浇筑前离析、振捣不实或混凝土中掺有杂物，都会使混凝土产生蜂窝、孔洞、麻面，从而引起渗漏。

2. 处理方法

处理前，施工人员应先将基层松动不牢的石子凿掉，将表面凿毛，并将其清刷干净。

（1）水泥砂浆抹面法。蜂窝、麻面不深，基层处理后，可用水泥素灰打底，用1∶2.5 水泥砂浆（加适当的防水剂）找平并抹压密实。

（2）直接堵塞法。该方法是根据漏水情况，以漏点为圆心钻成直径为10～30mm、深20～50mm的圆槽，槽壁必须与基面垂直，钻完后用水冲洗干净，随即用水泥胶浆捻成与槽直径接近的锥形体，待胶浆开始凝固时，迅速将胶浆用力堵塞于槽内，并将胶浆挤压严密，使胶浆与槽壁紧密结合，持续挤压30s，经检查无渗漏后，再抹上防水层。此方法适用于水压不大的漏水处理。

（3）下管堵漏法。该方法是根据漏水处混凝土的具体情况，确定剔凿孔洞的大小和深度。在孔洞底部铺碎石一层。上面盖一层卷材，并将一胶管插入卷材至碎石内引走渗漏水，然后将孔洞灌满水泥胶浆，待胶浆开始凝固时，立即用力将胶浆压实，与孔洞黏结密实，使其表面低于基面10～20mm，经检验无渗漏后，抹上防水层待有一定强度时，拔出胶管，按照“直接堵塞法”将孔封闭。此方法适用于水压较大、漏水孔洞较大时的漏水处理。

（4）木楔堵漏法。该方法是用水泥胶浆将一铁管稳固在漏水处已经剔好的孔洞内（铁管外端比基面低20mm），管的四周用素灰和水泥砂浆抹好，待有一定强度时，将浸过防水涂料的木楔打入铁管内，并填入干硬性砂浆，表面再抹素灰及水泥砂浆（加适当防水剂）各一道，经24h后，检查无渗漏，再做好防水层。此方法适用于水压很大时的漏水处理。

3. 预防措施

（1）控制混凝土的和易性。这是保证混凝土密实性的重要条件，因此须合理选择原材料，将试验室混凝土配合比合理地换算成施工配合比，掌握好搅拌时间。

（2）混凝土浇筑后表面应平整，无蜂窝、孔洞、麻面等缺陷。为此，模板要安设牢固，接缝拼装严密，防止漏浆；按照混凝土下料顺序与浇筑高度进行操作，防止混凝土产生离析；混凝土振捣时应分层进行，控制好每点振捣时间及有效振动范围；在钢筋密集处，宜改用同强度等级的细石混凝土材料，振捣密实。

（3）固定模板的螺栓或钢丝，不宜穿过防水混凝土结构，避免在混凝土内形成渗水通道。如必须用对拉螺栓固定模板时，应在预埋套管或螺栓上加焊止水环，如图7-6所示。止

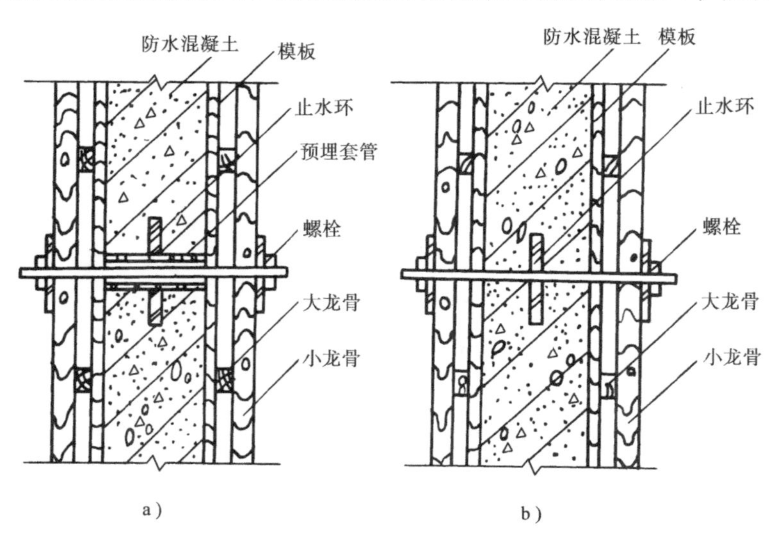

图7-6　对拉螺栓防水处理

a）预埋套管加焊止水环　b）螺栓加焊止水环

水环直径及环数应符合设计规定。设计如无规定时，止水环直径一般为 80～100mm，数量应不少于 1 个。采用预埋套管加焊止水环时，止水环应满焊在止水套管上，拆模后将螺栓取出，套管内采用膨胀水泥砂浆封堵密实。采用对拉螺栓时，止水环与螺杆也应满焊严密，拆模后将露出防水混凝土的螺栓割掉。

（二）防水混凝土裂缝渗漏水

混凝土表面由于自身原因或外部环境、施工因素等原因产生裂缝，当裂缝贯穿于混凝土结构断面时，将影响结构强度以及防水、抗渗性能，同时发生渗漏。

1. 混凝土裂缝特征

（1）塑性收缩裂缝。此类裂缝表面的细小裂缝，类似干燥的泥浆面。

（2）干缩裂缝。此类裂缝表面开裂，宽度较细，一般在 0.05～0.2mm，其走向纵横交错，没有规律，形似龟纹。

（3）温度裂缝。温度裂缝由于产生原因不同，可能出现表层、深层或贯穿裂缝。表层裂缝的走向一般没有一定规律性，钢筋混凝土的深层或贯穿裂缝走向一般与主筋方向平行或接近平行。裂缝宽度大小不一，一般在 0.5mm 以下，裂缝宽度受温度影响大，热胀冷缩较明显。

（4）沉降裂缝。此类裂缝多属贯穿性裂缝，其走向与沉降情况有关。

（5）应力裂缝。此类裂缝走向与主筋方向接近垂直，裂缝宽度一般较大，且沿长度或深度方向有明显的变化。

（6）施工因素裂缝。此类裂缝形成的原因有：大体积混凝土拆模时间不符合规范要求导致表面开裂；起吊或加载过早时发生的横向裂缝垂直于主筋；因采用滑模或拉模而引起的裂缝多产生于垂直模板移动的方向。

（7）化学作用裂缝。此类裂缝的混凝土多为龟裂。钢筋混凝土因钢筋锈蚀引起膨胀的特征为顺筋开裂，混凝土材料中含有大量的碱，产生碱骨料反应，则导致水泥浆体膨胀、开裂甚至破坏。

2. 原因分析

（1）施工时混凝土拌和不均匀、水泥品种选择不当或混用，产生裂缝。

（2）混凝土中碱含量过多。

（3）设计考虑不周。建筑物发生不均匀沉降，使混凝土墙、板断裂而出现渗漏。

（4）混凝土结构缺乏足够的刚度。在土的侧压力及水压作用下发生变形而出现裂缝。

（5）混凝土成型之后，养护不当、成品保护得不好等原因引起裂缝产生渗漏。

3. 处理方法

（1）裂缝直接堵漏法。该方法是指施工人员沿裂缝凿出八字形边坡沟槽，并用水刷洗干净，将快硬水泥胶浆搓成条形，待胶浆开始凝固时，及时嵌入沟槽中，并用力将胶浆挤压密实，使水泥胶浆与槽壁黏结密实。裂缝较长时，可分段堵塞。经检验无渗漏后，用素灰和水泥砂浆将沟槽表面抹平，在有一定强度后，同其他部位一起做防水层。此方法适用于水压较小的混凝土裂缝渗漏，如图 7-7 所示。

（2）下线堵漏法。该方法是沿裂缝剔出凹槽，在槽底沿裂缝放置一根小绳，绳径视漏水量确定，长 200～300mm，按裂缝直接堵漏法在槽中嵌入快硬水泥胶浆，嵌入后立即抽出小绳，使漏水由绳孔流出，最后堵绳孔。此方法适用于水压较大且裂缝长度较短的裂缝渗水处理，如图7-8所示。

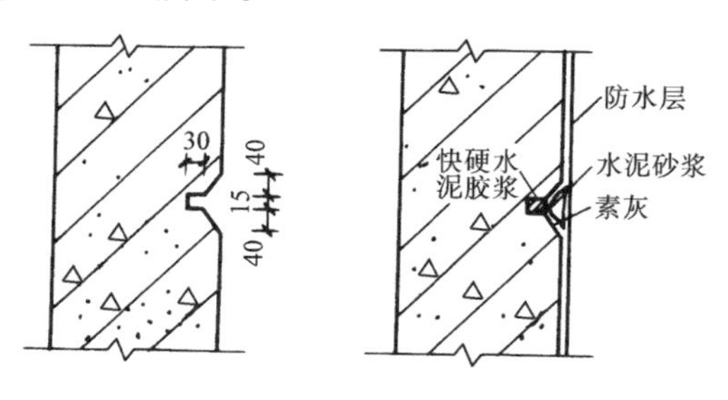

图7-7　裂缝直接堵漏法

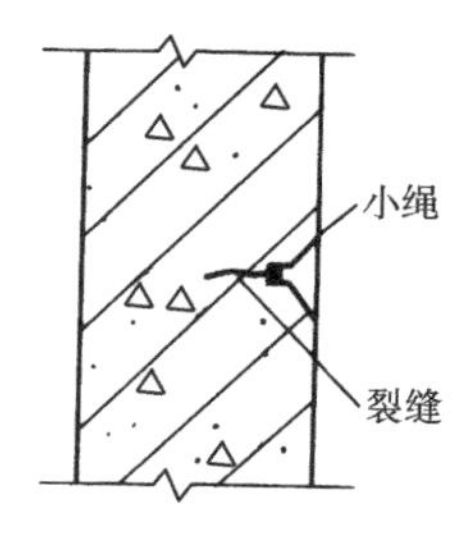

图7-8　下线堵漏法

（3）下钉堵漏法。裂缝较长时，按照下线堵漏法分段堵塞，取每段长200mm左右，中间留15~20mm的空隙，将圆钉用水泥胶浆包裹，待胶浆快凝固时插入空隙中，并迅速将胶浆挤压密实，同时转动钉子，迅速拔出，使水由钉孔流出，并沿槽抹素灰和水泥砂浆，压实抹平，待凝固后封闭钉孔。此方法适用于地下水较大，且裂缝较长的渗水处理，如图7-9所示。

（4）下半圆铁片法。该方法是沿裂缝剔凿凹槽和边坡，尺寸视漏水情况而定，在沟槽底部每隔500~1000mm，安上一带有圆孔的半圆铁片，并把软管插入铁片上的圆孔中，再按裂缝直接堵漏法分段堵漏，漏水由软管流出，检查裂缝无渗漏后，沿沟槽抹素灰、水泥砂浆各一道，拔管堵孔，并随其他部位做防水层。此方法适用于水压较大的裂缝急流漏水的处理，如图7-10所示。

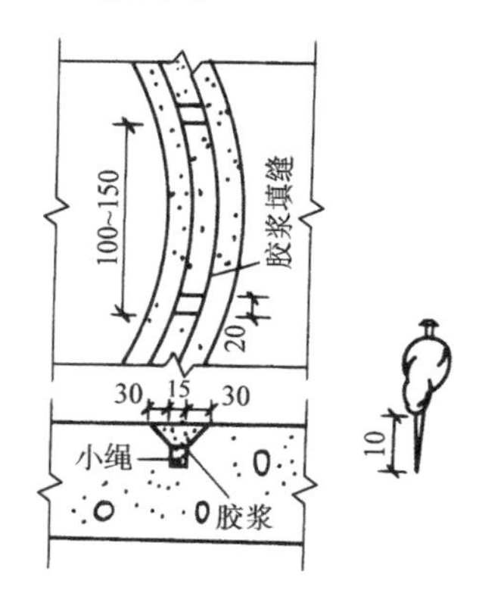

图7-9　下钉堵漏法

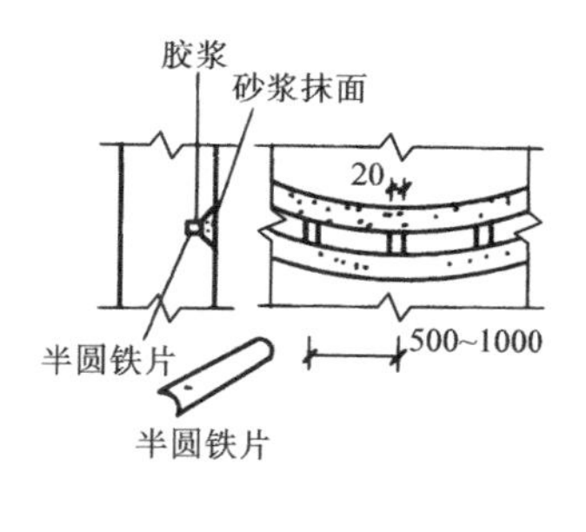

图7-10　下半圆铁片法

4. 预防措施

（1）浇筑防水混凝土必须使用同一品种水泥，混凝土的配制、浇筑、养护应按照设计及施工规范进行。

（2）设计中必须考虑地下水作用的最不利情况，使结构具有足够的刚度。根据结构的断面形状、荷载、埋深、基础的强弱以及使用要求等，合理设置变形缝。

（3）禁止在松软土层上进行钢筋混凝土底板浇筑。模板应支撑牢固，满足强度和刚度要求，并使地基和模具受力均匀，严格防止产生不均匀沉降而导致混凝土结构产生裂缝。

（4）禁止使用安定性不合格的水泥，同时要防止碱骨料反应引起混凝土的开裂，确保

水泥的质量。

（三）防水混凝土施工缝渗漏水

1. 原因分析

（1）采用构造施工缝（即企口缝），在施工时未将旧混凝土表面凿毛，浮渣、杂物未清除干净，以及接缝界面处理不当等，造成渗漏。

（2）采用止水钢板施工缝，极易与钢筋相碰，且不易将施工缝处垃圾清理干净，尤其在止水带下侧，因混凝土自身缺陷，形成渗水通路。

（3）采用膨胀止水条施工缝，由于膨胀止水条未按照要求进行缓膨胀处理，或在实际操作时损坏了膨胀止水条自身性能，从而达不到预期的防水效果；施工缝表面不平整；膨胀止水条的质量有问题；膨胀止水条搭接接头处理不当。

2. 处理方法

（1）尚未渗漏的施工缝，沿缝剔凿成 V 形槽，用水冲刷后用水泥素浆打底，再以 1:2 水泥砂浆分层抹平压实，如图 7-11a 所示。

（2）已经渗漏的施工缝如水压较小时可按照直接堵漏法进行堵漏；如果水压较大时可按照下线堵漏法或下钉堵漏法进行堵漏；若遇急流漏水时可按照下半圆铁片法进行堵漏。

（3）当混凝土存在自身缺陷，施工缝的新旧混凝土结合不密实而出现大渗漏时可用氰凝灌浆堵漏法，即用如图 7-11b 所示灌浆工艺进行压力灌注氰凝浆液，待灌实后用快硬水泥胶浆将灌浆口封闭。

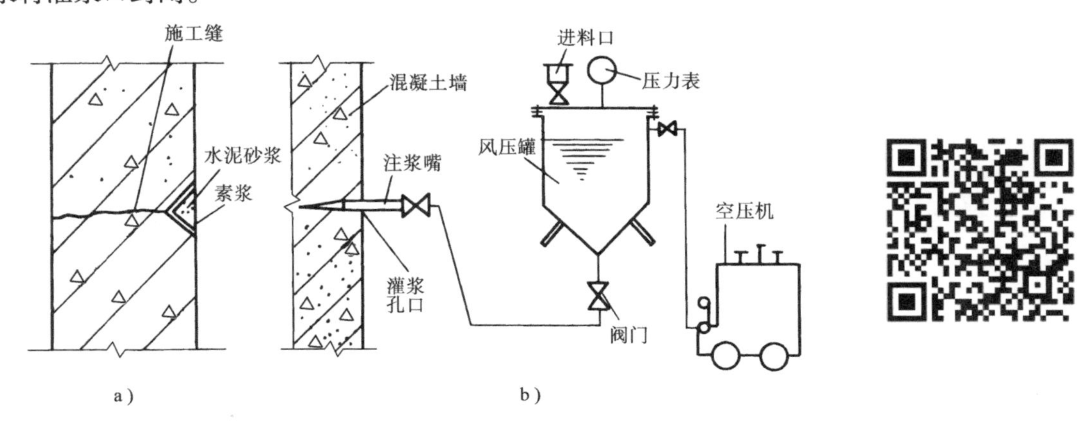

图 7-11　混凝土施工缝处渗漏处理

a）V 形槽处理　b）灌浆工艺示意图

3. 预防措施

（1）认真清理混凝土基层，并按照施工规范进行施工缝处混凝土的浇筑，保证上、下混凝土黏结密实。

（2）止水钢板安装位置应准确。如与钢筋相碰，则应将钢筋移动，同时止水钢板还要与相邻钢筋焊接固定。

（3）留设膨胀止水条的施工缝应表面平整，必要时可用聚合物水泥砂浆填平；膨胀止水条的截面应符合设计要求，选用经过缓膨胀处理的膨胀止水条，保证膨胀止水条的质量性能。

（4）为了使膨胀止水条与混凝土表面粘贴密合，除了采用自粘贴固定外，尚宜在适当距离内用水泥钉加固。膨胀止水条接头尺寸应大于50mm。

（5）膨胀止水条在保管、运输过程中应注意保管，并在绑扎钢筋之后、浇筑混凝土前进行固定膨胀止水条。

（四）预埋件部位渗漏水

1. 原因分析

（1）预埋件周围浇筑混凝土振捣不密实，或由于预埋件距离较近，混凝土浇筑不密实。

（2）未对预埋件表面进行除锈处理，使预埋件与混凝土黏结不严密。

（3）暗设（暗配）管接头不严密或用有缝管，致使地下水从缝隙中渗入管内，又由管内流出。

（4）预埋件因外力作用产生松动，与混凝土间产生缝隙。

2. 处理方法

施工人员应根据具体情况与渗漏原因，有针对性地进行处理，一般方法有：

（1）直接堵漏法。该方法是将预埋件周边剔成环形沟槽，将沟槽用水清洗干净，嵌填快硬水泥胶浆堵漏，然后再做好面层防水层，如图7-12所示。

（2）预制块堵漏法。对于因受振动而渗水的预埋件，处理时先将预埋件拆除，制成预制块，预制块应作防水处理。另外在基层上凿出坑槽，供埋设预制块用。预制构造如图7-13所示。

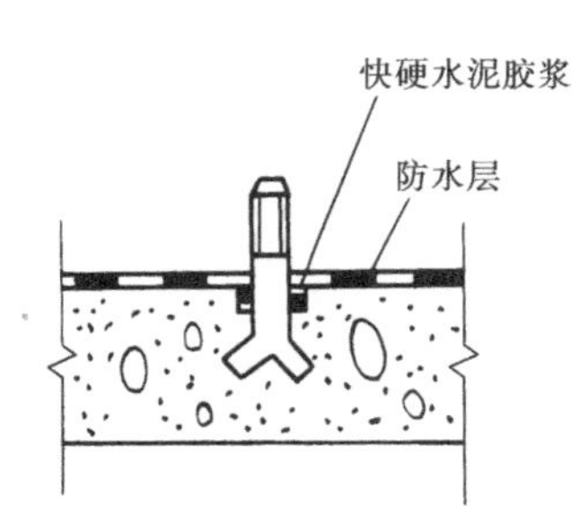

图7-12　预埋件渗漏直接堵漏法

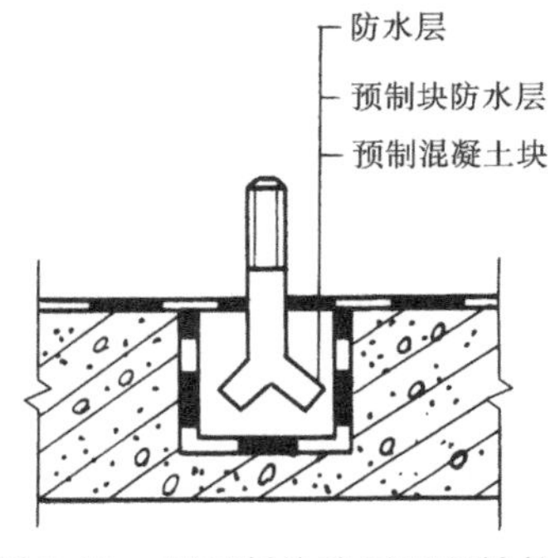

图7-13　用预制块稳固预埋铁件

3. 预防措施

（1）预埋件（铁件）表面除锈处理得当。

（2）预埋件安装位置准确，必要时，预埋件部位的断面应适当加厚。

（3）预埋件固定牢靠，并在端头加焊止水钢板进行防水处理，如图7-14所示。

（4）在地下防水混凝土中，暗设管道应保证接头严密，而管道必须采用无缝管，确保管内不进水。

（五）管道穿墙（地）部位渗漏水

1. 原因分析

造成渗水的原因，除了与预埋件部位渗漏的相同原因外，还有以下原因：

（1）管道以及电缆穿墙（地）时，管子或套管安装不严密，周围出现裂缝和缝隙。

（2）节点处理不当，与混凝土脱离。

（3）密封材料及防水涂层因伸长率不够，而被拉裂或脱离黏结面。

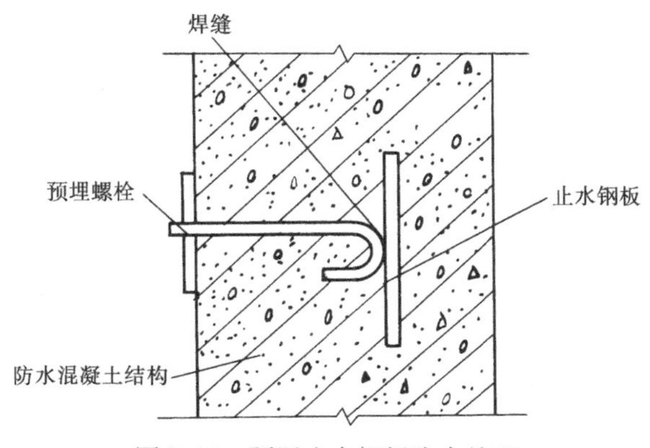

图 7-14　预埋止水钢板防水处理

2. 处理方法

（1）常温管道穿墙部位渗漏水，可参考本书有关裂缝漏水处理方法。

（2）热力管道穿透内墙部位出现渗漏水时，可将穿管洞剔大，采用埋设预制半圆混凝土套管法进行处理，如图 7-15 所示。

（3）热力管道穿透外墙部位出现渗漏水，处理时将地下水位降至管道标高以下，用设置橡胶止水套的方法处理。

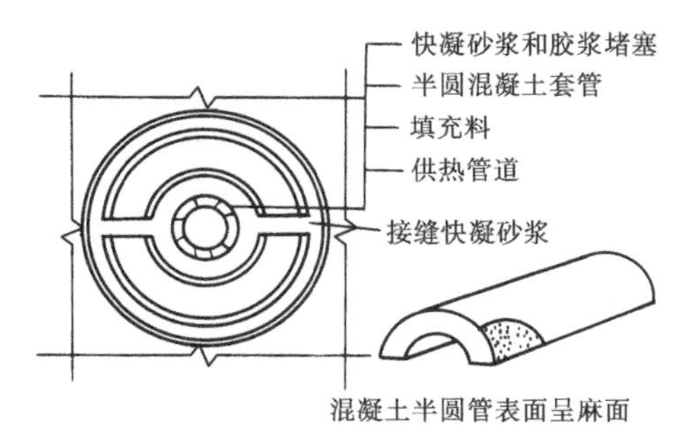

图 7-15　埋设预制半圆混凝土套管法

3. 预防措施

（1）设计时将管道埋置深度设计在常年地下水位以上。

（2）节点防水处理必须严格细致，确保施工质量。

（3）根据各种管道的使用性能，选择不同的防水处理方案：①对于常温管道穿墙，可采用中间设置止水片的方法，以延长地下水的渗入距离，或在管道四周焊锚固筋，使管道与结构形成一体，以免管道受振动出现裂缝而渗漏水，详见图 7-16 所示。②对于热力管道穿内墙时，应采用橡胶止水套，内隔墙部位，先安装套管，再安装管道，最后用柔性防水材料封闭，详见图 7-17 所示。③对于电缆穿外墙时，宜采用套管方法，套管与电缆之间的空隙应用石棉热沥青（根据有关资料查出相应的热沥青的控制温度）填实。

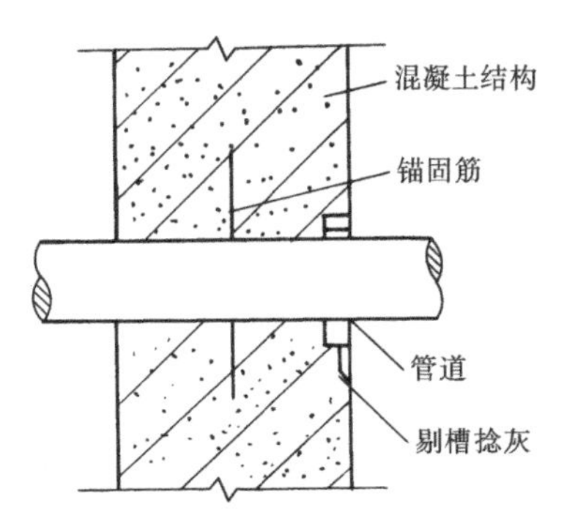

图 7-16　常温管道穿墙做法

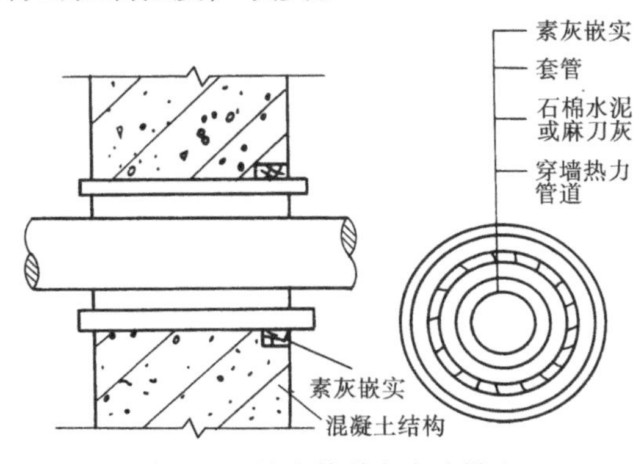

图 7-17　热力管道穿内墙做法

（六）地下室变形缝渗漏水

变形缝（包括沉降缝、伸缩缝）是地下防水工程的重要部位。变形缝的构造力求简单，变形缝材料应满足强度、伸长率、耐老化与耐酸碱性能的要求。

1. 原因分析

（1）埋入式止水带沿变形缝隙渗漏水。此种渗漏水多发生在变形缝下部及止水带的转角处。

1）止水带未采取固定措施或固定方法不当，埋设位置不准确或被浇筑的混凝土挤偏。

2）止水带两翼的混凝土包裹不严，特别是底板部位的止水带下面混凝土振捣不严或留有空隙；钢筋过密、浇筑混凝土方法不合理等造成止水带周围粗骨料集中，这种现象一般多发生在下部的转角处。

3）施工人员对止水带的作用不了解，操作不认真，甚至随意将止水带破坏。

4）混凝土分层浇筑前，遗留在止水带周围的杂物未清除干净。

（2）后埋式止水带变形缝的渗漏水。此种渗漏水主要发生在后浇覆盖层混凝土两侧产生裂缝的部位。

1）预留凹槽位置不准，止水带的两侧宽度不一，凹槽表面不平整，过于干燥，素浆层过薄，止水带下有残存气体。

2）铺止水带与覆盖层施工间隔过长，素灰层产生干缩或混凝土收缩过大。

3）止水带未按规定进行预处理。

（3）粘贴式氯丁胶片变形缝渗漏。此种渗漏水的特征主要是表面覆盖层空鼓收缩、出现开裂等现象。

1）粘贴胶片的基层表面处理不当，不平整、不坚实、不干燥。

2）胶粘剂质量不符合标准，粘贴时间掌握不好，并局部有气泡。

3）胶片搭接长度不够，端头未按要求打成斜坡形，致使搭接粘贴不严。

4）覆盖层过薄，胶片在水压力影响下产生剥离，使覆盖层空鼓开裂。当用水泥砂浆作覆盖层时，一次抹得过厚，造成收缩裂缝。

（4）涂刷式氯丁胶片变形缝渗漏。其渗漏水的特征与粘贴式氯丁胶片做法相同。

1）变形缝两侧基面处理不当，胶层涂刷厚薄不均，缝隙处的半圆沟槽的两角过于尖锐，造成该部位胶层过薄，在缝隙变形时，此处胶层被割破。

2）转角部位和半圆沟槽内玻璃布铺贴不严实，局部出现气泡现象。

3）缝隙处的半圆凹槽覆盖层填实，不能自由伸缩。覆盖层厚度掌握不准，产生空鼓或干缩裂缝。

2. 处理方法

（1）埋入式止水带。若已施工完的变形缝出现渗漏水，则可按本书裂缝漏水处理方法进行堵漏，并在其表面粘贴或涂刷氯丁胶片，作为第二道防线。

（2）后埋式止水带。此方法是将渗漏水的变形缝全部剔除，再堵漏处理后，按要求重新埋设。

（3）粘贴式氯丁胶片。若变形缝处渗漏水，应剔除重做。

（4）涂刷式氯丁胶片。此方法应剔除覆盖层，按照裂缝漏水处理方法堵漏后，重做涂刷氯丁胶片处理。

3. 预防措施

(1) 埋入式止水带

1）止水带的质量必须符合设计要求，止水带安装前施工人员须认真检查，确保其质量。

2）止水带一般固定在专用的钢筋套中，并在止水带的边缘处用镀锌钢丝绑扎牢固，如图7-18所示，在浇筑混凝土时严禁挤压止水带，避免产生位移变形。

3）埋设底板止水带时，要把止水带下部的混凝土振捣密实，然后将铺设的止水带由中部向两侧挤压按实，再浇筑上部混凝土。浇筑混凝土时，应认真操作，在钢筋过密的区域，在经过设计者同意后采用细石混凝土浇筑，以免粗骨料集中在止水带周围而影响混凝土的强度与防水性能。变形缝处的木丝板必须对准中心圆环处，如图7-19所示。

(2) 后埋式止水带

1）预留凹槽的位置必须符合设计要求，并在其内表面做抹面防水层，防水层表面应呈麻面，转角处做成直径15～20mm的圆角。

2）止水带的表面应为粗糙麻面。对于光滑的表面，要用锉刀或砂轮打毛，使其与混凝土黏结牢固。

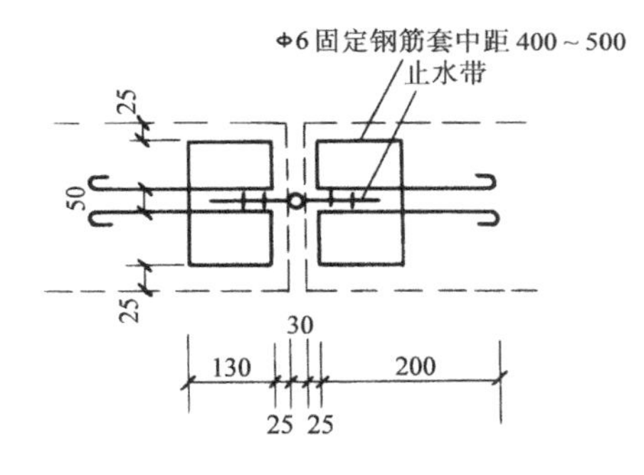

图7-18　止水带固定

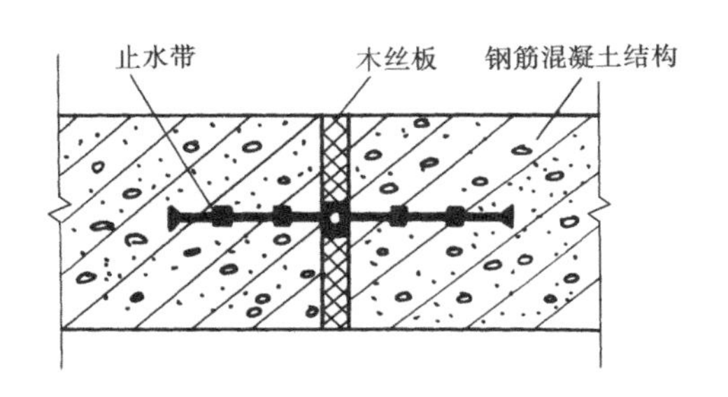

图7-19　埋入式止水带变形缝构造

3）铺贴时，先在凹槽底部抹厚为5mm左右的均匀素浆层，然后由底板中部向两侧边铺贴边用手按实，赶压出气泡，表面用稠度较大的水泥浆涂抹严密。

4）铺贴后立即用补偿收缩混凝土进行覆盖，覆盖层的中间用木丝板或防腐木板隔开，以保证在变形情况下，覆盖层能按设计的要求开裂，如图7-20所示。

(3) 粘贴式氯丁胶片

1）预留凹槽的要求同后埋式止水带。粘贴胶片的表面必须平整、坚实、干燥，必要时可用喷灯烘烤，或第一遍刷胶时，在胶内掺入15%左右的干水泥。

2）粘贴前一天，在基面和胶片表面分别涂刷两遍氯丁胶作为底胶层，待其充分干燥后，再均匀涂刷界面胶，厚度为1～2mm。氯丁胶片粘贴时机，以用手背接触涂胶层不粘手时为宜。粘贴时如发生局部空鼓，须用刀割开，

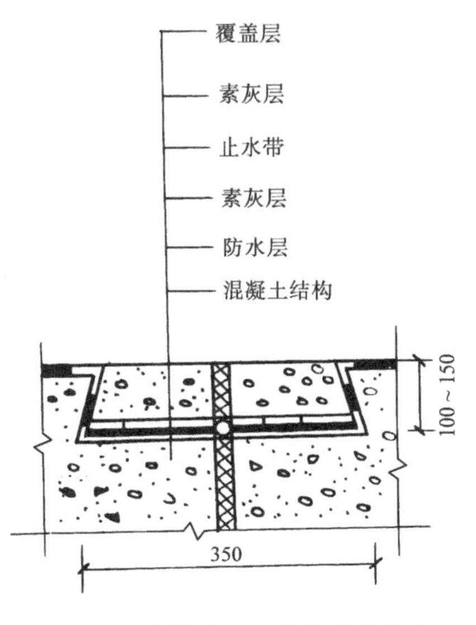

图7-20　后埋式止水带变形缝构造

填胶后重新粘贴好，并补贴胶片一层，全部粘贴完成后，胶片表面应再刷上一层胶粘剂，随即撒上干燥的砂粒，以保证覆盖层与胶片的黏结。

3）每次粘贴胶片的长度以不超过2m为宜，搭接长度为100mm。底层胶片的端头应预先制成斜坡形，如图7-21所示。

4）粘贴后应放置1～2d，待胶层溶剂挥发，再在凹槽内满涂一道素浆，然后用细石混凝土或分层抹水泥砂浆覆盖，并用木丝板将覆盖层隔开，如图7-22所示。

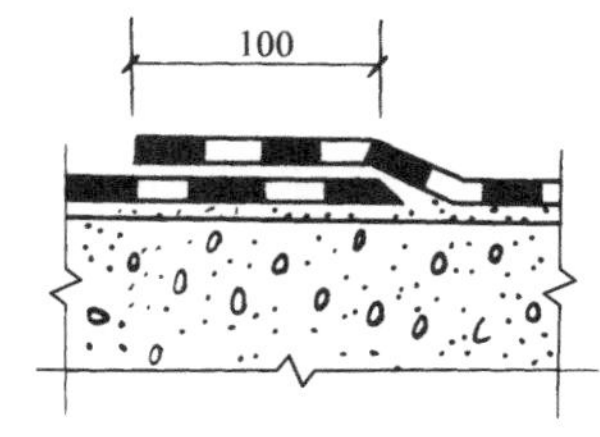

图7-21　胶片搭接示意图

（4）涂刷式氯丁胶片

1）对不规则开裂的变形缝隙要找出准确位置，并画出标记，以便于涂刷，涂刷宽度沿裂缝两侧均不小于150mm。

2）如缝隙渗漏水，须进行堵漏，然后按粘贴式氯丁胶片变形缝的相同要求做好基层处理。

3）半圆沟槽半径应根据裂缝预测开展宽度设计，半圆沟槽两角做成圆角，表面要光滑。半圆沟槽内先用108胶贴一层纸条隔离层，然后再在两侧满涂胶层，涂刷次数不少于5～6遍，厚度不小于1mm，涂层均匀，局部产生的气泡应排除，转角及半圆沟槽的玻璃布铺贴要密实，涂后在半圆沟槽上再铺贴一层玻璃布覆盖，防止水泥覆盖层将沟槽填实，如图7-23及图7-24所示。

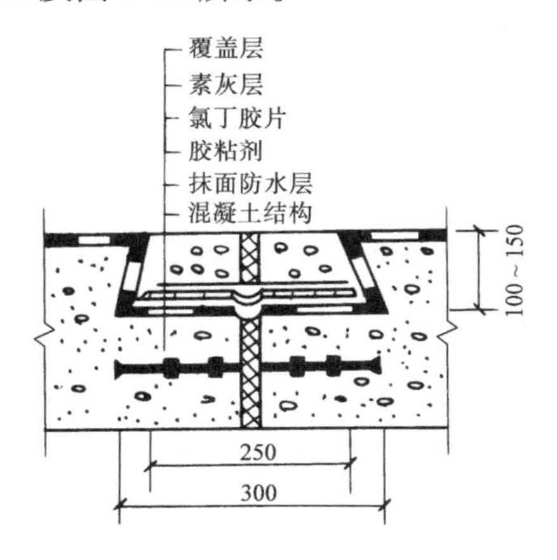

图7-22　粘贴式氯丁胶片变形缝构造

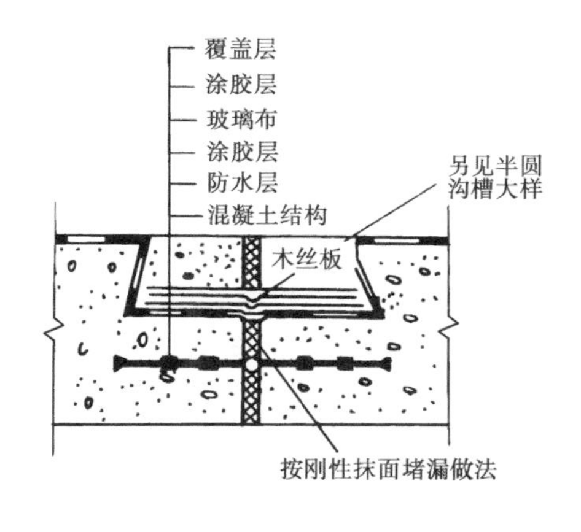

图7-23　涂刷式氯丁胶片变形缝构造

（七）地下室墙面渗漏水

1. 原因分析

（1）施工人员对质量不重视，没有严格按照防水层的要求进行操作，忽视防水层的整体连续性。

（2）混凝土或砖砌体施工质量较差，内部不密实，形成渗水通道，地下水在压力作用下进入这些孔道，形成墙体大面积渗漏。

（3）刚性防水层厚度不一，抹压不密实，或养护不良，使防水层中形成毛细孔。

(4) 原材料水泥、防水剂质量不合格，防水性能不好。

(5) 地下水位提高，压力增大。

2. 处理方法

处理地下室大面积渗漏时，首先将地下水位降低，在无水状况下进行处理，常见的处理方法有以下几种。

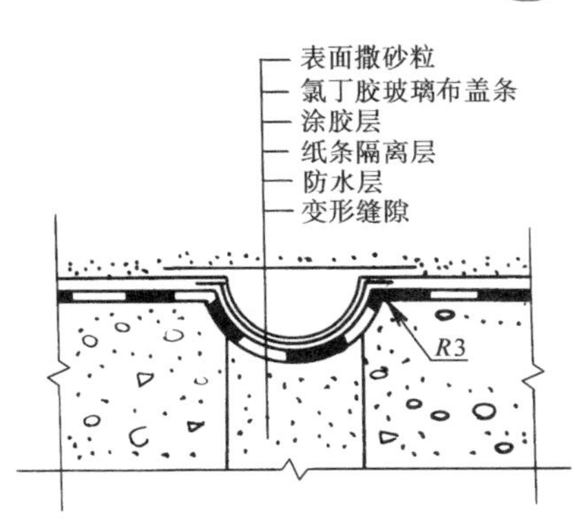

图 7-24　半圆沟槽大样

(1) 氯化铁防水砂浆抹面处理。氯化铁防水砂浆的配合比为水泥:砂:氯化铁:水 = 1:2.5:0.03:0.5；氯化铁水泥浆的配合比为水泥:氯化铁:水 = 1.0:0.03:0.5。修补时，将原抹灰面凿毛，剔除空鼓处并补平，刷洗干净，抹 2～3mm 厚的氯化铁水泥浆一遍，再抹 4～5mm 厚的氯化铁水泥砂浆一道，用木抹槎平。24h 后，采取同样方法再抹氯化铁水泥浆和氯化铁水泥砂浆各一道，最后压光，12h 后洒水养护 7d。

(2) 施工时先用火焰喷灯烘干渗水基面，紧接着用 SI 堵漏剂化学浆材与强度等级为 42.5 的普通硅酸盐水泥配制成复合胶浆涂抹在渗水部位上。

3. 防治措施

(1) 对施工人员进行充分的技术交底，严格按照规范和操作规程进行施工。

(2) 加强对防水层施工的质量检查工作。

(八) 地下防水工程卷材防水层转角部位渗漏水

1. 原因分析

地下室卷材防水层采用外防外贴法时，地下室主体结构施工后，在转角部位出现渗漏。其原因如下：

(1) 在转角部位，卷材未能按转角轮廓铺贴严实，在进行主体结构施工时此位置卷材遭到破坏。

(2) 所用的卷材韧性较差，加上转角处操作不便，铺贴时易出现裂纹，不能确保防水层与基层的铺贴严密，且转角处未按有关要求增设卷材附加层。

2. 处理方法

当转角部位出现粘贴不牢或卷材遭到破坏时，将此处的卷材撕开，并根据不同卷材的品种，将卷材逐层搭接补好。

3. 预防措施

(1) 基层转角处应做成圆弧形或钝角。

(2) 选用强度高、延伸率大、韧性好的防水材料，认真施工，做好防水附加层。

箴言故事园

随着人们生活水平和生活质量的提高，家居装修装饰的档次也同时提高，但是防水工程质量缺陷，精美的装饰惨遭破坏，直接影响到房屋的使用功能和寿命，这让很多业主头疼。建筑防水工程是保证建筑物内部空间不受水危害的一项分部工程，它涉及地下室、墙身、楼地面、屋顶等诸多部位。据统计，建筑防水工程出现质量事故常见的是防水材料不合格，防水建材企业缺乏诚信，为了谋求自身的利益，在防水材料生产中降低成本，偷工减料。

"诚信者，天下之结也"（《管子·枢言》），其字面意思是讲诚信的人大家都愿意和他结交。诚实守信，是为人处事的基本准则，也是中华民族的传统美德。今天付出诚意，明天收获信誉，播种诚信，你收获的就不仅仅是朋友的信任，还有可以信任的朋友。诚信缺失乃人性之莫大悲哀，共铸诚信不妨从小事做起。民无信不立，业无信不兴，国无信不强，历史证明：不讲信誉的人是没有前途的人，不讲信誉的企业是无法生存的企业，不讲信誉的社会是堕落混乱的社会，不讲信誉的国家是没有希望的国家。建筑防水工程的质量涉及材料、设计、施工、管理等各个方面，大家都应严格遵守质量规范、规程，以人为本，做良心工程、民心工程。

模块小结

本模块通过分析卷材防水、涂膜防水及刚性防水屋面，厕浴厨房间防水工程；地下防水工程常见的缺陷及其产生的原因，提出处理方法和预防措施，并结合案例针对上述缺陷进行了详细介绍。

思考题

7-1　防水工程中的渗漏原因主要有哪几方面？

7-2　卷材防水屋面常见的缺陷有哪些？

7-3　卷材防水屋面如果出现有规则的裂缝，其开裂的原因是什么？预防措施有哪些？

7-4　屋面卷材起鼓后的处理方法有哪些？

7-5　屋面天沟处漏水，应如何处理？

7-6　涂膜防水屋面常见缺陷有哪些？

7-7　刚性防水屋面常见的缺陷有哪些？处理措施有哪些？

7-8　厕浴厨房间防水工程常见的缺陷有哪些？处理措施有哪些？

7-9　瓦屋面防水常见的缺陷有哪些？处理措施有哪些？

7-10　地下防水工程渗漏检查的方法有哪些？

7-11　地下防水工程常见的缺陷有哪些？

7-12　防水混凝土施工缝渗漏的原因有哪些？处理措施有哪些？

实践训练园

参 考 文 献

[1] 王元清，江见鲸，龚晓南，等. 建筑工程事故分析与处理［M］. 4 版. 北京：中国建筑工业出版社，2018.
[2] 汪绯. 建筑工程质量事故的分析与处理［M］. 3 版. 北京：化学工业出版社，2020.
[3] 郑文新，杨瑞华. 建筑工程质量事故分析［M］. 3 版. 北京：北京大学出版社，2018.
[4] 高向阳. 建筑工程质量与安全事故分析［M］. 北京：化学工业出版社，2017.